Jan Boger · Jäger und Gejagte · Die Geschichte der Scharfschützen

JAN BOGER

JÄGER UND GEJAGTE

Die Geschichte der Scharfschützen

MOTORBUCH VERLAG STUTTGART

Einband: Siegfried Horn

ISBN 3-87943-373-9

5. Auflage 1994

Ein Unternehmen der Paul Pietsch-Verlage GmbH + Co.

Satz und Druck: Dr. Cantz, 73760 Ostfildern.
Bindung: Großbuchbinderei E. Riethmüller, 70176 Stuttgart.
Printed in Germany

Inhalt

Scharfschützen 9

13 Zum Wortbegriff
15 Der Jäger

Teil I: Einzelschuß und Salvenfeuer 17

Die Anfänge 19

19 Die Jahre des gefiederten Todes
24 Die frühen Schützenvereinigungen
30 »Mit geschraubten püchsen . . . « Der gezogene Lauf
33 Scharfschützen der ersten Stunde: Jäger und Pürschschützen

Preußen 39

39 Der Zwerg, der Europa erzittern ließ
44 Jäger, Freikorps, leichte Truppen – der kleine Krieg
48 Preußische Jäger – die Entwicklung einer Spezialeinheit

Krieg in der Neuen Welt 63

63 Pennsylvania Long Rifle versus Brown Bess Muskete
77 Major Fergusons Erfindung
82 Die Hessen in Amerika

Die französische Revolution, Bonaparte und das Ende der alten Ordnungen 89

93 Das Schützenwesen der preußischen Armee vor Jena und Auerstedt
98 Die Veränderungen in der preußischen Armee am Vorabend des Befreiungskrieges
102 Scharnhorsts Versuche
105 Die Förderung des Schießwesens
108 Freiwillige Jägerdetachments und andere Formationen
112 Die Ausbildung der Jäger
113 Die englische Scharfschützenbrigade
118 23 Jahre Erfahrung und Beobachtung mit gezogenen Gewehren – Ezekiel Bakers Handbuch
120 Windbüchsen
122 Marinescharfschützen
125 Die Einführung von Hinterladesystemen
126 Die Jäger und Scharfschützen – Fazit einer Entwicklung

Teil II: Der Scharfschütze als Einzelkämpfer 135

Sharpshooters im nordamerikanischen Bürgerkrieg 137

140 Wessons Monster
142 Colonel Berdans Korps
149 Zwischen Legende und Wirklichkeit
152 Töten eines Yankee Scharfschützen
154 Konföderierte Scharfschützen
156 Zielfernrohre

Die Weltkriege 161

161 Das Wild
162 Scharfschützen im Kaiserlichen Deutschland – ein Produkt des Grabenkrieges?
169 Grabengewehre
171 Scharfschützen aus britischer Sicht
183 Katalonien 1937 – Das Opfer
184 Von der Reichswehr bis zur Wehrmacht

192 Die Ausrüstung deutscher Scharfschützen
199 Normandie, Juni 1944 – Die Gejagten
202 Jagd auf zweibeinige Tiere –
Russische Scharfschützen im Zweiten Weltkrieg
206 Das Duell von Stalingrad
212 Russische Scharfschützengewehre
216 Britische Scharfschützengewehre im II. Weltkrieg

Die Ära der begrenzten Kriege 227

228 Am 38. Breitengrad
236 Nahost – ein halbes Jahrhundert Krieg
241 25 Dollar Abschußprämie – Perfidie eines Bürgerkrieges
244 Vietnam, Phoenix Programm
245 Im asiatischen Sumpf
251 Make the first shot count!
254 Die Armee geht ihren eigenen Weg
257 Das M 21 Scharfschützengewehr der U.S.Army
260 Beating Charlie at his own game – Scharfschützen in Vietnam
263 Der »flüsternde Tod«
267 Augen in der Nacht – Nachtzieloptiken
273 Das »U.S.Army Sniper Training Manual TC 23–14«
277 Scharfschützen im polizeilichen Bereich –
Die Entwicklung der Präzisionsschützenidee

Where do we go from here?
Scharfschützen in den siebziger Jahren 289

»Scharfschützen«

Dieser Begriff, Schreckensruf und Auszeichnung zugleich, weckt in Kriegsteilnehmern aller Zeiten und Frontseiten eine Vielzahl der verschiedensten Emotionen: Bewunderung, Angst, Haß und Abscheu. Die Reaktionen jener, die am anderen, am empfangenen Ende waren, läßt sich kaum mit rationalen Überlegungen aufgliedern.
Was unterscheidet den Scharfschützen von jenen, die ein Geschütz bedienen, einen Panzer fahren oder eine Stellung mit einem Maschinengewehr bestreichen?
Zu allen Zeiten, in allen Kriegen wurde dem Scharfschützen Heimtücke, Mordgier und Feigheit zugerechnet, wie er noch in dem deutschsprachigen Begriff vom »Heckenschützen« anklingt.
Aber was unterscheidet ihn von dem Bomberpiloten, der in zehntausend Meter Höhe seine Last ausklinkt, und eine Stellung, ein Dorf, ja eine ganze Stadt dem Erdboden gleichmacht?
Auch der Infanterist, der im Trommelfeuer in seinem Unterstand hockt, der Panzerfahrer, dessen Maschine von einer ferngelenkten Rakete getroffen wird, sieht seinen Gegner nicht. Gerade im modernen Krieg ist es nur noch eine verschwindende Minderheit, die ihrem Feind »Aug in Aug« gegenüberstehen, die ihn bewußt töten können – und zu ihnen gehört der Scharfschütze mit seiner für den gezielten Einzelschuß ausgerüsteten Präzisionswaffe.
Trotzdem – oder vielleicht gerade deshalb – ist die Reaktion auf diese Sorte Soldaten irrational: In den mit Aberglauben durchsetzten ausgehenden Jahrhunderten des Mittelalters waren besonders

gute Schützen, ob mit Bogen, Armbrust oder Gewehr, immer verdächtig, mit dem Teufel im Bunde zu sein. Unzählige Legenden berichten von diesen »Freischützen«, die mit sechs »Freikugeln« – mit Hilfe des Teufels gegossen – jedes beliebige Ziel treffen können, und deren letzte, die siebente, der Teufel höchstpersönlich lenke! Gegnerische Scharfschützen, die einer Truppe in die Hände fielen, hatten mit keiner Gnade zu rechnen. Die brutale Reaktion der Soldaten, die grausamen Formen der Rache durchziehen wie ein roter Faden auch die folgenden Kapitel dieser Entwicklungsgeschichte eines Spezialistentums, dem – mitunter auch zu Recht – der kaltblütige Mord, die hemmungslose Lust am Töten, die Menschenjagd zugerechnet wird. Hier müssen die Worte mit bedacht gewählt werden, denn historische, soziale und politische Umstände verhindern eine Schematisierung genauso, wie es keinen einheitlichen Charakter oder Typus gibt. Die Fähigkeit gut zu schießen, der militärische Auftrag dazu, läßt noch keinen Rückschluß auf die Psyche des Betroffenen zu – jedenfalls keinen, der sich wesentlich von den psychologischen Einschätzungen abhebt, die für alle Soldaten zutreffen: Entbunden von der gesellschaftlichen Ächtung des Tötens in Friedenszeiten, werden eine Vielzahl von religiösen, ideologischen und politischen Legitimationen gebraucht, um diese Hemmschwelle, anerzogen oder angeboren, zu überwinden.
Wir finden unter den Scharfschützen (wie unter allen anderen Berufsgruppen, denen die Gesellschaft die Genehmigung zum Waffentragen, und wenn nötig, -benützen, erteilt hat: Soldaten, Polizisten, Förster etc.), den Biedermann mit Familie, den Einzelgänger, den Killer, den Jäger (der hier nur mal ein anderes Wild jagt), den Religiösen wie den Atheisten.
Dieses Buch kann und soll keinen Beitrag zu der Diskussion leisten, warum und wie Menschen dazu kommen, ihre Artgenossen zu töten. Es soll vielmehr die Entwicklungsgeschichte eines Bereiches der Schießkunst aufzeigen, die von den Jägerkorps des Dreißigjährigen Krieges bis zu den Präzisionsschützen der Polizei unserer Tage reicht. Dabei wäre es müßig und mit unzähligen Wiederholungen verbunden, die oft parallel laufenden Entwicklungen jedes Landes und jeder Armee aufzuzählen, jede der entwickelten und produzierten Waffentypen zu erläutern. Streiflichtartig sollen die interessantesten Entstehungs- und Kriegsgeschichten, die wichtigsten und bahnbrechenden Gewehrmuster aneinander gereiht werden, um einen Überblick zu vermitteln. Ein Anspruch auf Vollständigkeit wird

nicht erhoben, und der Verfasser erlaubt sich die Freiheit, die eine oder andere Waffe auszulassen, jenes Korps nur umrißartig zu schildern, während andere Bereiche detaillierter betrachtet werden sollen.

Von großer Bedeutung für die Entwicklung des Scharfschützenwesens ist der jeweilige waffentechnische und taktische Hintergrund, wie auch das soziale und politische Umfeld, das seinen Eindruck hinterlassen hat.

Auch hier gibt es einen roten Faden, der immer wieder auftaucht: Die Weitsichtigkeit einzelner und die Borniertheit konservativer, eingefahrener oder schlechthin inkompetenter Führungskräfte, die sich den vorausschauenden Erwägungen und Handlungsabsichten mit der ganzen Macht ihrer Standesautorität und mit aller Kurzsicht ihrer Voreingenommenheit entgegen warfen.

Nirgendwo haben konservative und schulmeisterliche Lebenshaltungen, das Klammern an liebgewordenen aber überholten Vorstellungen und Traditionen, so viel Unglück gebracht wie im militärischen Bereich. Der Stellungskrieg des I. Weltkrieges ist da nur ein, wenn auch sehr krasses, Beispiel.

So ist die Geschichte der Scharfschützen in ihren besten Epochen eine Geschichte der Einzelkämpfer und der kleinen Spezialeinheiten – wegbahnend und fortschrittlich, aber voll von Rückschlägen und Hindernissen, welche von mißtrauischen und voreingenommenen Heerführern bereitet wurden.

In den besten Momenten dieser Entwicklung war der Scharfschütze der auf sich allein gestellte Soldat, unabhängig operierend, nur von der eigenen Disziplin kontrolliert, der weit vor den eigenen Linien, im Niemandsland oder im Rücken des Feindes in seiner Stellung verharrte und sorgsam seine Schüsse abwog.

Ausgezeichnet durch hohe Motivation und extreme Fähigkeiten, war er sich zu allen Zeiten bewußt, daß er im Moment der Entdeckung oder Gefangennahme keine Gnade zu erwarten hatte – ähnlich wie der Spion, der Ranger oder Commando, gehörte er zu jener Kaste, deren Tätigkeit abseits des eigentlichen Geschehens und geheimnisumwittert verlief. Vom Feind gehaßt und mit allen Mitteln bekämpft, von vielen aus der eigenen Armee mit Neid, Ressentiment oder Abscheu betrachtet.

Es ist deshalb nicht verwunderlich, daß hier eine gemeinsame Grundlage bestand, die immer wieder dazu geführt hat, daß sich gegenüberliegende feindliche Scharfschützen zwar bekämpften, sich aber

gegenseitig mehr Achtung entgegenbrachten, als das innerhalb der eigenen Truppe geschah: Bei Gettysburg bringen Unionsscharfschützen konföderierte Scharfschützen lebend ein, und zwischen Siegern und Gefangenen entwickelt sich sofort eine kollegiale Verbrüderung. Im Ersten und Zweiten Weltkrieg kannten sich diese Einzelkämpfer oft mit Namen, oder wurden mit Spitznamen bezeichnet, die Bewunderung für die Fähigkeiten des Feindes ausdrückten.
Vielleicht ist hier noch etwas von jener im modernen Krieg und im automatisierten, massenweisen Abschlachten verschwundenen Ritterlichkeit erhalten gewesen, die einst dazu geführt hat, daß man den Feind vor dem Treffen mit offenem Visier grüßte, daß man dem waidwund geschossenen Doppeldecker die Möglichkeit zur Flucht und zur Landung ließ.
Die Geschichte der Scharfschützen ist aber auch immer die Geschichte der Schießkunst schlechthin gewesen. In diesem Rahmen war der Scharfschütze nur das höchste Beispiel. Im militärischen Bereich der Schießtechnik war der gezielte, treffsichere Schuß bis zur heutigen Zeit eher Ausnahme als Regel. Der Autor hat daher die Entwicklungsbeschreibung dieser Sonderklasse von Soldaten immer in Beziehung zu stellen versucht, mit der zur gleichen Epoche allgemein üblichen Gefechtstaktik und Ebene der Schießtechnik. Hier sollen weniger technische Beschreibungen, militärtheoretische Abhandlungen oder Gefechtsberichte erstellt werden, als vielmehr ein Bild, welches dem Leser die vergangene Zeit nahebringt und ihn in das allgemeine Verständnis von geschichtlichen Abläufen am Beispiel des Militärschießens einführt.
Der Autor gibt sich nicht der Illusion hin, daß er diesem hohen Ziel auch nur nahe gekommen ist.

Zum Wortbegriff

Das Wort »Schütze« entstand im deutschen Sprachraum als ein Ausdruck für »Sender von Geschossen«, wobei kein Bezug zu der Form des Projektils oder der Schußwaffe bestand. Die Gebrüder Grimm als Autoren des Deutschen Wörterbuches leiten die Entwicklung dieses Begriffes aus dem althochdeutschen »scuzzo« ab und verweisen auf die verwandten Worte in anderen Sprachräumen: »skut« im Angelsächsischen, »skytt« und »skytte« im Schwedischen und Dänischen.

In Anlehnung daran verwiesen spätere Sprachforscher auf die enge Beziehung zum friesischen »sketta« und dem niederdeutschen »schütte«, aus dem dann im Mittelhochdeutschen »schütze« entstand.

Bezeichnend für die Bedeutung des Wortes ist die Beziehung zur Verteidigung und Abwehr, die in der Intensivbildung des gleichen Wortes, in »schützen« enthalten ist; eine Beziehung, welche in dieser Form in anderen Sprachräumen nicht vorkommt:

Die französische Sprache bezieht ihr Wort für Schütze, »tireur«, aus dem Verb »tirer,«, d. i. »ziehen«, und beschreibt damit die Tätigkeit beim Abfeuern eines Bogen, einer Armbrust (Sehne) oder einer Schußwaffe (Abzug), während der lateinische Schütze nach seiner Waffe oder dem Geschoß bestimmt wurde: »sagittarii“ (Pfeilschießer), und „ballistarii« (Schleuderer).

Die Bezeichnung für einen besonders guten Schützen entstand in der deutschen Umgangsprache in Verbindung mit dem Wort »scharf«, welches auch mit »Scharfblick«, »scharfes Auge«, aber auch mit »scharfe Munition« eine besondere Bedeutung erhält. Die Franzosen kennen da nur die Steigerung des »tireur d'elite«, des Eliteschützen. Am aufschlußreichsten sind die im Englischen entstandenen Begriffe. So bezeichnet »marksman« jemanden, der mit Genauigkeit das »mark« (Ziel) trifft. Der »sharpshooter« entstand als eine direkte Weiterführung des deutschen Wortstammes, genau wie im Deutschen; ist spätestens seit dem 17. Jahrhundert bekannt — also nicht als Ableitung aus der »Sharps Rifle«, mit dem Berdans Scharfschützen-Regiment ausgerüstet war. Zusätzlich kam der Begriff »sniper« für den militärischen Spezialisten auf, hier als Ableitung aus dem Jagdlichen: Jemand der eine »snipe« (Schnepfe) treffen konnte, mußte schon ein sehr guter Schütze sein.

Das Schimpfwort »Heckenschütze« entwickelte sich aus der Umgangssprache des Mittelalters und steht in Beziehung zu den im Hinterhalt lauernden »Heckenräuber«. Es fand in den militärischen Sprachgebrauch noch in anderem Zusammenhang Eingang: Das preußische Exerzierreglement von 1714 sah zur Abwehr umherstreifender Kavallerie das »Heckenfeuer« vor: Aus jedem halben Peloton traten zwei Rotten hervor, gaben ihre gezielte Salve ab und traten wieder zurück. Sie traten dabei oft an die »Hecke« heran, jenes Gewirr von Holzgestrüpp, gefällten Bäumen und Ästen, Abatis genannt, welches dem Feind als erstes Hindernis in den Weg gelegt wurde. Das Heckenfeuer war kein Einzelfeuer, sondern Salvenschießen, wobei dem Zielen wenig Bedeutung zugemessen wurde.

Der Jäger

Sergeant Wilbur Tietjen: Für gewöhnlich nahm ich irgendeine Position in der Frontlinie ein, das Gewehr an die Schulter geschnallt, der Lauf auf dem Grabenrand und blickte durch mein Zielfernrohr auf die deutschen Schützengräben, in einer Entfernung von eintausend oder mehr Yards. (Ein Scharfschütze muß Geduld haben, das ist so wichtig wie die Fähigkeit gut zu schießen.) Und ich würde Stunden da liegen, die deutsche Front studieren, die verlassen aussah. »Da sind Männer, jawohl«, sagte ich mir, »und einer davon wird unvorsichtig und wird sich zeigen«. Bestimmt, früher oder später erschien ein Kopf über dem Grabenrand oder ein Mann würde für eine Minute rauskriechen.

Dann würde ich Seitenwind und Entfernung schätzen, die Visierlinie ins Ziel bringen, meinen Körper entspannen, halb einatmen und den Abzug sehr langsam drükken. Gewöhnlich würde der Mann, auf den ich zielte, hochschnellen und sich ein paarmal drehen, bevor er hinfiel. Er sah sehr komisch aus, von wo ich war – wie ein Spielzeug-Soldat, den jemand weggeschnippt hat, der sich über den Wind geärgert hat.

William March, »Company K«, London 1933

Teil I

Einzelschuß und Salvenfeuer

Die Anfänge

Die Jahre des gefiederten Todes

»So fielen die Ritter in der ersten französischen Schlacht, getötet oder wund geschlagen, ohne die Männer gesehen zu haben, die sie schlugen . . .«

A. D. 1346 »unbek. Chronist, Crécy«

Die Kriegführung des feudalen Europas beruhte auf den gepanzerten Reitern, Angehörige einer Gesellschaftsschicht, deren Vorrecht es war Krieg zu führen. Ihre Taktik: Der Frontalangriff gegen die Reihen des Feindes, ob Infanterie oder zu Pferd. Ihre Stärke: Die Panzerung, der Angriffschwung der Pferde, die psychologische Wirkung ihrer Masse, der hämmernden Hufe, der Entschlossenheit ihres Angriffs.

Die zweite Hälfte des ersten Jahrhunderts nach der Geburt Christi waren bestimmt vom Aufstieg jener gepanzerten Klasse, der Ritter, deren Heere den Vorstoß von Mauren, Mongolen und Hunnen abfingen.

1066 eroberte ein Ritterheer dem normannischen Herzog Wilhelm die englische Königskrone bei Hastings; dreißig Jahre später stießen in einer bis dahin unbekannten gemeinsamen, nur von einer Idee ausgelösten Expedition, Ritter aus ganz Europa ins Heilige Land vor, um das Grab Christi von den »Ungläubigen« zu befreien.

Zwar bestanden diese Heere auch aus Fußsoldaten; Bogen und Armbrüste waren bekannt. Steinwerfer mit Schleudern überschütteten den Gegner seit Jahrtausenden mit einem Hagel, aber ihnen kam

Linke Seite:

Der ‚Schwarze Prinz' bei Crécy, an seiner Seite einer jener Bogenschützen, denen England seinen Sieg verdankte.

nie schlachtentscheidende Bedeutung zu. Sie waren nur Hilfstruppen, die dem Feind zwar zusetzen, aber nicht besiegen konnten.
Die Schußwaffe, ob Bogen oder Armbrust, galt als Jagdwaffe – sie im Kampf zu gebrauchen als unstandesgemäß, wenn nicht unehrenhaft:
1139 bestätigte das 2. Laterankonzil, höchste gesetzliche Instanz des christlichen Abendlandes, ein Gesetz, das wahrscheinlich schon 1097 vom Papst eingeführt wurde: Den Bogen oder die Armbrust gegen Christen einzusetzen wurde mit der Androhung des Kirchenbanns unter Strafe gestellt! Noch 1234 findet das gleiche Gesetz im Kanon des Papstes Gregor IX. Geltung, obwohl Schützen in allen Heeren jener Zeit existierten.
Nun, in den Schlachten gegen die Sarazenen hatte sich die Notwendigkeit einer solchen Truppe erwiesen. Richard Löwenherz und sein Nachfolger Eduard I. wurden bekannt durch den geschlossenen Einsatz von Schützen. Das englische Kreuzfahrerheer unterhielt zu diesem Zweck ausländische Söldnerkontingente, zumeist italienische Armbrustschützen; aber erst hundert Jahre später sollte diese Waffengattung sich durchsetzen.
Der Aufstieg der berühmten englischen Bogenschützen war bedingt durch die Unterwerfung von Wales, wo die Engländer (unter Eduard I.) dem walisischen Langbogen begegneten: Diese über zwei Meter langen, aus Ulmenholz gefertigten Bögen waren in der Lage einen Pfeil abzuschießen, der – wie ein Chronist ehrfürchtig berichtete – durch Kettenhemd und darunter liegender Kettenhose, Hüfte und der Holzverstärkung des Sattels dringen konnte. Der so getroffene Engländer war auf seinem Sattel festgenagelt!
Es dauerte noch einige Jahrzehnte, bis sich dieser Bogen durchsetzen konnte; die Armbrust (arbalest) war eine ernstzunehmende Konkurrenz und erlaubte dank ihrem Zielanschlag ein genaueres Schießen in der Hand eines Durchschnittsmannes. Eduard I. benutzte diesen Langbogen bei der Unterwerfung der Schotten, aber die Erfahrung aus diesen Feldzügen ging verloren, zumal die Herren Barone recht geringschätzig auf den »riff-raff« der Bogenschützen herabblickten.
Erst der dritte Eduard entsann sich bei seinen Feldzügen in Frankreich der Möglichkeiten, welche die schnellschießenden Bogenschützen gegenüber den französischen Rittern und ihren genuesischen Armbrust-Söldnern hatten: Während des Rückzuges über die Somme mußte er sich bei Crécy dem überlegenen verfolgenden Heer des

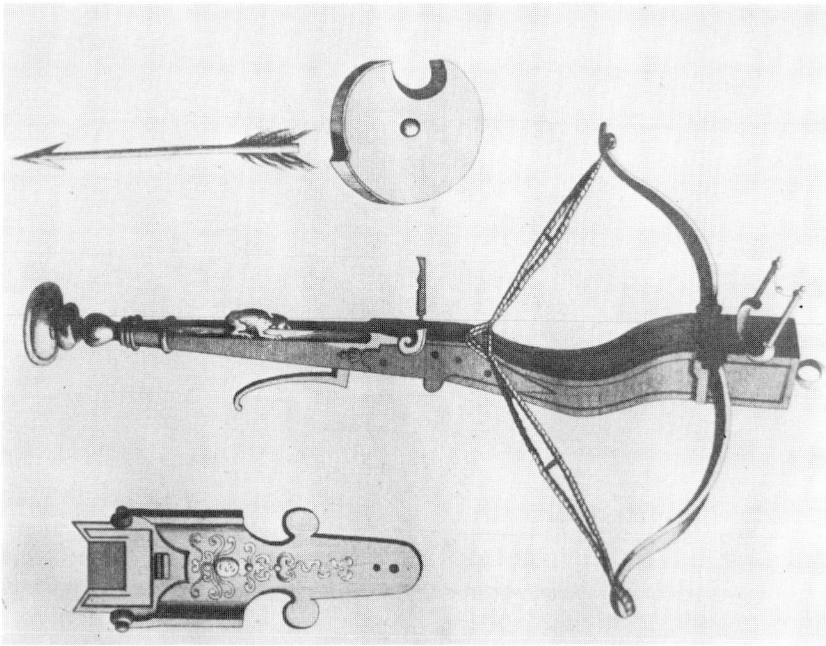

Frühe Darstellung eines Kugelschnäppers.

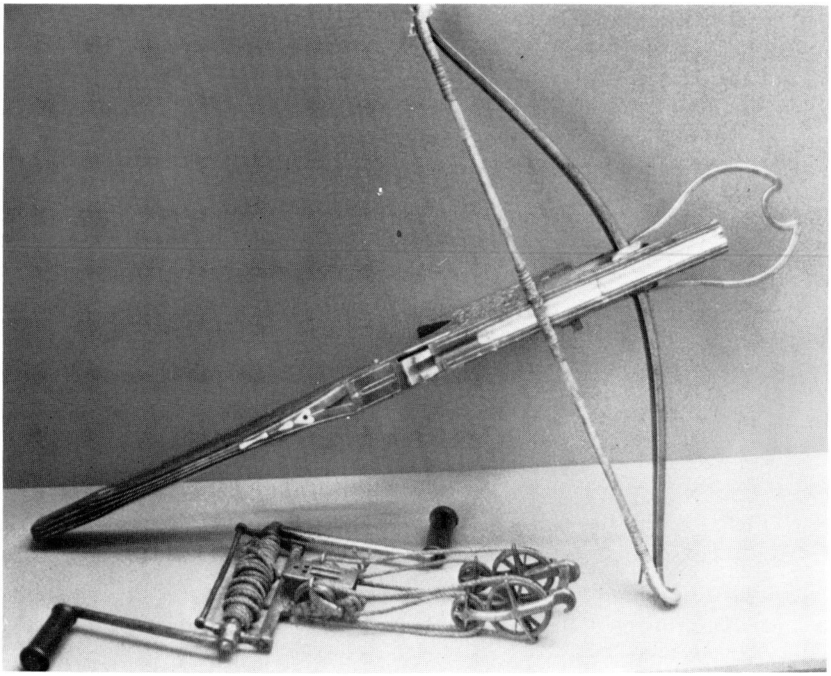

Der größte Nachteil der Armbrust lag in ihrem zeitraubenden Spannvorgang. Die komplizierte Winde einer Scheibenarmbrust ist hier erkenntlich. Der Bügel vor dem Stahlbogen diente dem Aufsetzen der Waffe auf den Boden und zum Festhalten mit dem Fuß.

Französische Soldaten der Ordonnanz-Kompanien. Der Schütze hat die Waffe auf die Schulter aufgelegt und hält eine Lunte in der Hand.

Königs von Frankreich stellen. Eduard hatte bei nur viertausend gepanzerten Reitern elftausend Bogenschützen und zu deren Bedekkung weitere fünftausend Infanteristen.

Die englischen Bogenschützen deckten die Flanken der Panzerreiter, sie waren aber etwas nach vorn gezogen, so daß sich ein überdimensionales »V« ergab, in dessen Öffnung nun die undisziplinierten französischen Ritter vorstürmten, nachdem die Genueser im ersten Ansturm in den tödlichen Pfeilhagel geraten waren. In wiederholten Angriffen ritten die französischen Edlen in diesen Pfeilhagel hinein, um immer wieder zurückgeschlagen zu werden. In Crécy, und später Poitiers, entschieden einfache Bogenschützen die Schlachten, während die englischen Ritter nur noch Aufräumungsarbeiten erledigen mußten.

Der Ruhm englischer Schützen wuchs nach diesen beiden Schlachten ins Legendäre. So berichtet eine wahrscheinlich übertriebene Schilderung von der Zielgenauigkeit der Engländer: Ein Franzose hatte in seiner Verzweiflung den englischen Reihen mit der Faust gedroht (und wahrscheinlich eine jener jahrhundertealten obszönen Fingerhaltungen ausgeführt, die in jeder Sprache bekannt sind). Acht Pfeile durch die erhobene Hand waren die Quittung . . .

Bei den französischen Rittern, wie beim Fußvolk, waren die englischen Bogenschützen recht unbeliebt – der Überlieferung nach hatten Gefangene keine Gnade zu erwarten. Daumen, Zeige- und Mittelfinger der rechten Hand wurden ihnen abgehackt. Gerüchte, wie das vom Bund mit dem Teufel, waren in aller Munde und die Treffgenauigkeit der Schützen wurde weit übertrieben: »Jeder Pfeil traf Mann oder Pferd, durchstieß Kopf, Arm oder Bein der Reiter und machte die Pferde verrückt«, schrieb ein Teilnehmer. Tatsache war, daß die Engländer nicht in der herkömmlichen Weise ihre Pfeile ungezielt in hohen Abschußwinkeln auf den Gegner herabregnen ließen, sondern die Sehne bis hinter das Ohr zurückzogen, entlang der 94-cm-Pfeile auf das Ziel blickten und direkt schossen, wobei ihnen der leicht abfallende Boden bei Crécy noch zum Vorteil gereichte. Tatsache war auch, daß die Kompanien der englischen Bogenschützen ständige Übungen im Zielschießen unternahmen und ihre Rekruten im Alter von vierzehn, fünfzehn Jahren in die Schießkunst einführten.

Crécy und Poitiers aber signalisierten die Überlegenheit gut ausgebildeter Fußtruppen, die sich auf den Abschuß von weitreichenden und durchschlagskräftigen Projektilen verstanden, über jedes Ritterheer. Die Franzosen lernten ihre Lektion recht schnell und stellten Infanterietruppen auf. Ihre »Ordonnanz-Kompanien« bildeten den Ursprung der späteren stehenden Heere – und sie enthielten Abteilungen geübter Schützen. Die Ritterheere aber verschwanden vom Kriegsschauplatz nur sehr langsam: Hier wehrte sich ein ganzer Stand, eine Kaste, gegen ihren Untergang, obwohl sie bereits ihre Daseinsberechtigung verloren hatten.

Erst der soziale Wandel, der Aufstieg der freien Städte, veränderte nachhaltig das Kriegsbild und förderte den Gebrauch solch »gemeiner« Waffen wie Armbrust und Kugelbüchse.

Es wird heute viel zu häufig vergessen, daß die Städte Europas als Fluchtort vor der Adelswillkür ihre Bedeutung erlangten. Die Rechte, die man als Bürger der Stadt genoß, schlossen aber auch die Wehrpflicht ein: Der Angehörige einer Gilde, Zunft oder eines Stadtteiles war in Zeiten der Not zum Wachdienst auf der Mauer oder zum Kriegsdienst verpflichtet. Flämische Zünfte hatten im 14. Jahrhundert erfolgreich in der Verteidigung ihrer Freiheit gegen französische Eroberungsheere gestanden, der Bürgereid vieler deutscher Städte schloß den Hinweis auf die Wehrpflicht mit ein.

Neben den normalen zunft- und stadtteilgebundenen Waffenvereinigungen entstanden im 14. Jahrhundert die Schützengesellschaften, die der Pflege der Schießkunst und der Fertigkeit im Umgang mit Armbrust, Kugelschnäpper und Gewehr verpflichtet waren.

Die frühen Schützenvereinigungen

Aus den Aufzeichnungen deutscher Städte kann man mit ziemlicher Genauigkeit den Anfang des Schützenwesens hierzulande ersehen. Auf dem europäischen Festland, in Deutschland, den Niederlanden und Italien gab es vereinzelt bereits vor 1350 Bruderschaften und Vereinigungen in den Städten, die in regelmäßigen Abständen das Schießen mit Armbrust oder Kugelschnäpper übten. Sie gehörten zur Wehrmannschaft ihrer Heimat und waren – wie im Fall der Genueser – auch eine Art Exportgut, das man an kriegführende Häuser auslieh. Zu unterscheiden ist hier zwischen den Stadt- oder Ratsschützen, besoldete Büttel, welche Wachdienste versahen, und den freiwilligen Bürgerschützen, den frühen Vorläufern der heutigen Schützenvereine. Diese Schützen hatten – schenkt man den alten Aufzeichnungen Glauben – besondere Aufgaben bei der Verteidigung. Die Chronik der Stadt Butzbach führt aus, daß die Schützen im Kriegsfall vorgeschobenen Wachdienst auf den Feldern um die Stadt, an den Zufahrtsstraßen und auf den Erdwällen versahen. Gleichzeitig rückten sie zu Erkundungen aus. Ein Hinweis auf die Bürgerschützen findet man auch immer wieder in den Aufstellungen der Heerzüge, so daß man rückschließen kann, daß diese Männer nicht unter die normale Aushebung fielen, sondern besondere Bedeutung hatten. In den Alarmplänen der Städte aber findet sich kein Mauerabschnitt, der nur für die Schützen reserviert war; der Einsatz erfolgte also auf allen Abschnitten des Walles, während die anderen Zünfte und Stadtteilgilden ihre zugewiesenen Bereiche hatten.

Besondere Aufmerksamkeit aber wurde der Kontrolle der Schützenvereinigungen zuteil. Offensichtlich waren die Städte hier bestrebt, keine besonderen Bevorzugungen gegenüber den anderen Zünften aufkommen zu lassen: Der Schützenmeister entstammte nicht den eigenen Reihen, sondern war in den meisten Fällen ein Ratsmitglied oder Beamter der Stadt, der gleichzeitig für das Waffen- und Zeughauswesen verantwortlich war. Köln hatte bereits 1341 je einen Schützenmeister für die Armbrustschützen und für die Büchsenschützen. Jede dieser Gruppen war 25 Mann stark. Die Obrigkeit förderte das entstehende Schützenwesen und unterstützte die Wettkämpfe, die bald Volksfestcharakter annahmen, jedoch dabei ihre eigentliche Bedeutung, die Vorbereitung auf den Kriegsdienst, nicht verloren. In der kaiserlichen und bischöflichen Unterstützung dieser Entwicklungen war das Verlangen zu erkennen, ein Gegengewicht

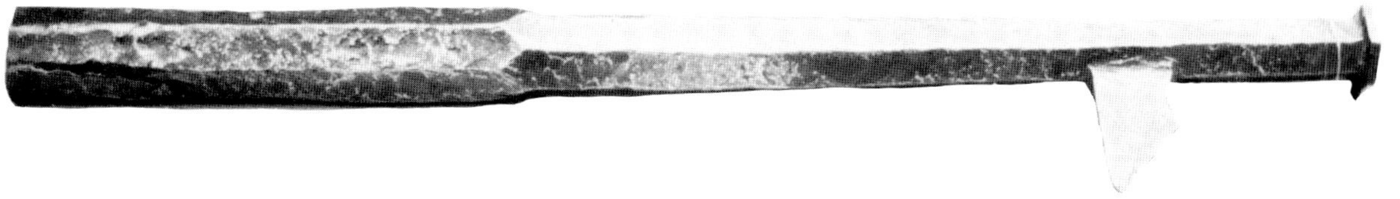

zu dem Kriegspotential der Baronate und Grafentümer zu erhalten und den Einfluß der Zentralregierung zu stärken.
In Frankreich wurde sogar zur Förderung des Schützenwesens eine Steuerfreiheit erklärt: Der »franc archer«, der freie Schütze des 15. Jahrhunderts, sollte die Wehrfähigkeit des Königreiches entscheidend stärken. Der Befehlshaber aller Armbrustschützen, genannt »grand maître des arbalestiers«, dem im Kriegsfall alle ausgehobenen Schützentruppen unterstanden, stand im Dienstrang nur dem Marschall, dem Oberbefehlshaber des Heeres nach.
Es waren diese überall entstehenden Schützenvereinigungen, die nun von der sich langsam entwickelnden Schießkunst mit Feuerwaffen Kenntnis nahmen und sie vorantrieben.
Während die Ritter und adligen Heerführer die Feuerrohre jener Zeit noch verurteilten, erkannten die Städte, welche Umwandlungen diese neue Schießtechnik mit sich bringen konnte. Vor der mit lautem Knall, Blitz und Rauch aus dem Lauf fahrenden Eisen-, Stein- und schließlich Bleikugel konnte keine Rüstung bestehen. Die Feuerwaffe erschloß dem einfachen Mann die Möglichkeit, auf gleicher Ebene zu stehen wie der Adel. Zwar waren die ersten Feuerwaffen noch unhandlich, unzuverlässig und wenig treffsicher, aber sie verbreiteten dennoch Angst und Schrecken. Für die schwergepanzerten Ritterheere bedeuteten sie den Untergang, und zugleich den Aufstieg eines neuen Kriegertyps. Noch im späten 15. Jahrhundert aber wehrte sich der Adel mit allen Mitteln gegen die zunehmende Verbreitung dieser Waffe unter dem »gemeinen Pöbel«: Der italienische Kriegsfürst Gian Paolo Vitelli entrüstete sich, daß feindliche Arkebusiere

Eine frühe Hakenbüchse, deren hinteres Ende eine Holzstange als Schaft aufnahm. Ein Zielen war mit diesen „Handkanonen" kaum möglich.

Eine zehnschüssige/-läufige Stangenbüchse aus dem 15. Jahrhundert mit Luntenzündung.

einige Adlige seines Gefolges erschossen hatten. Er erließ einen für jene Zeit nicht unüblich grausamen Befehl: Den gefangenen Schützen sollten die Hände abgehackt und die Augen herausgerissen werden!
Wie der Schotte Thomas Carlyle (1795–1881) in einem seiner historischen Werke bemerkte, machte die Einführung des Schießpulvers »alle Menschen gleich groß«. Es bedurfte nicht mehr einer besonderen Lebensführung, täglichen sportlichen Übungen mit Schwert, Schild und Lanze und das Erlernen des Reitens, um im Kriegsfall zur gefechtsentscheidenden Elite zu gehören. Es zählte nicht mehr Gewandtheit, körperliche Stärke und Ausdauer, wie es das Kämpfen in den schweren Rüstungen erforderte, – jedermann konnte den Umgang mit den Faustrohren erlernen, deren Kugeln ohne Ansehen der Person töteten. Anders als das Bogenschießen, zu dem es große Kraft und jahrelanges Training brauchte, war die Treffsicherheit und Reichweite der neuen Waffe nicht abhängig von der Zugkraft des Schützen.
Die Feuerwaffe verdrängte bald Bogen und Armbrust aus der ersten Reihe der Schlachtordnung wie aus der Jagd – obwohl bis zum Ende des 16. Jahrhunderts diese Waffen noch parallelen Gebrauch fanden. Bevorzugt wurde die mit vielen verschiedenen Namen bezeichneten Rohre: Handfeuerwaffen wurden als »bombardelli« oder »bastons-à feu« (1428), als „Bombardes portatives« (1382), »hand gonne« (1346), »büchsen« (1376), »handbüchsen« (1380) und »Hakenbüchsen« bezeichnet, wobei sich nur sehr schwer eine Klassifizierung in Größe oder Abschußart festlegen läßt. Betrachtet man die alten Aufzeichnungen, so wurden die ersten dieser mit langen Stielen versehenen Feuerrohre mit unter dem Arm geklemmten Schaft abgeschossen. Schwerere Exemplare, die im Festungskampf zur Anwendung kamen, hatten Haken auf der Unterseite, um den Rückstoß auf die Mauer zu übertragen. Der Begriff »arquebuse« bezog sich im französischen Sprachbereich ursprünglich auf die mit einem Mauerhaken versehene schwere Wallbüchse, wurde dann aber auf alle mit der Hand abzufeuernden frei gehaltenen Waffen angewandt. Ein wesentlicher Hinweis findet sich in einer auf 1519 datierten Nürnberger Urkunde zur Aufstellung des Heeres des Schwäbischen Bundes im Krieg gegen das herzogliche Württemberg. Darin ist von den 150 Nürnberger Büchsenschützen die Rede, die »mit gutem Geschütz versehen sein und am Wang abschießen konnten«. Bezeichnenderweise wurde hier der Umstand hervorgehoben, daß Bauart und Ge-

wicht der Schußwaffen ein *gezieltes* Schießen im Anschlag an der Schulter erlaubten. Einen Eindruck von den verschiedenen Formen dieser immer noch sehr an Kanonen erinnernden Gewehre bietet auch die Handschrift des Nicolaus Glockenthon von 1505, der alle Waffen im Arsenal Kaiser Maximilian I. aufzeichnete: Die im Kunsthistorischen Museum in Wien aufbewahrte dreibändige Arbeit zeigt u. a. einen Landsknecht, der eine mit Luntenschloß* versehene Büchse im freihändigen Zielanschlag an der Schulter hält. Andere Handrohre, mit zwei und sogar drei Läufen werden mit Hilfe eines gabelförmigen Spießes angeschlagen, augenscheinlich ein Vorläufer jener Gabel, mit der die Musketiere des 17. Jahrhunderts allgemein ausgerüstet waren.
Anfang des 17. Jahrhunderts wurde die Muskete in den meisten Armeen der damaligen Zeit eingeführt, sie wurde im stehenden

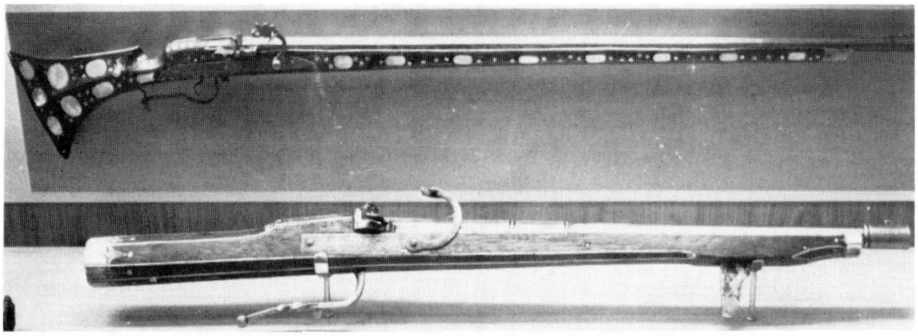

Eine Hakenbüchse mit Luntenschloß um 1500 (unten) und eine Luntenschloßarkebuse aus dem Mittelmeer-Raum, 17. Jahrhundert.

Schulteranschlag abgefeuert, wobei die schwere Waffe auf einer Gabel ruhte, während die Zündung mit der Lunte erfolgte. Der Schütze visierte sein Ziel mit dem rechten Auge an, das über das Rohr blickte, während die Wange an der dafür erhobenen Seite des Schaftes lag. Der Name hielt sich und bezeichnete Gewehre bis zum 19. Jahrhundert, wobei meistens auf glatte Läufe Bezug genommen wurde.
Der allgemeine Gebrauch dieser Schußwaffen erregte bald die Aufmerksamkeit der Obrigkeit: Während das Schützenwesen, das Tragen und der Gebrauch von Schußwaffen zum Bürgerrecht der Städte gehörte, versuchte man allerortens die Verbreitung von Schußwaffen einzudämmen. Ein Beispiel dafür sind die herzoglichen Dekrete in Süddeutschland, die 1550 verhindern sollten, daß das »Büchsenschießen in unserem Fürstentum gemein werden zu lassen, und son-

* Die kleine Metallvorrichtung, welche die Lunte hielt, wurde wegen ihrer schlangenhaften Form Serpentina genannt und war eine spanische Verbesserung, die sich im 16. Jahrhundert durchsetzte.

Links: Der Musketier aus der Handschrift De Gheyn, Den Haag 1608, im Zielanschlag, die Waffe auf die Brust gesetzt.

Mitte: Französische Infanterie des 16. Jahrh. Links ein Musketier mit Gewehr und Stützgabel, rechts der Arkebusier mit seiner leichteren Waffe, im Hintergrund der Pikenier mit seinem 3 Meter langen Spieß.

Rechts: Der Schießstand der Stadt Zürich, 1504. Der Stich zeigt so moderne Elemente wie Scheibenanzeige und separate Boxen für die Schützen. Rechts am Tisch die Richter.

derlich unter dem gemeinen Bauersmann also aufkommen zu lassen . . .«. Verboten wurde das Schießen und die Schießübungen außerhalb der Städte und Marktflecken. 1562 wurde den Bauern alle Schußwaffen, auch Armbrüste und Bogen verboten. Sie mußten „ihre Büchsen, kurzen und langen, desgleichen alle andern Geschosse, wie sie Namen haben, bei der Obrigkeit einliefern«.
Der Popularität des Schießwesens, besonders der Schützenvereinigungen aber taten diese Verordnungen keinen Abbruch, eher waren sie ein weiterer Grund für viele, den Acker zu verlassen, und der Fürstenwillkür durch Abwanderung in die Städte zu entgehen. Die »Türkengefahr«, welche im 16. Jahrhundert das östliche Europa überrannt hatte und an die Tore Wiens klopfte, bot Gelegenheit, die

bei Schützenfesten geübten Bewohner der Städte und Marktflecken zum Kriegsdienst auszuheben. Durch das Anlegen von Zeughäusern wurden zwar die Waffen aus den Händen der Bevölkerung in kontrollierbare Verhältnisse übertragen, aber gleichzeitig waren die Herrschenden interessiert, daß in ihren Fürstentümern ein großes Potential geübter Schützen entstand. Allgemeine Regeln für die Wettbewerbe wurden erlassen, Geld- und Naturalienpreise ausgesetzt, um einen zusätzlichen Anreiz zu liefern. Damit niemand auf falsche Gedanken kam – und hier schien den Fürsten noch der Schreck der Bauernkriege in den Gliedern zu stecken! – wurde auf Ring- und Vogelscheiben geschossen, später sogar körpergerechte Scheiben, die einen Türken zeigten.

»Mit geschraubten püchssen . . .« Der gezogene Lauf

Das beginnende 16. Jahrhundert steht nicht nur für den Ausgang des Mittelalters, sondern auch für die Hochzeit der städtischen Entwicklung und der Blütezeit handwerklicher Entwicklungen. Neben den Fürsten und dem in seiner staatlichen Bedeutung geminderten Adel etablierte sich eine neue Schicht der Gesellschaft, die Kaufleute. Gestützt auf Städte wie Augsburg, Köln oder Nürnberg, Mailand, Florenz oder Venedig überzogen sie ganz Europa und die damals bekannte Welt mit Handelsbeziehungen und Kauffahrtrouten, die dem Reichtum ihrer Familien und Heimatstädte schier unbegrenzten Wachstum boten. Stellvertretend für diese Dynastien sei hier nur die Familie Fugger genannt.

Seit dem Jahr 1368 als Webermeister in Augsburg ansässig, stiegen sie im 15. Jahrhundert dank ihres florierenden Handwerks in Finanzgeschäfte ein, die dem Geschlecht später den Handel – nach dem Niedergang der Hanse mit überseeischen Partnern – erlaubte. Durch die Fugger wurde Augsburg und Teile Süddeutschlands zu einem Zentrum des damaligen Welthandels, zu einer Hochburg des verarbeiteten Kunsthandwerks, da in besonderem Maße Silber, Kupfer und andere Edelmetalle eingeführt wurden. Die Bedeutung der Fugger kann aus dem Umstand ersehen werden, daß es die Finanzmittel dieses Hauses waren, die Karl V. die Kaiserwahl ermöglichte. Unter Jakob Fugger »dem Reichen« (1459–1525), wurde die Familie daraufhin 1514 in den Adelsstand erhoben.

Der Aufschwung dieser Handelsfamilien förderte natürlich den Fortschritt des verarbeitenden Handwerks, so auch der Büchsenmacher-Kunst, wobei es den »internationalen« Beziehungen zu verdanken war, daß ausländische Ideen über die Stadt- und Landesgrenzen hinweg Verbreitung fanden. Sehr schnell konnte sich so der neue Zündmechanismus des Radschlosses durchsetzen. Ursprünglich eine Erfindung, die dem genialen Hirn von Leonardo da Vinci zugerechnet werden muß *, finden wir zwar sehr frühe Exemplare von Radschloßwaffen in Italien, aber die Mehrzahl der heute erhalten gebliebenen Gewehre und Pistolen dieser Art stammen aus dem süddeutschen Raum, vornehmlich aus Nürnberg.

* da Vincis auf 1500–1505 datierte Handschrift »Codex Atlanticus« zeigt auf fünf Seiten eine frühe Form des Radschlosses. Die deutsche »Löffelholz«-Schrift von 1505 beschreibt gleichfalls ein solches Schloß, so daß hier gewisse Zweifel eingeräumt werden müssen – zumal Nürnberger Chroniken auf einen Johann Kiefuss verweisen, der das Radschloß um 1517 erfunden haben soll.

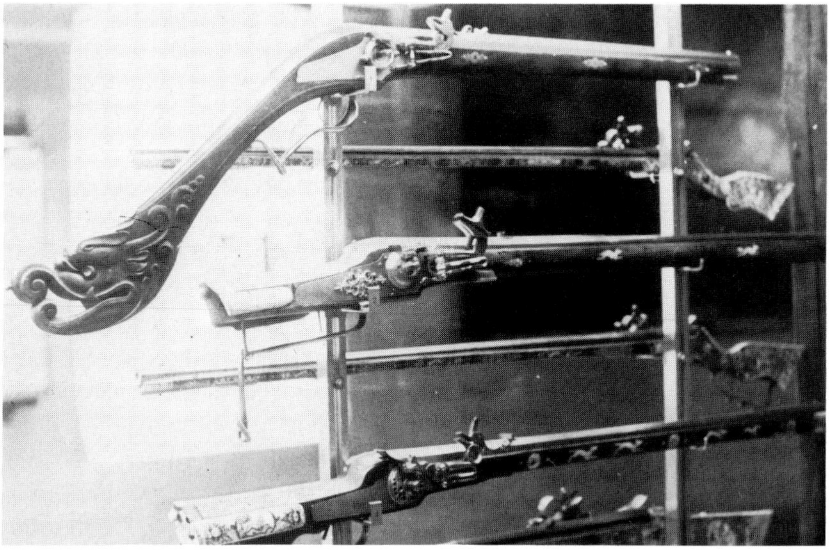

Jagdliche Radschloßgewehre des 17. Jahrhunderts. Interessant sind die unterschiedlichen Schaftformen.

Neben einem (später angebrachten) Hinterladesystem weist dieser Radschloßstutzen des 16. Jahrhunderts bereits ein Röhrenvisier auf dem Lauf auf (links).

Der Schornstein dieses Radschloßstutzens sollte den Blitz und Rauch der Pulverpfanne beim Entzünden aus dem Gesichtsbereich fernhalten, um ein Verreißen des Schusses zu verhindern (rechts).

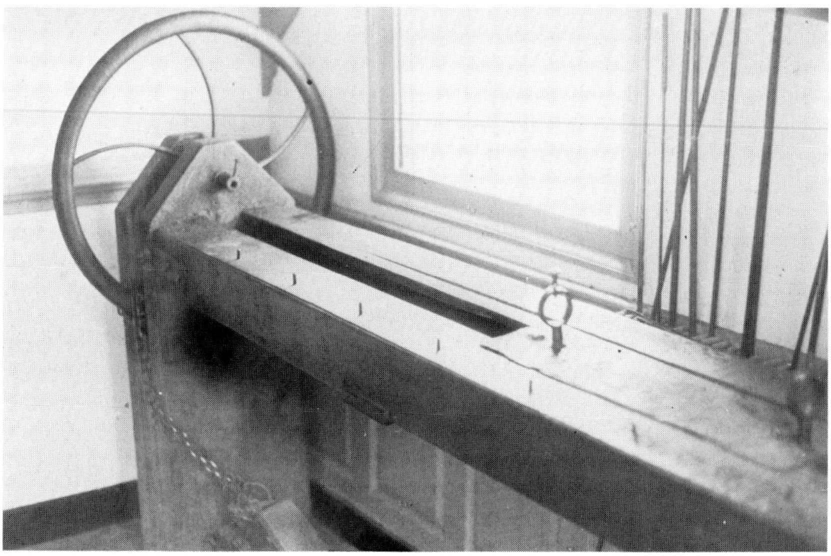

Die Werkbank zum Ziehen eines Laufes aus einer Büchsenmacherei des 18. Jahrhunderts.

Im militärischen Gebrauch konnten sich Radschloßwaffen nur bei berittenen Einheiten zu einem gewissen Maß durchsetzen. Die Herstellung dieser Art Zündung war äußerst kostspielig, ihr Gebrauch zeitraubend, so daß die Luntenschloßwaffen weiter bei der Masse des Fußvolkes Verwendung fanden.
Ähnlich verhielt es sich auch mit der Erfindung des gezogenen Laufes, der den wesentlichen Durchbruch für den gezielten Schuß darstellte, denn wie es Johann Fischart (1546–1590) in seiner satirischen Schrift »Geschichtsklitterung«, einer Umdichtung von Rabelais »Gargantua«, ausdrückte, war es »kein kunst mit gutem geschoß und geschraubten oder gezogenen Büchsen wol zu schießen«.
Die flugstabilisierende Wirkung des sich um die eigene Achse drehenden Geschosses muß den alten Meistern bereits von der Befiederung der Pfeile und Armbrustbolzen her bekannt gewesen sein. Trotzdem vermuten Forscher wie Hoff oder Willers, daß diese Erfindung mehr durch Zufall, als durch Überlegung erfolgte. Ursprünglich wurde die Mehrzahl der Handfeuerwaffen mit Bronze- oder Messingläufen ausgestattet, welche aus einem Stück gegossen und dann gebohrt wurden. Dabei könnte die tiefe drallgebende Einkratzung der Laufwandung zum ersten Mal aufgetreten sein.
Einer alten Handschrift zufolge ist bereits 1498 in Leipzig bei einem Wettschießen eine gezogene Waffe aufgetreten. Die früheste Schußwaffe mit einem gezogenen Lauf ist ein Radschloßgewehr aus der Sammlung Kaiser Maximilians, das in den Zeitraum von 1493–1508 datiert wird. Die Vermutung liegt aber nahe, daß die Züge dieses Achtkant-Laufes lediglich die Aufgabe hatten, der Verschmutzung beim wiederholten Schießen entgegenzuwirken. Ein mit 12 Zügen gerader Art erhaltener Bronzelauf kann bereits auf 1508 bestimmt werden, der früheste Eisenlauf dieser Art aber erst auf 1542.
Jedoch müssen sich diese neuen Läufe in der ersten Hälfte des 16. Jahrhunderts landesweit durchgesetzt haben, denn eine Anfrage des Nürnberger Stadtrates an die Kollegen von Schwäbisch Hall aus dem Jahr 1545 bezieht sich auf die Regeln des Wettschießens und wie man es in Schwäbisch Hall »mit geschraubten püchssen« beim Wettkampf halte. Nürnberger Chroniken beziehen die Erfindung des gezogenen Laufes wiederum auf einen ihrer Bürger, den Büchsenmacher August Kotter; aber wahrscheinlich ist man in den verschiedenen Schwerpunkten der damaligen Waffenindustrie etwa zur gleichen Zeit auf diese Idee gekommen, wie man auch vielerorts mit den ungewöhnlichsten Laufformen ergebnislos experimentiert hatte: Neben

oval- und achtkantig geschnittenen Läufen sind uns herz-, viereckige, rautenförmige und dreieckige Läufe bekannt, deren gleichförmige Geschosse nach Wunsch der Erbauer bessere Schußbilder erbringen sollten. Berühmt geworden ist die von James Puckle 1718 erfundene Schnellfeuerkanone, ein Vorläufer unseres Maschinengewehrs, das mit einer überdimensionalen Trommel geladen wurde. Die Waffe, die nach der Patentschrift »König George, Euer Land und Gesetze, Euch selbst und die Protestantische Sache« verteidigen sollte, hatte sogar viereckige Kammern mit ebensolchen Geschossen zum Schießen auf Türken. In bester christlicher Tradition waren immer schon alle Mittel recht, wenn es darum ging, gegen die Un- oder Andersgläubigen ins Feld zu ziehen.
Aus uns heute allgemeinverständlichen Gründen konnte den exotischen Laufformen und ihren Geschossen keine ballistische Zukunft beschieden sein. Sie stehen aber heute als Beweis für das mangelnde Verständnis der damaligen Zeit, welche ihre ballistischen und technischen Fortschritte dem Zufall und den Experimenten einzelner (oft verlachter und geächteter) Mitbürger zu verdanken hatte.

Scharfschützen der ersten Stunde: Jäger und Pürschschützen

Der »geriffelte« * Lauf eröffnete im Schützenwesen völlig neue Dimensionen. War es mit den glatten Musketenläufen des 16. Jahrhunderts schwierig selbst noch das sprichwörtliche Scheunentor zu treffen, so erlaubte die neue Fertigungsweise Gewehre mit denen Punktziele auf weite Entfernungen problemlos getroffen werden konnten. Der Musketenschütze des Dreißigjährigen Krieges, der geschützt von mit langen Stangenwaffen ausgerüsteten Pikenieren »sein Feuer abgab«, kam selten in die Verlegenheit auf ein Einzelziel zu schießen. Ihm gegenüber standen tiefgestaffelte Massen Landsknechte oder ganze Regimenter von Panzerreitern, die ihrerseits bis auf Pistolenschußweite heranreiten mußten, um das als »Caracole« bekannte Manöver auszuführen: Diese über zwei Meter großen Ziele ritten bis auf zehn Meter an den Pikenwall heran, feuerten ihre Handwaffen ab, schwenkten nach rechts oder links, um die Attacke später, nach dem Laden, zu wiederholen. Auf diese Entfernung war

* das englische Wort »rifle« für ein gezogenes Gewehr kommt von dem alten deutschen Wort »riffeln« für ziehen, aufrauhen.

Waffen und Harnische des Fußvolkes im 17. Jahrhundert (oben).

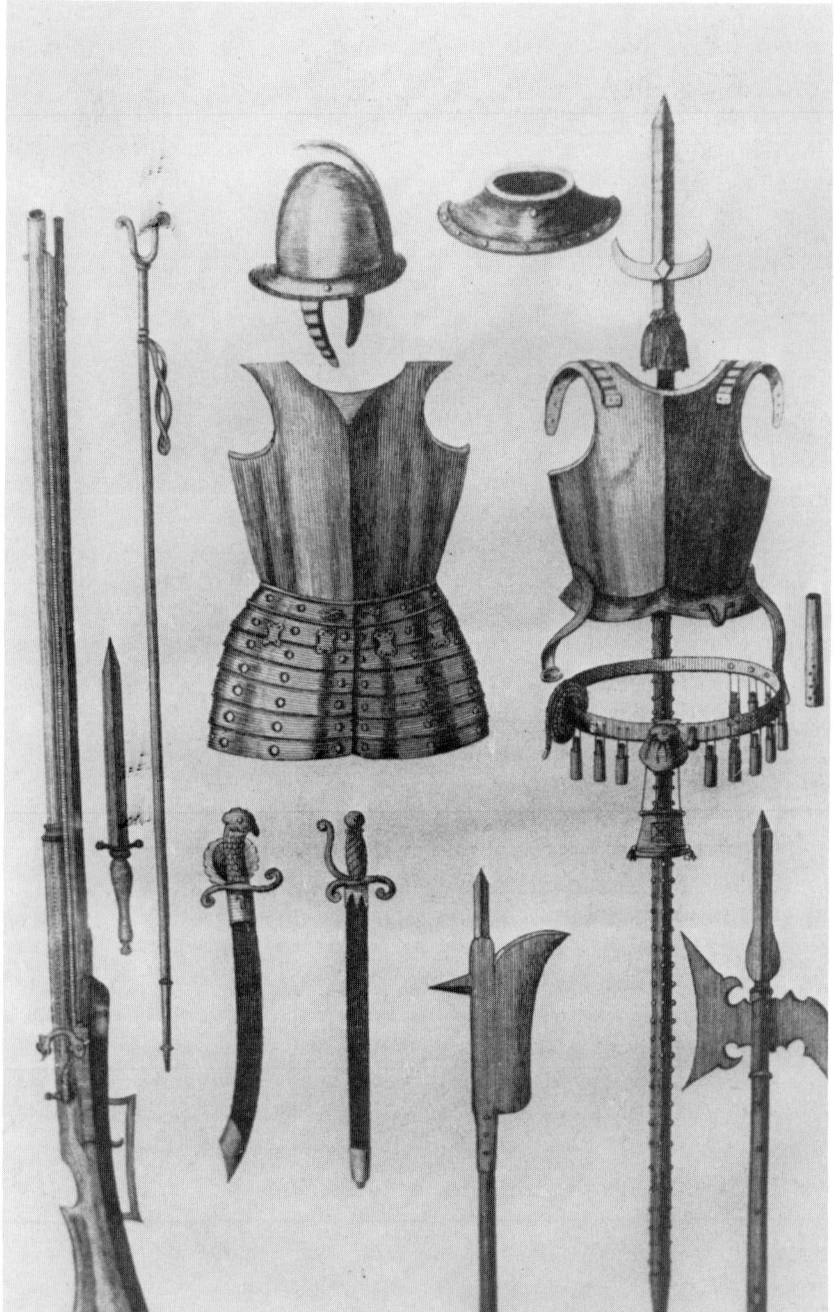

es dem Musketier nicht unmöglich, seine Kugel in die allgemeine Richtung und Höhe des Feindes zu plazieren. Es kam nicht darauf an, ob er Mann oder Pferd traf, die erste Reihe der Angreifer, oder einen Reiter aus dem »zweiten Treffen« – wichtig war, daß er und seine Kameraden, die sechs bis zehn Glieder tief standen, ein ständiges Abwehrfeuer unterhielten. Die feindliche Attacke sollte auf Entfernung gehalten werden, die Reitermassen durch gestürzte Pferde und fallende Reisige so durcheinandergebracht werden, daß das Momentum des Angriffes verloren ging und keine Gasse in den Wald der vorgestreckten Spieße gehauen werden konnte. Das Hauptproblem der Schützen bis zum 19. Jahrhundert blieb der umständliche Ladevorgang und die regelmäßige Abgabe von Salven.

Anders war es beim Sport- und Jagdschießen: hier kam es auf die eine, wohlplazierte Kugel an, den abgewogenen Schuß. Das heißt, die Pulverladung mußte konstant bleiben, der Schütze mußte die individuelle, für sein Kaliber beste Pulvermenge kennen, denn die Gleichung »Mehr Pulver, weiter Schuß, genaues Treffen« ging nicht

Lanzenangriff eines Panzerreiters gegen stehenden (oben) und knieenden (unten) Schützen, aus ‚Art Militaire à Cheval;' 1616, von Wallhausen.

auf. Auch die Kugel mußte stimmen, das Blei sauber und in einem Zug gegossen, ohne Verformung oder Gußrand sein. In der glattläufigen Flinte*, wie sie in allen Armeen bis in die Mitte des 19. Jahrhunderts Verwendung fand, gab es ein großes Spiel zwischen Kugel und Laufwandung. Beim Abschuß schlug das Geschoß mehrmals seitwärts an und nur der Zufall bestimmte, welche Laufseite der Kugel beim Verlassen der Mündung die endgültige Richtung, die Drift gab. Aber die Waffe konnte schnell geladen werden. Der Schütze schüttete das Pulver auf die Pfanne und in den Lauf, stopfte die Kugel mit der Papierverpackung – der Schwedenkönig Gustav Adolf hatte abgemessene Patronen eingeführt – in den Lauf, schob mit dem Ladestock hinterher und er war bereit. Die Arkebuse konnte ihr Geschoß zweihundert, dreihundert Meter weit schleudern, aber auf Entfernungen über fünfzig bis siebzig Meter war sie zu ungenau, ihr Geschoß zu schwach, um großen Schaden anzurichten. Die Muskete, deren Geschoß doppelt so schwer wie das der Arkebuse war, hatte einen etwas längeren Lauf, der einen Mann bis auf eine Entfernung von zweihundert, dreihundert Metern töten konnte – aber ein gezielter Schuß war höchstens im 50-Meter-Bereich möglich. Die schwerere Kugel aber konnte die Brustpanzer der Panzerreiter Wallensteins, Tillys oder Gustav Adolfs durchschlagen. Jedoch blieb es im Schlachtgetümmel dem Glück oder der Fügung des Schicksals überlassen, ob und durch wessen Kugel man getroffen wurde. Schlachten – so sollte die militärische Lehrmeinung der kommenden Jahrhunderte heißen – wurden nicht durch gezieltes Feuer gewonnen. Bis zum Ersten Weltkrieg war die Mehrzahl der Offiziere aller Armeen bereit dem Spruch des russischen Generals Suworow beizustimmen: »Die Kugel ist eine Närrin, das Bajonett aber weise!«

Anders auf den Schießständen und der Jagd: Hier war die Zeit vorhanden, den schwierigen Ladevorgang durchzuführen, der den wesentlichen Nachteil der gezogenen Büchsen* darstellte. Nach dem Beschicken der Pfanne und dem Abfüllen der sorgfältig abgemessenen Pulvermenge mußte die Kugel in die Züge gepreßt werden und zuerst mit den Schlägen eines Holzhammers, dann mit kräftigen Stößen des Ladestockes in das Rohr getrieben werden. Man konnte das überkalibrige Geschoß direkt in die Züge einsetzen, was aber zur Verformung der Kugel führen konnte.

* »Flinte« bezog sich auf den Feuerstein, »flint«, der mit Einführung des Schnapphahnschlosses und des späteren Steinschlosses die Waffe zündete.

* Der Ausdruck Büchse wurde in früher Zeit auf jedes Gewehr angewandt, erst im 17. Jahrhundert entstand eine Einschränkung auf gezogene Langwaffen. Im heutigen Sprachgebrauch beschreibt Büchse das gezogene Gewehr, während Flinte für die glattläufige (Jagd-)Waffe steht.

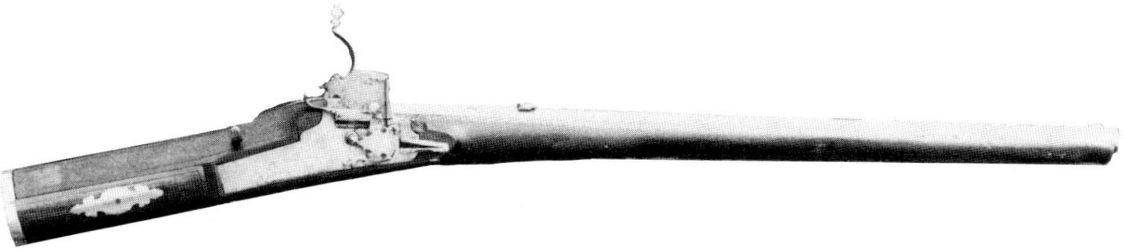

Bereits in Handbüchern des späten 16. Jahrhunderts aber finden wir Hinweise auf eine andere Ladeweise, die sich durchsetzen sollte: Die »Pflasterkugel!« – ein unterkalibriges Geschoß – wurde in ein eingefettetes Stück Stoff oder Leder gewickelt, das die Führung des Projektils in den Zügen übernahm. Das Pflaster sicherte auch eine größtmögliche Gasdichte zu. In der Hand eines geübten Schützen konnte eine so geladene Waffe auf 80–100 Schritt eine Hand, auf 150 Schritt ein Kopf- und auf 200 Schritt ein Brustziel treffen.
Weniger Übung und Gewandtheit im Anpirschen (als mit Bogen oder Armbrust) war notwendig um ein Stück Hochwild auf hundert Meter zu treffen, und die Obrigkeit mußte bald erkennen, daß mit Verbreitung der gezogenen Waffen auch die Wilddieberei zunahm.
Die gleichen Fürsten, die den Waffenbesitz ihrer Untertanen am liebsten unterbunden hätten, und dem Wildern mit schweren Strafen beizukommen suchten, sahen auch die Möglichkeiten zur Landesverteidigung, die durch geübte Schützen geboten wurden. Geübte Schützen waren in erster Linie die in den fürstlichen Wäldern angestellten Jäger, Jagdburschen und jene reichen Bauern, die ein eingeschränktes Jagdrecht hatten. Der Schritt zur Jägerkompanie lag nahe.
Es steht heute nicht mit Sicherheit fest, wo und wann die ersten Scharfschützen-Einheiten entstanden, die aus Jägern rekrutiert wurden. Gezogene Gewehre wurden an einzelne Schützen bereits im frühen 17. Jahrhundert in der Armee Christians IV. von Dänemark ausgegeben. Gewöhnlich wird Landgraf Wilhelm V. von Hessen erwähnt, der als erster Jägerkompanien aufgestellt hat. Bei der eher unbedeutenden Belagerung von Fritzlar 1631, einem Seitenschauplatz des Dreißigjährigen Krieges, nahmen drei Kompanien Forst-

Eine typische deutsche Pirschbüchse des 17. Jahrhunderts mit Radschloß und Pflasterkasten im Schaft. Deutlich sind die tiefen Züge in der Mündung zu erkennen.

Französische Steinschloßflinte zum Zielschießen. Der Block wurde auf dem Wall aufgesetzt, der Schaft unter den Arm geklemmt. Jedoch ging die Gleichung langer Lauf = Treffsicherheit nicht auf.

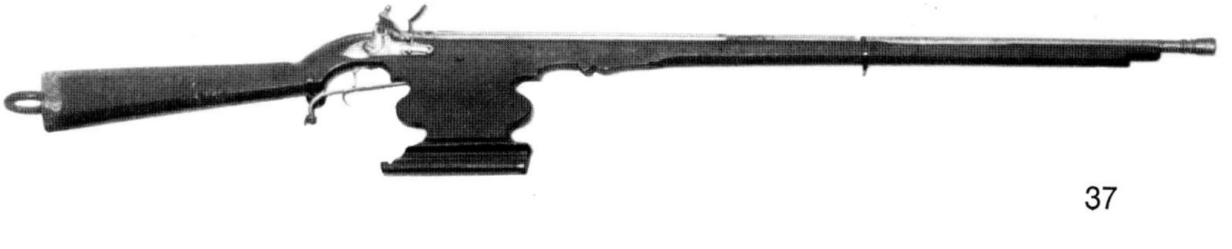

leute mit ihren Pirschwaffen teil. Die Jäger sollen mit ihrem gezielten Feuer wesentlich zur Erstürmung beigetragen haben.
Allerdings ließ auch 1641 Maximilian I. von Bayern die Musterung aller Jäger, »pürschschützen« und Forstlehrlinge in München durchführen: Der fürstliche Oberstjägermeister hatte die Erhebung der Schießerfahrenen (die mit ihren Waffen einrückten) zu überwachen. Ein Jahr darauf, am 14. November 1642, wurde in Bayern das erste »Schützen- und Jäger-Regiment« gegründet, 1645 führte das herzogliche Heer Maximilians bereits drei Jäger-Bataillone auf der Musterrolle. Nach einer Aufstellung von 1643 konnte das Herzogtum Bayern 2368 Mann in diese Jägertruppe mustern, wobei die Quelle auch 24 Mann angibt, die den Erfordernissen in Waffen- und Schießkenntnissen nicht entsprachen, während 363 Mann sich offenbar vor der Musterung drückten.
Der bayerische wie der hessische Fürst folgten einer damaligen Mode, denn in verschiedenen Ländern wurde mit dem »gezogenen Feuerrohr« bei der Truppe experimentiert: »Sonnenkönig« Ludwig XIV. von Frankreich verfügte über ein stehendes Heer, das in Aufbau und Logistik bahnbrechend für das 17. Jahrhundert und für die militärische Entwicklung sein sollte – und der französische König wurde nicht nur im militärischen Bereich von den kleinen und großen Fürsten Europas nachgeahmt! Die berittene Garde des französischen Königs hatte bereits acht Büchsenschützen pro Zug, die für besondere Aufgaben im Vorpostengefecht herangezogen werden konnten. Schweden führte 1691 Büchsenschützen in die Infanteriekompanien ein.
Der Aufstieg Frankreichs in der zweiten Hälfte des 17. Jahrhunderts war der Aufstieg des zentralistisch regierten Staates: Die Kardinäle Richelieu und Mazarin beseitigten die Sonderrechte der Städte und der Stände, der Adel wurde dem Königshof verpflichtet. Verwaltungsaufgaben, Gerichtsbarkeit, Heer- und Finanzführung wurde Fachleuten übertragen – ob von Adel oder bürgerlichem Stand. Die Landsknechtshaufen des Dreißigjährigen Krieges gehören der Vergangenheit an, stehende Heere (deren Aufbau und Unterhalt zu Lasten der Staatskasse, also der steuerzahlenden Bürger gehen) werden zur Mode in ganz Europa. Die Macht der Städte, die Vorherrschaft des Handwerks fiel den Verwüstungen des Dreißigjährigen Krieges zum Opfer. Von der staatlichen Zentralgewalt organisierte Industrien, Manufacturen, werden zum Träger der Wirtschaft. Damit hält Massenproduktion und einheitliche Fertigung ihren Einzug.

Preußen

»Oh König von Preußen, Du großer Potentat,
wie sind wir Deines Dienstes so überdrüssig satt,
was fangen wir jetzt an, in diesem Jammertal,
allwo ist nichts zu finden als Not und lauter Qual!
Und fängt das Frühjahr an, beginnt die große Hitz,
da heißt es Exerzieren bis daß der Buckel schwitzt,
da heißt es Exerzieren von Morgen bis Mittag,
und das verfluchte Leben, das währt den ganzen Tag.
Und werden wir dann alt, wo wenden wir uns hin,
die Gesundheit ist verloren, die Kräfte sind dahin!
Und endlich wird es heißen, ein Vogel und kein Nest:
He Alter, nimm den Bettelstab,
bist auch Soldat gewest . . .«

Lied aus dem Siebenjährigen Krieg

Der Zwerg, der Europa erzittern ließ

An der Ostgrenze des vom Krieg zerstörten Deutschland lagen vernachlässigte Gebiete, die unter Führung des Kurfürsten Friedrich Wilhelm I. von Hohenzollern zu einer Macht zusammengeschweißt wurden. Die »märkische Streusandbüchse«, wie das Stammland Mark Brandenburg genannt wurde, war arm an Bodenschätzen und Industrie. Das Friedens- und Vertragsjahr von 1648 bringt Gebietsgewinne ein, welche die verstreuten kurfürstlichen Erblande wie Brücken verbinden: Hinterpommern, Minden, Halberstadt und Magdeburg. 1660 wird Preußen aus der Abhängigkeit vom polnischen Lehensverband gelöst.
Eine gezielt betriebene kurfürstliche Ansiedlungspolitik (innere Kolonisation genannt), die Förderung von Landwirtschaft und Handel durch Schutzzölle und den Aufbau einer landeseigenen Flotte, die Einrichtung eines stehenden Heeres und eines auf Berlin zentralisierten Berufsbeamtentums sind die Elemente, aus denen der Staat Brandenburg-Preußen seinen Aufstieg tätigen kann. 1660 wird das Herzogtum Preußen souverän, 1701 Königreich. Der »Große Kurfürst« organisiert die bis dahin unbedeutende Armee des Kurfürstentums, verstärkt die Truppen von 8000 auf 23000 und erringt wesentliche Erfolge gegen Frankreich und Schweden: Bei Fehrbellin begegnet er 1675 einer schwedischen Invasion, schlägt die aus dem Dreißigjährigen Krieg als militärische Großmacht hervorgegangenen

Schweden und drängt das flüchtende Heer bis auf Riga zurück. Fehrbellin wird zum Geburtsort preußischer Militärtradition.
Die nachfolgenden preußischen Herrscher übernehmen dieses Heer als Auftrag und Verpflichtung. Unter dem »Soldatenkönig« Friedrich Wilhelm I. (1713–1740) wird die Armee zum ersten Instrument des Staates, das sein Sohn Friedrich II., »der Große« genannt, in drei Kriegen rücksichtslos einsetzt, um die Karte Europas bleibend zu verändern. Preußen wird zur ersten liberalen Nation Europas, in der »jeder nach seiner Facon selig werden kann«, aber auch zum Inbild eines Militärstaates: »Andere Staaten halten sich eine Armee, in Preußen hält sich die Armee einen Staat« wird zum geflügelten Wort, welches den so oft ängstlich und neidisch betrachteten »preußischen Militarismus« kennzeichnen sollte.
Die Armee, die in zwei Feldzügen (den Schlesischen Kriegen) und im Siebenjährigen Krieg gegen eine Übermacht bestehen sollte, entstand aus den vereinten Anstrengungen von Vater und Sohn: Unter dem Soldatenkönig, der selbst ständig Uniform trug, wird der Adel auf den ständigen Dienst im Offizierskorps ausgerichtet. Der Dienst am Staat wird als höchstes Ideal preußischer Pflichterfüllung geprägt. Bei zweieinhalb Millionen Einwohnern wächst die Armee auf ein stehendes Heer von 83000 Mann an, eine Dienstpflicht für die bäuerliche Bevölkerung wird eingeführt, die Werbekommandos, die bald überall in Europa ihre Trommel rühren, zum gefürchteten Symbol des Militärdienstes.

Rechte Seite:

Preußische Linieninfanterie bei Mollwitz. Ihre Standhaftigkeit und ihr diszipliniertes Pelotonfeuer setzte sich auch gegen die österreichischen Kavallerie-Attacken durch.

Das Hauptelement dieser Armee war die Infanterie, ihr Rückgrat die Feldwebel, die mit unnachsichtiger Strenge und drakonischen Strafen die Truppe drillten. Unter der Führung des Fürsten Leopold von Anhalt-Dessau, dem alten Dessauer, wurden bedeutende taktische und waffentechnische Neuerungen eingeführt: Der Gleichschritt erlaubte ein geordnetes Vorgehen der drei Linien tiefen Infanteriekompanien, deren Pelotonfeuer (das Peloton, oder Zug zu 60 Mann), als gleichzeitige Salve, in ganz Europa Schule machte. Der stählerne Ladestock, der 1698 eingeführt wurde, und das konische Zündloch, welches das in den Lauf geschüttete Pulver auf die Pfanne rieseln ließ und eine zuverlässige Zündung sicherte, erhöhten die Feuergeschwindigkeit. Drei Salven pro Minute waren trotz umständlichen Ladevorgangs und der Enge des Pelotons möglich – das sicherte der Exerzierdrill, der bis zur Erschöpfung der Leute täglich durchgeführt wurde.
Das preußische Exerzierreglement von 1714, das Ausrüstung und

Ausbildung für die ganze Armee einheitlich vorschrieb, hatte in seinen Grundzügen 100 Jahre Bestand. Neugegründete Königlich-Preußische Manufacturen belieferten die Armee mit einheitlichen Gewehrmustern: Unter Protektion des Königs errichtete das Handelshaus Splittgerber & Daun 1722 eine Rohrschmiede in Spandau. Geschäftet und zusammengesetzt wurden die Gewehre in Potsdam, wo sie auch ihren Abnahmestempel erhielten. Das mit Order von 1713 eingeführte, später nur modifizierte Infanteriegewehr hatte einen glatten Lauf von 0.74 rheinländischen Zoll (20 mm), mit einer Länge von 115 cm. Dieses »Potsdamer Gewehr« wog fast 5 kg, hatte eine Gesamtlänge von 155 cm, mit Bajonett 196 cm! Es wurde mit fabrikmäßig geladenen Papierpatronen geliefert, die der Soldat im Gefecht mit den Schneidezähnen aufbeißen mußte – eine Anweisung an die Werbesergeanten betonte daher, daß nur solche Rekruten in Frage kämen, deren Zähne in Ordnung sind.

Die Lineartaktik, die das ganze 18. Jahrhundert und noch weit in das 19. Jahrhundert hinein die vornehmliche Gefechtsart der Infanterie war, ergab sich nicht nur aus den genannten waffentechnischen Faktoren: Die in allen Staaten gebräuchliche Flinte erbrachte nur im zusammengefaßten Formationsfeuer ausreichende Trefferwirkungen, dem Schützen war untersagt zu zielen; sein Hauptaugenmerk sollte auf die Durchführung des Ladens und der gleichmäßigen Salvenabgabe liegen. Das Feuer wurde nicht auf Entfernung über 150 Schritt abgegeben, Hauptkampfentfernung lag bei 40 bis 50 Metern. Es galt, gegen das feindliche Peloton zu marschieren, dabei sorgsam auf die eigene Ordnung zu achten, eine Salve abzufeuern und die zeitweilige Unordnung in den Reihen des Feindes durch einen rasch vorgetragenen Bajonettangriff auszunützen.

Der Bajonettangriff entschied die Schlacht. Der Elan der Attacke war von so überragender Bedeutung, daß der »Alte Fritz« seinen Offizieren bei Strafe verbot, sich angreifen zu lassen: »Die Preußen sollen allemal den Feind attaquieren ...«

Wenig Vertrauen wurde in die Schußleistung der Linientruppen gesetzt. In der Schlacht entwickelten sich die heranmarschierenden Kolonnen zur Linie, Kompanie neben Kompanie, wobei ein zweites »Treffen« hinter der ersten Linie Aufstellung nahm, um die Wucht des Vorgehens zu vergrößern. Reserven wurden als drittes Treffen gehalten. Der Nachteil der Linie lag in ihrer schwerfälligen Manövrierfähigkeit und ein Angriff in die Flanke konnte unter diesen Umständen vernichtende Folgen für ein Heer haben. Leuthen war ein solcher Flankenangriff: Die »schiefe Schlachtordnung« Friedrichs begann mit einem Anmarsch auf den rechten Flügel des Feindes, der auf diese Finte einging. Vor dem eigentlichen Zusammentreffen der Linien schwenkte die preußische Infanterie und entfaltete sich gegen den linken Flügel der Österreicher. In dieser aufrollartigen Bewegung wirkte das preußische Salvenfeuer verheerend: Im Zentrum der Schlacht standen die Österreicher Dutzende von Gliedern tief, Kugeln konnten ihr Ziel kaum verfehlen.

Die Lineartaktik aber hatte noch einen anderen Grund, der zum Verständnis des Massenschlachtens beiträgt: Der durchschnittliche Soldat des 18. Jahrhunderts identifizierte sich kaum oder überhaupt nicht mit dem Staat, dem König oder dem Regiment, dem er diente. Seine Militärzeit war eine Leidenszeit, in der er durch falsches Abenteurertum, durch Illusionen oder die Tricks eines Werbesergeanten gepreßt worden war. Nur die Angst vor der Peitsche oder dem Spießrutenlaufen hinderte ihn am Desertieren, und selbst diese drakonischen Maßnahmen reichten oft nicht aus. Auf dem Schlachtfeld bot sich eine Möglichkeit zur Flucht; und die »Abgänge« durch Fahnenflucht glichen oft genug den Verlustziffern an Toten und Verwundeten! Die Lineartaktik aber sorgte für ein überschaubares Kämpfen: Kein Soldat konnte sich aus der Linie wegstehlen und »seine Flinte ins Korn werfen«, solange die Truppe im Takt der Trommelwirbel vorwärtsging. Die Offiziere schritten neben der Front, und die Aufgabe der Sergeanten bestand darin, jeden »Hundsfott«, der auch nur einen Sekundenbruchteil zögerte, mit dem Sponton in die Linie zurückzutreiben. Eine einmal durch einen Angriff des Gegners verwirrte und sich zur Flucht kehrende Einheit zum Halten, kehrtmachen und Widerstand leisten zu bringen, grenzte ans Unmögliche. Friedrich der Große wußte um diese Nachteile seiner »Kerls«: Die Loyalität seiner Truppen war gering, besonders wenn man die Zahl der aus fremden Landen angeworbenen Söldner betrachtet. Das Garnisonsregiment Rettberg – um nur ein Beispiel zu nennen – hatte 1744 zwei Kompanien mit 230 Ausländern, 117 »so bereits fremden Potentaten gedient«! Fünfzig Prozent dieser Kompanien waren also aus anderen Heeren desertiert, was zur damaligen Zeit in breiten Kreisen der Bevölkerung als nicht schimpflich angesehen wurde. Auch der Dichter Friedrich Schiller entzog sich so 1782 dem württembergischen Dienst.

Verständlich, daß man solcherart zusammengewürfelte Haufen nur dann dazu bringen konnte, in die Kugelhagel der Salvenfeuer zu tre-

ten, wenn sie mehr Angst vor den eigenen Offizieren als vor dem Feind hatten.
Verständlich auch, daß man in den stehenden Heeren des 18. Jahrhunderts Nachtmärsche und Nachtangriffe möglichst unterließ – zu groß war die Gefahr, daß die Mehrzahl der Truppen »sich in die Büsche schlugen«. Die friderizianischen Husaren hatten als Hauptaufgabe die marschierenden Kolonnen zu flankieren und die Nachtlager zu überwachen, um potentielle Deserteure von ihrem Vorhaben abzuschrecken.
Beim besten Willen konnte man von Soldaten dieser Herkunft nicht erwarten, daß sie ohne Kontrolle, auf sich allein gestellt, im Vorfeld Eigeninitiative entwickeln würden.

Jäger, Freikorps, leichte Truppen – der kleine Krieg

Die Linientruppen der preußischen Armee, deren eiserne Disziplin und »Kadavergehorsam« bekannt war, mußten in den Feldzügen gegen Österreich mit einem Feind Bekanntschaft machen, dessen Taktik sie nichts Gleichwertiges entgegenzusetzen hatten:
Die »leichten Truppen« Maria Theresias, aufgestellt aus den kriegerischen Grenzvölkern der ungarischen Krone, den Kroaten und Panduren, griffen unaufhörlich die Feldposten, Verbindungswege, Nachschubtransporte und Nachtlager an. Diese berittenen Truppen, deren Erfahrung im »kleinen« oder »Parteigänger« – Krieg * aus den jahrhundertelangen Grenzkämpfen und Scharmützeln der Türkenkriege herrührte, boten kein Ziel für die Salvenfeuer der preußischen Grenadiere. Ihr gezieltes Feuer brachte die aufmarschierenden Pelotons bereits im Vorfeld in Bedrängnis.
Bei Friedrichs II. Herrschaftsantritt war die Kavallerie eine vernachlässigte Waffengattung, deren Fehler erst langsam durch Generale wie Seydlitz und Ziethen behoben werden konnten.
In Ausbildung und Ausrüstung der Husaren glich man sich den österreichischen Vorbildern an. Während man im Husarenreglement vom 1. 12. 1743 zwar den Angriff mit der blanken Waffe als Gefechtsart vorschrieb, sah bereits die Verteilung von zehn Büchsenschützen per Eskadron andere Aufgaben vor: Diese sollten besonders im »Recognoszieren ausgebildet und Gefreitendienst tun«, ihre Auswahl

* Theoretische Abhandlungen über den Partisanenkrieg erfreuten sich in der zweiten Hälfte des 18. Jahrhunderts großer Beliebtheit bei einigen fortschrittlich gesinnten Offizieren. Hier wurde eine Alternative zu den starren Manövern der »Kabinettskriege« gesehen. Die Werke von Valentini, de Jeney und Nicolai können als frühe Analysen des Guerillakrieges betrachtet werden.

sollte durch Bevorzugung bei der Unteroffiziersernennung berücksichtigt werden. Jäger seien besonders guter Ersatz für diese Scharfschützen zu Pferde.
Anscheinend ging man hier auf das Beispiel der kursächsischen Kavallerie ein, wo bereits seit 1729 gezogene Reiterstutzen in Gebrauch waren.
Jedoch waren berittene Scharfschützen keine Antwort auf die Plänkler und die Anforderungen der Postengefechte. Sie waren auch zu sehr dem regulären Heeresverband eingegliedert, um im Rücken des Feindes den »kleinen Krieg« zu führen. Die preußische Armee versuchte mit den »bataillons francs« ein Gegenmittel zu schaffen. Diese Freibataillone waren aus Rekruten zusammengestellt, deren Loyalität bezweifelt wurde und deren Ausbildungsstand gering war. Sie sollten zur Schonung der Linieninfanterie im Vorfeld der eigentlichen Treffen das Feuer auf sich ziehen, vom Feind besetzte Geländepunkte angreifen und Postengefechte, im militärischen Testament Friedrichs II. (»affaire de poste«), durchführen. Sie waren entbehrliche Truppenteile, die man auf verlorenen Posten stellen konnte, »enfants perdus«; sie waren »execrables Geschmeiß«, wie ein anonymer preußischer Offizier 1766 urteilte.
Friedrich II. sah wohl die Notwendigkeit für flexibel operierende Klein-Verbände ein, aber er unterließ es, die richtigen Schlüsse zu ziehen: Die Tendenz der preußischen leichten Truppen, besonders der Freibataillone, ging dahin, sich in Disziplin und Kampfesweise den regulären Verbänden anzupassen.
Die Kroaten und Panduren aber waren mehr oder weniger Hilfstruppen, die auf freiwilliger Basis in den Grenzländern der k.u.k. Monarchie angeheuert wurden. In dem Ruf stehend, eine Bande von Dieben und Mördern zu sein, wurden sie – wie auch andere leichte Truppen – als irregulär in der damaligen Bedeutung des Wortes bezeichnet: Entartet. Sie wurden mit der Hoffnung auf Beute motiviert, waren aber auch aus anderen Gründen gegen das Erbübel der Fahnenflucht gefeit: In Sprache und Kultur unterschieden sie sich von den Einwohnern der schlesischen und preußischen Gebiete, in denen sie operierten. Sie bildeten eine ethnische Minderheit und waren innerhalb des eigenen Verbandes, aber auch zum kaiserlichen Hause aus traditionellen und religiösen Gesichtspunkten, gebunden. Sie waren leichte Truppen im besten Sinne des Wortes: ohne Troß und mit nur wenig Gepäck; sie ernährten sich vom Land. Prinz Ferdinand von Braunschweig äußerte sich 1745 in einem Schreiben über die

Rechts: Husaren vom Regiment Gersdorf (Nr. 9) greifen kroatische Freischärler an.

Links: Preußische Musketiere bei Fehrbellin (nach einer Darstellung von Knötel d. J., 1926), der Spieß entfiel, wenn das Tüllenbajonett zur Einführung kam. Er diente nicht nur der Auflage des Gewehres, sondern zur Abwehr von Reiterangriffen.

Kampfesweise der österreichischen Vasallen: »Sie haben uns mit ihren Flinten zwei Leute verwundet, indem sie immer wie Diebe und Räuber hinter Bäumen versteckt sind und sich nie im offenen Felde zeigen, wie es braven Soldaten geziemt.« Andere Augenzeugen, wie der Chronist des Siebenjährigen Krieges, Georg Friedrich von Tempelhoff, betonten die geschickte Geländeausnutzung der Plänkler. Der überfallartig vorgetragene Angriff, der Rückzug, sobald ernsthafter Widerstand angetroffen wird und die ständige Mückenstich-Taktik, das waren die Grundlinien der Gefechtsführung österreichischen leichter Truppen, die sich mit Wagemut, Ausdauer und einem fast angeborenen Umgang mit Waffen und Pferden verbanden.

Als die österreichischen Grenzen zu den Türkengebieten 1736 reorganisiert wurden, und das Konzept der »Militairgränzer« eingeführt wurde, schrieb der dafür verantwortliche Prinz Joseph Friedrich von Sachsen-Hildburghausen, er habe in den Grenzgebieten »ein kriegerisch tapferes Volk« gesehen, das »voll von enthusiastischen Gefühlen für die militärische Ehre« gewesen sei. »Und auflöslich an ihr

Vaterland geknüpft« erschienen ihm die Kroaten »mit allen ihren Fehlern, und in der Dämmerung der Barbaren selbst, noch immer das einzige wirkliche Ideal der Soldaten« zu sein. Jahrhundertelang verstand es die habsburgische Monarchie, diese Grenzvölker durch Ansiedlung und Verleihung von Boden- und Freibauernrechten an das umkämpfte Gebiet der Grenze zu binden. Die Militärgrenze bot den dort ansässigen Wehrbauern für ihren Milizdienst Steuerfreiheit, ein System, das bereits von den Griechen und Römern, später von den Byzantinern und den russischen Zaren (Don-Kosaken) angewandt wurde.

In den ersten Jahren der Auseinandersetzung mit Preußen rückten die Freiwilligen der leichten Truppen noch mit ihren eigenen Waffen zum Heer ein. 1759 erfolgte die Einführung eines Jägerstutzens und 1768 bekamen die Grenzjäger ihre eigene Dienstwaffe. Der Jägerstutzen M 1768 war eine Bockbüchsflinte, deren gezogener oberer Lauf für den gezielten Schuß und der untere glatte Lauf für den schnellen Schuß auf kurze Entfernung gedacht war.

Da die Waffe nicht mit einem Bajonett oder Hirschfänger versehen war, sich aber in den vorangegangenen Kriegen die Wehrlosigkeit der Jäger gegen Kavallerie erwiesen hatte, wurde ein zweieinhalb Meter langer Spieß ausgegeben, der mit einem seitlich versetzbaren Haken versehen war. Dieser Haken diente dem Schützen beim Anschlag in ähnlicher Weise, wie den Bergbauern Tirols und anderer Alpenländer, die von altersher ihren Bergstock als Zielhilfe zu nutzen wußten. Der Ladestock wurde am Riemen getragen, in dessen Patronentaschen die Grenzjäger Messingröhrchen mit abnehmbaren Deckeln und einer Unterteilung für Kugel und Pulver trugen.

Österreich war in der Einführung der Scharfschützeneinheiten am weitesten fortgeschritten. Dieser Umstand ergab sich aus der Notwendigkeit und der Gefechtsrealität der Grenzkämpfe. Außerdem verfügte Habsburg in den ungarischen wie den Tiroler Bauern über Volksgruppen, denen der Gebrauch einer Jägerbüchse Bestandteil des alltäglichen Lebens war.

Ein österreichischer Grenzjäger. Er trägt seine Bocksbüchsflinte in einem speziellen Umhängefutteral, das gleichzeitig als Tornister dient. Zur Bewaffnung gehört auch ein Spieß, der mit Haken zur Auflage der Büchse versehen war.

Preußische Jäger – die Entwicklung einer Spezialeinheit

»Die vorhandenen geschichtlichen Nachrichten über unsere Waffe sind aber leider in den frühen Zeitabschnitten überall höchst mangelhaft, da selten ein Geschichtsschreiber einer so untergeordneten Waffe eine besondere Aufmerksamkeit gewidmet hat . . .«

So beginnt Major Carl Friedrich Gumtau, Kommandeur des Reitenden Feldjäger-Korps, seine Geschichte »Die Jäger und Schützen des preußischen Heeres« drei Bände umfassend). Eine in ihrer Weitsicht und Genauigkeit erstaunliche Arbeit, dem damaligen preußi-

Auszug aus:
»Die Jäger und Schützen des Preußischen Heeres. Was sie waren, was sie sind und was sie sein werden«. Von Carl Friedrich Gumtau, Hauptmann und Adjutant der Inspection der Jäger und Schützen. Zu Berlin, 1834.

Zu diesem Behuf sind nachstehende Instruktionen und Bestimmungen ertheilt:

1) Instruktion für die Schießübungen der Jäger und Schützen,
gegeben 1816 von dem Oberst von Witzleben, Inspekteur der Jäger und Schützen.

Der Jäger und Schütze ist Alles durch eine geschickte Führung seiner Waffe, — ohne dieß steht er bei weitem unter den übrigen Waffengattungen; Denn außer dem Schuß, kann er von seinem Gewehr selten, oder nie einen andern erfolgreichen Gebrauch machen, und keine gelungene Bajonett-Attake kann seine Schläfe mit einem Lorbeer umwinden. Aber ein Meister in der Schießkunst, ist er von allen Truppengattungen ohne Ausnahme der furchtbarste. Aus jedem Hinterhalte muß dann dem Feinde ein sicherer Tod entgegen lauern und haufenweise muß Alles fallen, was sich im Bereich der nie fehlenden Schüsse sehen läßt. Ein Jäger- oder Schützen-Bataillon trägt das Verderben eines ganzen feindlichen Corps in seinen Cartouchen.

Daher ist es klar, daß auf die Schießübungen ein ganz besonderer Fleiß verwendet und daß dieselben nach Grundsätzen geleitet werden müssen, die zum Zweck führen können.

schen König in Ehrerbietung (und mit den damals üblichen demütigen Floskeln versehen) als Bettlektüre empfohlen, auf daß nicht wieder sinnlos spezialisierte Soldaten verheizt würden.
Erste Unterlagen mit Hinweisen auf eine preußische Spezialeinheit in der damaligen brandenburgischen Armee sind nach Gumtau in zwei Dekreten des Großen Kurfürsten, Friedrich Wilhelm I. zu sehen, der 1656 seinen Hofjägermeister mit der Zusammenführung einer

Einheit aus »Jägerburschen«, mit ihren Pferden und eigenen Waffen beorderte. Im darauffolgenden Jahr wurde wieder eine solche Order erlassen, mit Berücksichtigung auf einen drohenden Einfall aus »Gross-Pohlen« (Polen). Nähere Angaben über Ausrüstung, Einsatz oder Bewaffnung liegen nicht vor.
In einem wenig beachteten Tagebuch, dem »Journal des Cammer-Junkers von Buch«, der im Dienst des Kurfürsten während des Krieges gegen Schweden stand, findet sich ein Hinweis auf den Einsatz von Scharfschützen, die den schwedischen Truppen, die in Wolgast eingeschlossen waren, schwer zugesetzt haben müssen:
Diese Jägerburschen hatten sich in einem mehrstöckigen Haus verschanzt, das die Stellungen der Schweden überragte, und Offiziere wie Geschützmannschaften zusammenschossen, wobei sie »d'arquebus rayées« – gezogene Arkebusen, d. i. leichte Gewehre – benutzt haben. Erst als die Schweden ihre Kanonen gegen das Haus richteten und es in Brand schossen, zogen sich die Scharfschützen zurück.
1674 sind Scharfschützen und Jäger erneut aufgeführt, die, mit gezogenen Büchsen ausgerüstet, den Kompanien zugeteilt wurden, mit der Aufgabe, feindliche Offiziere zu beschießen.

Jäger mit Korpsbüchse um 1750. Beachtenswert die an der rechten Achsel getragene Schützenschnur, deren Bedeutung sich bis heute erhalten hat.

Bei der Belagerung von Bonn, 1689, erwähnt die „orde de bataille« eine Einheit »Piemontesischer Schützen«, die als Reserve zur Bedeckung der Artillerie befohlen wurden. Diese Söldner sollten auf feindliche Offiziere schießen, das »Recognoscieren« erschweren, die Bedienungsmannschaften auf den Stadtwällen unter Feuer nehmen und ähnlich die Belagerungsanstrengungen unterstützen. Bei der Erstürmung der Schanzen sollen die Piemonteser beteiligt gewesen sein und sich bewährt haben, jedoch finden sich keine Angaben über Bewaffnung und weitere Verwendung der Truppe. Wahrscheinlich, so vermutet Gumtau, sind die Piemonteser nur für diesen Feldzug angeworben worden und danach aus dem Dienst ausgeschieden. Spätere Historiker, u. a. Kurt Jany, bezweifeln, ob es sich um eine eigentliche Scharfschützentruppe mit einheitlicher Büchsenbewaffnung gehandelt hat.
Die Entwicklung einer eigenständigen Jägertruppe, so wie sie in anderen deutschen Ländern und in den Armeen der skandinavischen* Könige bestanden, verlief in Brandenburg-Preußen in zwei völlig verschiedenen Richtungen. Den Beginn stellte eine königliche Ordre

* Norwegen soll im frühen 18. Jahrhundert bereits mit Büchsen bewaffnete Skitruppen unterhalten haben.

an den Oberjäger Joachim Schenk, Verwalter und Aufseher des Jägerhofes und Jagdzeugmagazins in Potsdam dar:

»Lieber Getreuer: Da Ich ein Corps von Meiner Armee nächstens marschiren zu lassen gesonnen bin, bei solchem aber ein Capitaine des Guides mit erfordert wird, dessen Function ist, wenn die Armee in frembden Landen kommet und marschiret, vor gute Wegweyser zu sorgen und solche an die Hand zu haben, damit, wenn marschiret wird, oder Commandos geschickt werden, Ihnen jederzeit gute Wegweysers, die alle Wege und Stege kennen, mitgegeben werden können, so habe Ich aus besonders gnädigem Vertrauen zu Euch resolviret, Euch bei dem nechst bevorstehenden Marsch solche Function mit Beibehaltung Eurer bisherigen Bedienung, Tractament und emolumenten aufzutragen, daher denn Ihr Euch gleich fertig machen und Eure Sachen so einrichten sollet, daß Ihr in Zeit von acht Tagen hökstens im Stande seyd, sogleich abzugehen. Ihr sollet demnächst 12 berittene Jägers unter Euch haben, die Ihr aus denen in Meinem Diensten stehenden Jägers selbst aussuchen und Mir citissime vorschlagen sollet, welches treue Leuthe von gutem Verstande sein müssen, und die Ihr zu allen, was Eure Function erfordert, gebrauchen könnet.
Es soll ein jeder von diesen Jägern Monathlich 4 Thl a part bekommen, sich aber selbst ein kleines Pferdt nebst einem grünen Rock anschaffen, dabei sie die Versicherung bekommen sollen, daß wenn der Marsch vorbei, selbige alsdann mit recht guten Diensten versorgt werden sollen. Wegen Eures künftigen Verhaltens in dieser Function sollet Ihr noch hiernächst mit einer besonderen Instruction versehen werden, und damit Ihr um so fuglicher im Stande seydt, Eurer Function vorzustehen, so soll Euch noch ein Assistent zugegeben werden, welchen Ihr zu Hülfe nehmen sollet. Ihr und Euer Assistent bekommet auf 8 Pferde Fourage, wovon jeder von Euch sich ein Paar Pferde, beide zusammen aber Ihr Euch einen Wagen halten könnet. Ihr habt Euch danach zu achten, und keine Stunde zu versäumen, damit Ihr mit Euern Jägers nechstens in Berlin und in marschfertigen Stande seyn könnet.«

Rheinsberg den 24. November 1740 Friedrich

Oberjäger Schenck, eingedenk des Spruches, daß man Könige nicht warten lassen kann, konnte bereits am 1. 12. seine ausgewählte Schar dem König vorstellen, der am 4. 12. eine »Allerhöchst Kabinets-

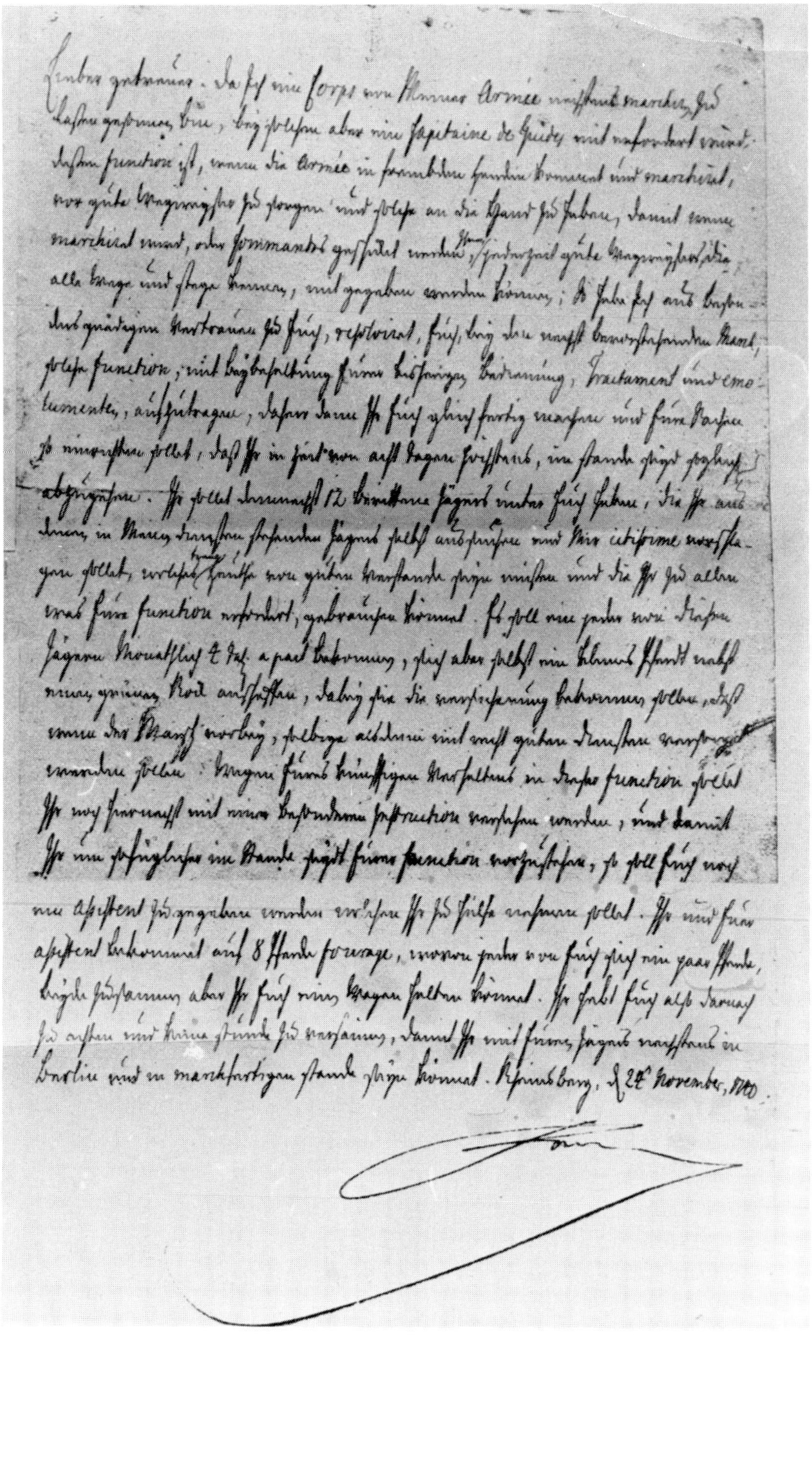
Lieber Getreuer. Da Ich ein Corps von Meiner Armée nächstens marchiren zu lassen gesonnen bin, bey welchem aber ein Capitaine de Guides mit erfordert wird, dessen function ist, wenn die Armée in frembden Landen kommet und marchiret, vor gute Wegweiser zu sorgen und solche an die Hand zu haben, damit wenn marchiret wird, oder Commandos geschicket werden, jederzeit gute Wegweiser, die alle Wege und Stege kennen, mitgegeben werden können; So habe Ich aus besonderem gnädigen Vertrauen zu Euch, resolviret, Euch, bey dem nächst bevorstehenden Marsch, solche function, mit Beybehaltung Eurer bisherigen Bedienung, Tractament und Emolumenten, aufzutragen; daher denn Ihr Euch gleich fertig machen und Eure Sachen so einrichten sollet, daß Ihr in Zeit von acht Tagen hiesiges Orts, im Stande seyd sogleich abzugehen. Ihr sollet demnächst 12 Unterthanen Jägers unter Euch haben, die Ihr aus denen in Meinen Forsten stehenden Jägers selbst aussuchen und Mir citissime vorschlagen sollet, welches lauter Leute von guten Verstande seyn müssen und die Ihr zu allem was Eure function erfordert, gebrauchen könnet. Es soll ein jeder von diesen Jägern Monatlich 4 Thl. a part bekommen, sich aber selbst ein Pferdt nebst einem grünen Rock anschaffen, dabey sie die Versicherung bekommen sollen, daß wenn der Marsch vorbey, selbige alsdann mit recht guten Diensten versorget werden sollen. Wegen Eures künfftigen Verhaltens in dieser function sollet Ihr noch hiernächst mit einer besonderen Instruction versehen werden, und damit Ihr um so füglicher im Stande seyd Eurer function vorzustehen, so soll Euch noch ein Assistent zugegeben werden welchen Ihr zu Hülfe nehmen sollet. Ihr und Euer Assistent bekommet auf 8 Pferde Fourage, wovon jeder von Euch sich ein paar Pferde, beyde zusammen aber Ihr Euch einen Wagen halten könnet. Ihr habt Euch also darnach zu achten und keine Stunde zu versäumen, damit Ihr mit Euren Jägers nächstens in Berlin und in marchfertigen Stande seyn könnet. Reinsberg, d. 24. November 1740.

Fch

Das Schreiben Friedrichs II., dessen Faksimile in der 1890 erscheinenden „Geschichte des Reitenden Feldjäger-Corps“ von Otto Heym enthalten ist.

Reitende Feldjäger um 1763. Aus dem Feldjäger-Corps leitete die Militärpolizei der späteren deutschen Armeen ihre Regimentsgeschichte und Tradition ab.

Ordre« unterschrieb, in der er die Ausstattung der Reitenden Feldjäger-Truppe bestimmte und Schenck unter anderem anwies, daß er »von den in Potsdam liegenden Pistohlen kann derselbe gegen seinen Schein 12 paar fordern, welche ihm verabfolgt werden sollen. Jeder Jäger muß sonsten seine eigene Flinte und seyten Gewehr mitnehmen.«

Der Hofjägermeister Oberst Graf von Hacke, der auch die Stelle des General-Adjutanten beim König innehatte, wurde zum ersten Chef des »Feldjäger-Korps« ernannt.

Die Aufgabe dieser neuen Einheit, die sehr schnell zu einer Stärke von 110 Mann anwachsen sollte, war klar: Als Pfadfinder, Kuriere und Verbindungsposten der einzelnen Heeresabteilungen stellt das reitende Feldjäger-Korps einen Vorläufer der heutigen Feldjäger dar. Ihre Funktion blieb auch in den folgenden Kriegen erhalten, selbst als es – wie im deutsch-französischen Krieg von 1870/71 – bereits Telegraphen und die Anfänge einer topographischen Abteilung gab. Aber gleichzeitig oder nur mit geringfügiger Verspätung, wird ein Feldjäger-Korps zu Fuß aufgestellt. In einer Rangliste vom 25. 9. 1741 werden 3 Unteroffiziere und 37 Jäger aufgeführt, die unter dem Befehl von Hackes stehen, aber zu Fuß dienen. Die gleichen Namen werden einige Zeit später bei dem Reitenden Korps gefunden, so

Menzels Darstellung eines sich in die Büsche zurückziehenden Fußjägers (Ausschnitt) der Schlesischen Kriege trifft hervorragend die Plänkler-Funktion dieser Truppe.

daß die Vermutung naheliegt, daß hier eine ähnliche Pfadfinder-Gruppe zur Anstellung und Bewährung als Reserve für die rangmäßig höherstehenden Berittenen entwickelt wurde. Die berittenen Jäger erscheinen in den folgenden Jahrzehnten immer wieder als eine Art Leibwache des Königs; schließlich wird auch der Ehrentitel des Leibjägers »Sr. Majestät« verliehen.
Graf Hacke wird zu Beginn des 2. Schlesischen Krieges– offenbar als Ergebnis der Erfahrungen, die man mit den österreichischen Plängklern gemacht hatte – mit der Aufstellung eines Feldjäger-Korps zu Fuß betraut. Diese ersten Jäger-Kompanien umfaßten nur 60 Mann, ihre Aufgabe: Unter Ausnützung des Geländes das Gefecht im Vorfeld der Linieninfanterie zu führen, die Truppe beim Marsch zu decken und durch gezielten Schuß beim Feind Schaden anzurichten. 1774 war die Jäger-Truppe auf zwei Kompanien, 1756 auf ein Bataillon, 1784 auf ein Feldjäger-Regiment mit zwei Bataillonen, 1794 auf drei Bataillone angewachsen. Die übrigen Regimenter mußten bald den Unterschied spüren, den die Einrichtung der neuen Truppe mit sich brachte. Ihnen wurde verboten, Forstleute einzustellen. An die Kriegs- und Domänekammern erging die königliche Anweisung, Forst- und Jägerburschen zum Korps des General von Hacke abzustellen.

Die Ausrüstung bestand aus der Jägerbüchse – in der ersten Zeit wurden die Pirschbüchsen aus den Förstereien mitgebracht, später die »Corpsbüchse« eingeführt, die mit viereinhalb Kilogramm Gewicht und einer Länge von fast 101 cm ein Kaliber zwischen 14,6 mm bis 15,6 mm hatte. Die Kaliberabweichungen können auf das allgemein übliche »Frischen« der Läufe zurückgeführt werden. War ein Lauf einmal durch Schießen oder Beschädigung der Züge unbrauchbar geworden, so wurde er nachgezogen. Dabei ergab sich zwangsläufig eine Kalibervergrößerung.
Die preußische Jägerbüchse entsprach in Form und Ausmaß den in anderen deutschen Fürstentümern eingeführten Scharfschützenwaffen. Die Notwendigkeit einer einheitlichen Bewaffnung ergab sich bei den ersten Gefechten der neuen Jäger-Kompanien: Die Pirschbüchsen hatten natürlich keine Vorrichtung um ein »seyten Gewehr«, ein Bajonett oder eine Klinge aufzupflanzen. Nachdem sie ihren Schuß abgegeben hatten, waren sie für die Dauer des sehr umständlichen und zeitraubenden Nachladens wehrlos. In kleinen Gruppen, dem »zerstreuten Gefecht«, in offenem Gelände waren sie einem schnell zurückschlagenden Gegner ausgeliefert. Falsch eingesetzt, ohne Ausnützung von Unterholz und Waldstücken, waren sie einer energischen Kavallerieattacke wehrlos ausgeliefert. Für ein Jahr hatte der Freiherr Friedrich Wilhelm Ernst von Gaudi den Befehl über das Fußjäger-Korps erhalten, um, wie Friedrich II. mit Blick auf dessen angebliche Nervosität unter Feuer bemerkte, sich ans Beschossen-Werden zu gewöhnen. In von Gaudi hatte die Truppe 1759 einen Offizier, der die Eigenheiten des Scharfschützeneinsatzes verstand und sie erfolgreich in den Kämpfen von Torgau, Sorau, Friedland, Pennrich und Altfranken führte.
1760 kam mit Major Philipp Sigismund des Granges ein Offizier der leichten Truppen zu den Fußjägern, der bereits in sardinischen und französischen Diensten gestanden hatte. Er verfügte über ungenügende Erfahrung mit Büchsenschützen. Das Ergebnis war eine Reihe von verlorenen Gefechten, zumal die Jäger in zunehmendem Maße wie leichte Truppen zusammen mit den Freibataillonen eingesetzt wurden.
Katastrophal war das Rückzugsgefecht von Charlottenburg, bei dem des Granges den Auftrag hatte, die Truppe über Spandau zu führen. Statt sich durch die waldreiche Jungfernheide in Richtung auf die Festung und Stadt Spandau durchzuschlagen, wählte er den Weg über Charlottenburg, dem Standort der Jäger. Auf offenem Gelände

wurde das Korps von Kosaken eingeholt, die Mehrzahl getötet oder gefangen. Nur des Granges und die berittenen Offiziere und Chargen des Korps konnten entkommen. Die Einheit mußte in Wittenberge voll neu aufgestellt werden. Die Forstverwaltungen wurden durch königliche Schreiben dazu angehalten, jeden nur entbehrlichen Mann als Ersatz zu liefern.
Vielleicht wäre das Gefecht anders ausgegangen, hätte ein fähigerer Offizier an der Spitze gestanden, der, mit den Eigenheiten der Büchse vertraut, richtige Feuerleitung und ein gegenseitiges (überlappendes) Rückzugsschießen befohlen hätte. Im Gefecht bei Lauschke, am 17. Oktober 1758, wehrte sich eine Jägertruppe unter Befehl eines unbekannt gebliebenen Offiziers erfolgreich während eines Rückzugs, wie General von Tempelhoff in seiner Beschreibung der friderizianischen Kriege überliefert:
»Die Fußjäger entgingen, der großen Überlegenheit des Feindes ungeachtet, doch diesem Schicksal (gefangen zu werden). Da sie sahen, daß keine Hilfe mehr zu hoffen war, zogen sie sich mit so guter Ordnung und Standhaftigkeit zurück, daß die feindliche Kavallerie sich nicht traute gegen sie anzusetzen, obgleich die Jäger nicht mehr als ungefähr 80 Mann stark waren. Wenn die Kavallerie anritt, in sie einzuhauen, so gab die eine Hälfte ein so gut gezieltes Feuer auf sie, daß der Verlust den sie erlitten, ihnen den Muth benahm, indessen die andere Hälfte sich nach dem Feuer gleich wieder in anschlag legte . . . Dieser Entschlossenheit hatten sie ihre Freiheit und Ehre zu danken, sich als wahre Preussen durch eine überlegene Macht durchgeschlagen zu haben.«
1778, zu Beginn des Bayerischen Erbfolgekrieges, waren die Jäger bereits umorganisiert: Nur noch 30 Mann pro Kompanie waren mit Büchsen bewaffnet, die drei anderen Züge besaßen glatte leichte Infanteriegewehre, auch Füsiliergewehre genannt, auf die ein Bajonett aufgepflanzt werden konnte. Sie erhielten als Seitengewehr außerdem einen Hirschfänger mit der Klingeninschrift »vive le roi et ses chasseurs«.
Des Granges und seine Vorgesetzten hatten in ihrem Streben nach einer leichten Truppe – ähnlich der Freibataillone – die Bedeutung der Jäger nicht erkannt: Ihre Stärke lag in dem gezielten Schuß unter Ausnützung der Geländegegebenheiten zum »Anpirschen« an den Feind. Jägertruppen konnten keine Stellungen einnehmen, keine Linie halten. In einem Zeitalter aber, wo die Bedeutung einer Einheit nach ihrem Verhalten in der Linie, ihrem Angriff mit dem Bajonett

bemessen wurde, konnte der Wert des Tirailleurfeuers nicht in seiner ganzen Breite erkannt werden. So zeigen auch die zeitgenössischen Urteile über die leichten Truppen immer wieder diese Fehleinschätzung. Mißbilligend wird bemerkt, daß sie einem Angriff nicht standhalten, einen einmal genommenen Posten nicht besetzen konnten.
Seit 1755 wurde so mit den Jägern auch der Bajonettangriff geübt. Die Bewaffnung mit Bajonettgewehren ging wahrscheinlich auf eine Initiative des Granges zurück, der im Mangel an aufpflanzbaren Seitenwaffen den wahren Grund für seine Niederlage vor Berlin sah. Er schoß auch bei anderen Bereichen weit über das Ziel hinaus: So verstärkte er die Formal- und Exerzierausbildung und ließ die Kompanien einmal bei einem Manöver sogar im Gleichschritt an dem König vorbeidefilieren. Der Alte Fritz soll über diesen Einfall sehr erbost gewesen sein und mit dem Stock drohend gerufen haben »Wollt ihr Schäker wohl auseinander!« Nun, da man diese Worte in den Salons der Damen wegen ihrer Anzüglichkeit (zu damaligen Zeiten jedenfalls) nicht wiederholen konnte, wurde in der Regimentstradition daraus der Aufruf des Königs, der auf die eigentliche Verwendung der Truppe hinwies: »Wollt ihr tiraillieren, Kerls!«
Die Jäger sollen über das persönliche Eingreifen Ihrer Majestät sehr erfreut gewesen sein, denn ihnen stand nicht der Sinn nach Parade und Drill, zumal auch die nach dem Siebenjährigen Krieg erschienenen Dienstreglements den gezielten Schuß, das aufgelöste Gefecht und das Tiraillieren besonders hervorstrichen.
1786 wurde das Jäger-Korps auf Regimentsstärke komplettiert und die neu aufgestellten Kompanien erhielten nur noch Büchsen. In dem neugegründeten »Feldjäger-Regiment zu Fuß« war zu dieser Zeit bereits der Oberst von Valentini als Adjutant des Granges tätig, der sich darum bemühte, die Bajonettgewehre gegen Corpsbüchsen auszutauschen. Bei der Regimentsaufstellung war das Verhältnis noch 700 Büchsen zu 600 Füsiliergewehren; im August 1787 wurden auch diese 600 als Kadettgewehre an die Kadettenanstalt abgegeben.
Im gleichen Jahr begann der Feldzug in Holland, ein unbedeutendes Kapitel des Zeitalters der »Kabinettskriege«, für den zwei Kompanien unter von Valentini detachiert wurden.
Bei diesem Feldzug befanden sich die Jäger fortwährend in der Vorhut der Armee. Das Gelände entsprach ihren Fähigkeiten: Zwar gab es wenig Wälder und Hügel, aber die Gräben und Steinmauern, die Holland durchzogen, boten genug Deckung vor plötzlichen Attacken und forderten Zielschüsse auf mittlere und weite Entfernung. Typisch

war ein Vorpostengefecht mit einer kanonenbestückten Schanze, die den Vormarsch der Truppen unter dem Befehl des Herzogs von Braunschweig blockierte. Als die Besatzung die zehn Jäger des Vortrupps erkannte, wollte sie ein Geschütz abfeuern, um sowohl die Preußen zurückzutreiben, als auch um Alarm zu geben. In den folgenden Minuten entspann sich ein ungleicher Kampf: Immer wenn ein Kanonier in der Scharte erschien, um das Geschütz abzufeuern, wurde er auch für die Jäger sichtbar und von einer Kugel getroffen. Die zehn Scharfschützen hatten keine Schwierigkeit, die Besatzung der Redoute so lange in Angst und Schrecken zu versetzen und sie zu beschäftigen, bis die Hauptmacht der Armee herankam und die Schanze stürmte.

Das Vorpostengefecht, die Avant- oder Arrieregarde waren taktische Elemente, in denen der gezielte Schuß auf größere Entfernung zur Geltung kommen konnte. Das Hauptinteresse der damaligen Taktik-Diskussion dreht sich aber um das Tirailleurgefecht.

Tiraillieren – der Begriff für diese Gefechtsart kam aus dem französischen Wort »tirailler« – zerren, hin- und herhüpfen. Der Tirailleur war ein Schütze, der allein oder in kleinen Gruppen vor der eigentlichen Linie der Armee sich hin- und herbewegte, dabei mit seinem Feuer ausgesuchte Ziele, oder die Vorausabteilungen des Gegners bestrich und gleichzeitig die Bewegung der eigenen Infanterie-Formationen maskierte. Seine Kenntnis des Geländes, seine angepaßte – zumeist grüne oder schwarze – Kleidung half ihm, sich vor der gegnerischen Waffenwirkung zu verbergen. Er konnte beim Rückzug deckend wirken oder als Vorausabteilung und Flankenschutz Auge und Ohr der Armee sein. Hierzu war Eigeninitiative und Intelligenz erforderlich, die man von dem in den Dienst gepreßten Linieninfanteristen nicht erwarten konnte. Der Jäger des »Alten Fritzen« oder der hessische, bayerische, hannoveranische Forstmann aber war seinem Königshaus verbunden. Er entstammte zumeist einer seit Generationen im staatlichen Forstdienst stehenden Familie und wußte, daß er nach Ableistung seines Dienstes bei der Fahne einer lebenslangen Anstellung im Revierdienst sicher sein konnte. Anders als bei der Linien-Truppe bestand die Möglichkeit, den eingezogenen Feldjäger in Friedensjahren als Freigänger in den Forstdienst zu beurlauben.

Auch auf den Nebenkriegsschauplätzen des Siebenjährigen Krieges konnten sich die Jäger-Detachements entwickeln. Preußen stand in Allianz mit Hessen, Bückeberg, Braunschweig, Hannover und Eng-

Holländische Darstellung eines preußischen Jägers von 1787 – interessant hier die Anschlagweise und die Riemenführung mit der linken Hand.

land gegen das vereinigte französische, österreichische und russische Heer. Auf dem westdeutschen Kriegsschauplatz entschieden zwar auch die regulären Infanterietreffen die Schlachten von Crefeld und Münden, aber die als unabhängige Abteilungen operierenden Jägerkorps der Hannoveraner, Hessen und Braunschweiger führten einen lebhaften Kleinkrieg im Rücken der französischen Armee, griffen deren Flankensicherungen an und eroberten Troß- und Geschützkolonnen. Nachdem der englische Herzog von Cumberland den Oberbefehl an Ferdinand von Braunschweig abgegeben hatte, entwickelte dieser seinen Feldzugplan für das Jahr 1760, welcher eine der besten Umschreibungen der Gefechtsziele von leichten Truppen beinhaltete. In einem Schreiben an den Kommandeur der hannoveranischen Kontingente, General von Spörken, schlägt er vor: »Die leichten Truppen können Ew. Excellenz entweder auf der Seite oder vorwärts kampieren lassen, so wie es die Umstände mit sich bringen werden. Diese müssen agieren entweder en corps oder durch Detachements, um dem Feinde en detail zu schaden . . . derjenige, welcher der aktivste und entreprenanteste ist und die leichten Truppen am mehrsten und am besten zu gebrauchen weiß, wird über den Anderen den Vortheil haben.«
Bei Minden trafen deutsche und englische Verbände mit der französischen Armee zur Entscheidungsschlacht zusammen. Auf die anwesenden britischen Offiziere hinterließ die Tirailleurtaktik der deutschen Jägerverbände einen denkbar tiefen Eindruck. In seinem 1814 in London erschienenen Buch über das Schießen beschreibt der englische Oberst George Hanger die amerikanischen Büchsenschützen und wiederholt zur Unterstreichung seiner Thesen die Augenzeugenberichte seiner Offizierskameraden aus den vergangenen Kriegen: Nachdem einige wohlgezielte Büchsenschüsse mehrere französische Offiziere zu Fall gebracht hatten, wurden ganze Batterien gegen das Waldstück in Stellung gebracht, aus dem heraus die Jäger ihr Feuer eröffnet hatten. Als auch Kartätschfeuer nicht die gewünschte Wirkung zeigte, vertrieben Dragoner die Plänkler, nicht ohne dabei Verluste zu erleiden. Verwundete Jäger, die von ihren Kameraden zurückgelassen worden waren, bekamen das ganze Ausmaß des fran-

zösischen Hasses zu spüren – sie wurden bis zum Hals in den Waldboden eingegraben und ihrem qualvollen Schicksal überlassen!
Die Entwicklung des aufgelösten Gefechtes, nicht des gezielten Punktfeuers, beschäftigte die Zeitgenossen Friedrichs II.: Die Linieninfanterie war das tragende Element der Schlacht, und obwohl Preußen bei Kolin eine schwere Niederlage aufgrund der Gefechtsführung österreichischer leichter Truppen erlitten hatte, änderte sich daran bis zur französischen Revolution wenig. Die Freibataillone hatten die in sie gesetzten Erwartungen deutscherseits nicht erfüllen können, als Alternative wurden die Füsilierbataillone geschaffen, von denen 1787 bereits 24 Bataillone existierten. Während in den Musketier(linien-)Regimentern nur 10 Mann mit Büchsen ausgerüstet waren, hatten die Füsiliere 22 Büchsenschützen pro Kompanie. Aber auch diese Truppen glichen in Ausbildungs- und Kampfweise eher der Linie. Generalfeldmarschall Hermann von Boyen (1771–1848), der den Geist der französischen Revolutionsheere erst noch erleben mußte, um seine Meinung über das Wesen des einfachen Soldaten zu ändern, schrieb 1795, daß der Mensch an »Mechanismus und Gewohnheit« gebunden sei, das Exerzieren ihm daher entspreche. Reguläre Truppen dürfe man nicht den Zufällen des aufgelösten Gefechtes aussetzen, es würde ihren esprit de corps schwächen, aus dem sie ihre Standhaftigkeit bezögen. So sollten auch die Füsilier-Bataillone nicht im Vorpostengefecht vergeudet werden, dafür könnte man Freibataillone aus minderwertigen Elementen ausheben.
Boyen und seine Zeitgenossen waren geprägt von den im Grunde menschenverachtenden Zeitgeist des Absolutismus. Die französische Revolution erst sollte hier eine tiefergreifende Veränderung herbeiführen. Es war dieser geistige Stillstand, der die Niederlage von Jena und Auerstädt heraufbeschwor. Mit den gepreßten, »auf Vordermann gedrillten« Linieninfanteristen friderizianischer Prägung konnte man das von einer Idee beseelte französische Volksheer nicht besiegen – denn hier bestimmte die Geisteshaltung auch die Taktik.
Es gab auch vorausschauende und andersdenkende Offiziere im ausgehenden 18. Jahrhundert. So beweisen die vielen Abhandlungen zur Führung des kleinen Krieges, daß es auch anders ging als durch drakonische Strafmaßnahmen, Kadavergehorsam und steifes Exerzieren. Auch der Major Hans David Ludwig v. York mußte dies erfahren, als er im November 1799 zum Kommandeur des Fußjäger-Regimentes befördert wurde. Das in Mittenwalde in Garnison lie-

Die Benutzung des 1790 eingeführten Schießstockes für die Scharfschützen der Linieninfanterie war mit königlicher Order vom 18. Februar festgelegt:

»Da es sicher ist, daß auch der beste Schütze, besonders mit einem schweren Gewehr aus freier Hand nie so gewiß und sicher schießen kann, als wenn er den Vorteil hat, das Gewehr auf oder anlegen zu können, so haben Se. Königl. Majestät in dieser Rücksicht und um die Schützen mehr zu distinguieren, für gut befunden, ihnen Stöcke zu accordieren. Diese Stöcke sollen indes nicht wie derer Unteroffiziers aus spanischen Röhren bestehen, sondern aus Haseln, oder wo dergleichen etwa nicht vorhanden sein möchten, aus anderm harten und zähen Holz geschnitten und anstatt des Knopfes mit einer Art von Gabel versehen und sodann im Dienst an der linken Seite des Rocks am Knopf gehangen getragen werden. Beim vorziehen der Schützen und während des Manövers nehmen selbige den Stock an der Hand und bedienen sich dessen zum Auflegen des Gewehrs, wie solches beikommende Figur zeigt.«

gende Korps erfreute sich in der preußischen Armee einer Sonderstellung, die das Ergebnis der inneren Verfassung war: Immer noch bestand das Gros der Mannschaften und Unteroffiziere aus königlichen Förstern, Jagdlehrlingen und Privatjägern. Anders als in den Linienregimentern fanden Ausländer nur selten Aufnahme in diesem Regiment, anders als bei der Linie wurde die Disziplin aufrecht gehalten: Wer gegen den geschriebenen und ungeschriebenen Kodex des Regimentes verstieß, wer die Vorrechte, »Gerechtsame und Freiheiten« genannt, mißbrauchte, lief Gefahr aus der Truppe entlassen zu werden – und damit seine Stellung zu verlieren. Das Formationsexerzieren gab es nicht; die Waffe wurde nicht im Arm getragen, sondern mit der Mündung nach unten gehängt oder unter der Armbeuge, wie im Revier. Der Ton innerhalb des Regiments war grundverschieden von der Umgangsform der regulären Armee. Hier gab es keine »Kerls«, Soldaten und Offiziere redeten sich mit »Messieurs« an. York erkannte die Vorteile dieser Art Truppenführung und wußte sie auszunutzen. In den Folgejahren verbesserte er noch die Ausbildung und Ausrüstung der Einheit und versuchte die Lehren des Tirailleurgefechts, wie es bei den Jägern angewandt wurde, auf die Masse der preußischen Infanterie zu übertragen.
Seine 1801 eingereichte Denkschrift zur Verbesserung der Füsilierbataillone nimmt einen Teil der Reformen vorweg, wie sie 1812–1813 in Zusammenarbeit mit Scharnhorst und Gneisenau eingeführt werden.
Entsprechend der Mobilmachungsorder wurde das Fußjägerregiment kompanieweise den einzelnen Armeekorps zugeteilt. Bei Mühlhausen, Jabel und Nossentin deckten Jägerkompanien unter Yorcks persönlicher Führung in beispielhafter Weise den Rückzug der geschlagenen preußischen Armee. Unter Ausnutzung des Geländes und der Treffsicherheit der Büchsen auf größere Entfernung wurden Rückzugsgefechte geführt, welche die Möglichkeiten des Punktfeuers und Tirailleurgefechtes bewiesen.

Der Rifleman mit seinem wollenen Jagdhemd ist auch heute noch die Verkörperung des amerikanischen Freiheitskämpfers. Aufnahme des ‚Reenactments' der Schlacht von Brandywine, Pa., Sept. 1977.

Krieg in der »Neuen Welt«

Pennsylvania Long Rifle versus Brown Bess Muskete

»Ich habe nie in meinem Leben bessere Gewehre oder Männer gesehen, die besser schossen, als in Amerika«.

Colonel George Hanger, »To all sportsmen«, 1814

Lexington/Concord, 1. 4. 1775
»The shot heard around the world«, der Schuß der überall in der Welt gehört wurde, ist wahrscheinlich von einem jener Büchsenschützen abgegeben worden, von denen Leutnant Barker, vom King's Own Regiment berichtete:
». . . wir wurden von allen Seiten beschossen, aber zumeist von hinten, wo Leute sich in den Häusern versteckt hielten, bis wir vorbeimarschierten und dann schossen. Die Gegend war überraschend günstig, voll von Hügeln, Wäldern, Steinmauern etc., wovon die Rebellen nicht versäumten einen Vorteil zu ziehen, denn sie waren alle von Menschen besetzt, die uns unter ständigen Beschuß hielten, wie wir auch auf sie, aber nicht mit dem gleichen Vorteil, denn sie waren so gedeckt, daß man kaum welche sah.
In dieser Weise marschierten wir . . . Meilen, ihre Zahl wuchs ständig von allen Teilen her, während unsere durch Tod, Wunden und Müdigkeit sank; und wir waren überall umzingelt mit einem solchen Schießen, daß man es sich unmöglich vorstellen kann, unsere Munition war fast verbraucht.«

Die regulären britischen Truppen, die an jenem Aprilmorgen zu einer Polizeiaktion gegen geheime Waffendepots ausgerückt waren, mußten nach ihrem Zusammenstoß mit den Aufrührern in den Dörfern Lexington und Concord durch ein unübersichtliches Gelände zurückmarschieren. Die achtzehn Meilen bis Boston wurden zu einem Spießrutenlaufen, bei dem die Rotröcke Seiner Majestät wenig Möglichkeit sahen, sich zum Feuer auf ein Ziel zu vereinen, wie sie es in ihrem Peloton-Exerzieren gelernt hatten. Hier war ein Feind, der unter bester Ausnützung jeder natürlichen Deckung ein gnadenloses Zielschießen auf die in Formation marschierenden Grenadier- und Füsilierkompanien durchführte. Major Soutar von der Marineinfanterie schrieb wenige Tage später in einem Brief: »... es war nicht möglich für uns einen Mann zu treffen, anders als hinter einem Busch, Steinwall oder Baum, der sofort sein Feuer gab und weg rannte.«

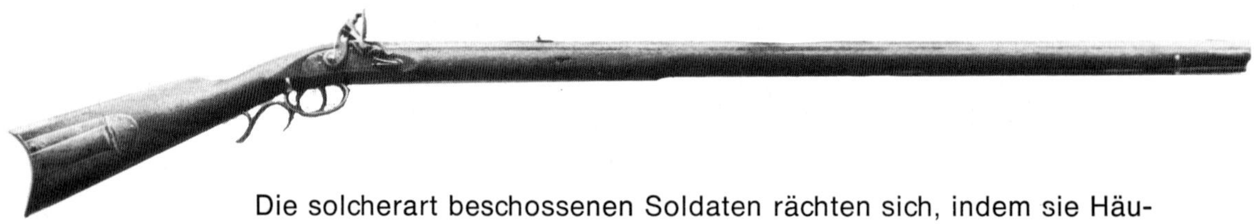

Die Pennsylvania Long Rifle war in ihrer ursprünglichen Form eher schmucklos und einfach gehalten – als Gebrauchswaffe. Die typische Krümmung des Schaftes, wie bei der Lancaster oder Yorkshire County Richtung, (»Roman Nose«) entwickelte sich erst gegen Ende des 19. Jahrhunderts. Aber bereits die Waffen von 1776 wiesen mitunter Stecher und markante Pflasterkästen auf.

Die solcherart beschossenen Soldaten rächten sich, indem sie Häuser zerstörten, jeden der Rebellen, den sie verwundet antrafen, ob Frau oder Mann, mit dem Bajonett umbrachten und naheliegende Farmen in Brand steckten. Der Besitzer einer Traverne am Weg nach Boston, in der zwei Gäste umgebracht wurden, erzählte später dem Kongreß der Provinzen von der Wut, die so typisch für Linien-Truppen war, welche dem Feuer unsichtbarer Heckenschützen ausgesetzt gewesen sind: »Des Königs Reguläre Truppen ... schossen mehr als einhundert Kugeln in das Haus da wir wohnen, durch Türen, Fenster etc. Dann betrat eine Anzahl das Haus, in dem wir und zwei ältere Herren waren, alle unbewaffnet. Wir flüchteten um unser Leben in den Keller. Die zwei älteren Herren wurden sofort höchst barbarisch und unmenschlich durch sie ermordet, in vielen Stellen durchstochen, ihre Köpfe geschlagen, die Schädel gebrochen und das Gehirn auf den Boden und die Wände des Hauses herausgeschlagen.« Die Gegner, die diesen Zorn hervorriefen, waren Bürger der amerikanischen Kolonien seiner Majestät König George III., die in einem später als »Minutemen« * bezeichneten Milizsystem organisiert wa-

* so benannt, weil sie in einer Minute marschbereit sein sollten.

Englische Füsiliere, leichte Truppen, deren Bewaffnung aber auch nur aus Brown Bess Gewehren bestand. Brandywine, 1977.

Die englische Armee setzte in der Schlacht auf die Stoßkraft ihrer Linieninfanterie, die nach einem Feuerschlag mit gefälltem Bajonett vorging.

ren. Ursprünglich als Verteidigung gegen indianische Überfälle und zur Rekrutierung von Freiwilligen im Kampf gegen Französisch-Kanada geschaffen, wurde das Alarmnetz jetzt zum Aufstand gegen die Steuerregelung des englischen Mutterlandes benützt. Die Ausrüstung bestand aus Muskete, Bajonett und Patronentasche – wenn der Farmer zu jenen Besitzenden gehörte, die sich eine solche Waffe leisten konnten. Viele der Minutemen aber erfüllten diese Anforderung nicht. Im Mobilisierungsfall traten sie mit ihren Jagdgewehren, Vogelflinten oder Blunderbus-Tromblonen an. Standard, Ausrüstung und Gefechtswert der einzelnen Milizen, die nach Landstrichen (Counties) und Provinzen ausgehoben wurden, waren sehr unterschiedlich. Einige dieser Verbände hatten an den Feldzügen gegen die Franzosen in Kanada teilgenommen, andere waren nicht mehr als Sonntagsvereine. Erst im Herbst des Jahres 1775 wurde von Washington und einem Kongreß-Komitee die Aufstellung der Rebellenarmee durchgeführt, wurden Regimenter und Kompanien geformt, ein einheitliches Rekrutierungswesen geschaffen.

In den ersten Monaten der Rebellion, die sich zum »Amerikanischen Unabhängigkeitskrieg« oder zur »Revolution« ausdehnen sollte, stießen kleine und größere Gruppen von Freiwilligen zu den Belagerern von Boston, wo die erste große Schlacht, Bunker Hill, zwischen den Aufrührern und britischen Truppen stattfand.

Zu den ersten »Truppen«, die der Kongreß der Provinzen im Juni 1775 für den Kampf um Boston bestimmt hatte, gehörten zehn Kompanien »Riflemen« aus Virginia, Maryland und Pennsylvania. Diese Kompanien stellten den Kern der zu gründenden »Armee des amerikanischen Kontinents« dar. Diese Freiwilligen waren ausnahmslos mit gezogenen Gewehren ausgerüstet – oft eigene Waffen, oder vom Kongreß angekauft. Ihre Uniform war das Jagdhemd Nordamerikas, von der Farbe »eines trockenen oder verblassenen Blattes« wie es ein Augenzeuge beschrieb. Im Gürtel hatten sie das indianische Handbeil, Tomahawk und das Jagdmesser; über die Schulter eine Tasche mit Blei, Decke und anderen Utensilien. Ihr Pulver trugen sie in einem Horn, das oft in mühevoller Handarbeit Schlacht- und Jagdszenen eingraviert hatte.

Die Riflemen waren Jäger. In einem Land, dessen spärlich besiedelte Kolonien riesige Wälder und einen unglaublichen Wildreichtum hatten, gehörte das Jagen als Lebensunterhalt und Broterwerb zum täglichen Dasein. Während die Jagd in Europa das Vorrecht des Adels und der Reichen war, gab es in den Randgebieten der Kolonien unerschlossene Regionen, Frontier (Grenze) genannt, in denen die Jagd einen Mann ernähren konnte. Hier entstand der Menschenschlag des Waldläufers, »coureur du bois« (in Kanada so genannt), des Fallenstellers (Trappers), der mit Pelzen und Wildbret handelte und Tauschgeschäfte mit den Indianern betrieb. Auch jene, die den Wald rodeten und in der Wildnis dürftige Farmen anlegten, verließen sich für den Unterhalt ihrer Familie in den ersten Jahren der Kolonisation auf die Jagd, welche die einzige Möglichkeit darstellte Fleisch auf den Tisch zu bringen.

Links: Major Robert Rogers nach einer zeitgenössischen Darstellung.

Rechts: Rogers ledernes Jagdhemd ist heute im Fort Ticonderoga, New York, zu sehen.

Ein Fehlschuß war nicht nur eine Vergeudung von teurem Pulver und Blei, er konnte auch Hunger bedeuten, und so überlebten nur jene in den Wäldern, die mit ihrem ersten Schuß zielsicher trafen – die anderen gaben auf oder wurden zum Opfer der strengen Winter, der umherstreifenden Indianer oder eines waidwunden rasenden Bären. Amerikanische Folklore hat den Typ des Rifleman, des individualistischen Waldläufers, des Frontierman zum Urtypus des Amerikaners erklärt, einem Ideal, dem es in Wesen und Draufgängertums nachzueifern galt. Die alltägliche Realität der amerikanischen Kolonien sah etwas anders aus: Der Großteil der Bewohner Neu-Englands waren Bauern, Handwerker und Händler, die aus der Alten Welt aus einer Vielzahl von Motiven geflüchtet waren und jetzt in kleinen Dörfern und ansehnlichen Städten wohnten, die nicht selten eine stilechte Kopie ihrer Heimat waren. Auch für diese Zeitgenossen waren die Waldläufer und Grenzbauern Verrückte, die sich den Gefahren der Wildnis aussetzten, mit Indianern handelten und nicht selten eine Squaw zur Frau nahmen.

Aber ihre Kenntnisse der Natur und ihr Scharfschützentum waren berühmt. John Harrower, ein Bürger von Virginia, beobachtete das Auswahlverfahren, mit dem ein Hauptmann die Freiwilligen für seine Rifle-Kompanie aussuchte:

»Er nahm ein Brett, ein Fuß im Quadrat und zeichnete mit Kreide einen mäßigen Kreis im Zentrum und nagelte es in einer Entfernung von einhundertundfünfzig Yards an einen Baum, und jene, die am nächsten mit einer einzigen Kugel kämen, sollten gehen. Aber nach den ersten vierzig oder fünfzig die schossen, war der Kreis aus dem Brett herausgeschossen, und bei der Zeit, da die Kompanie aufgefüllt war, hatte das Brett das gleiche Schicksal geteilt.«

Die Rekrutierung von Waldläufern und Jägern hatte ihre Vorgabe in den Kriegen gegen Französisch-Kanada, die durch die Ereignisse auf dem europäischen Kontinent – vornehmlich dem Siebenjährigen Krieg – ausgelöst wurden. Engländer wie Franzosen setzten neben ihren regulären Truppen Milizverbände der Kolonisten und Indianerstämme ein. Die Pelzjäger und Riflemen dienten auf beiden Seiten als Pfadfinder, mit Verbindung zu den Indianern, als Aufklärer und Guerilla-Gruppen, deren Überfälle isolierten Außenposten, Handelsstationen und Forts zu schaffen machten. Berühmt wurde das nordamerikanische »Corps of Rangers«, besser bekannt unter dem Namen ihres Kommanders, Roger's Rangers – eine Freiwilligen-Truppe, die als Vorläufer heutiger Kommando-Verbände gelten kann. Rogers Regimentsbefehle, 1759 veröffentlicht, gelten heute noch als beispielhaft für Spezialeinheiten wie die Special Forces; sie haben die Theorie des Guerillakrieges inspiriert:

»Vergeßt nichts. Habt Eure Muskete sauber wie eine Pfeife, den Tomahawk gereinigt, sechzig Schuß Pulver und Blei, und seid bereit, sofort abzumarschieren. Wenn Ihr auf dem Marsch seid, verhaltet Euch, wie Ihr Euch verhalten würdet, wenn Ihr Euch an ein Rehwild heranpirscht. Seht den Feind zuerst!

Sprecht die Wahrheit über das was Ihr seht und was Ihr tut, eine

Armee verläßt sich auf Euch für ihre korrekten Nachrichten. Ihr könnt soviel lügen wie ihr wollt, wenn Ihr anderen Leuten über die Ranger erzählt, aber lügt nie zu einem Ranger oder Offizier!
Geht kein Risiko ein, das Ihr nicht einzugehen braucht. Wenn wir marschieren, marschieren wir hintereinander, weit genug voneinander, so daß ein Schuß nicht durch zwei Mann gehen kann. Kommen wir zu Sümpfen oder weichem Grund, verteilen wir uns, so daß es schwer wird uns zu verfolgen. Wenn wir marschieren, bleiben wir bis zur Dunkelheit in Bewegung, um dem Feind wenig Möglichkeit zu geben uns zu fassen.
Wenn wir kampieren, bleibt die halbe Gruppe wach, während die andere schläft. Nehmen wir Gefangene, halten wir sie voneinander, so daß sie keine Pläne aushecken können. Marschiert nie den gleichen Weg nach Hause. Nehmt eine andere Route, daß ihr nicht überfallen werdet. Jede Gruppe hat einen Scout 20 Yards nach vorn, 20 Yards auf jeder Flanke und 20 Yards nach hinten, so daß die Hauptgruppe nicht vernichtet werden kann. Jede Nacht wird Euch gesagt wo der Treffpunkt ist, falls wir von einer überlegenen Streitkraft umzingelt werden. Setzt Euch nicht zum Essen ohne Posten aufzustellen. Schlaft nicht nach Morgengrauen, im Morgengrauen greifen Franzosen und Indianer an. Überquert keinen Fluß an seiner üblichen Furt. Wenn Euch jemand verfolgt, schlagt einen Bogen, folgt Euren eigenen Spuren und überfallt die Leute, die Euch einen Hinterhalt stellen wollen. Steht nicht, wenn der Feind auf Euch zielt; kniet, legt Euch hin oder versteckt Euch hinterm Baum. Laßt den Feind heran, bis er nahe genug zum Berühren ist, dann gebts ihm, springt auf und macht ihn mit dem Tomahawk fertig.«
Rogers Befehle sind von einem tiefen Verständnis für die Eigenheiten des Waldkampfes gekennzeichnet, in dem Hinterhalte, kleine überfallartige Feldzüge und Nahkämpfe eine entscheidende Rolle spielten. Uniformen paßten sich in der Farbgebung bald den natürlichen Farben an – bei den Milizeinheiten verschwanden die hellroten Röcke und glänzenden Aufschläge. Braune Hemden und Jakken herrschten vor, Ledermützen mit herunterklappbarem Ohrenschutz ersetzten Dreispitze. Sogar reguläre Regimenter erhielten einige Büchsen: 1758 wurden an das 44. und 48. Infanterieregiment »zehn gezogen läufige Gewehre . . . an jedes Regiment zu Händen der besten Scharfschützen . . .« ausgegeben, da man nur mit diesen Waffen den flüchtigen Indianern beikommen konnte.
Die Taktik der Riflemen und der Ranger war in der Beobachtung

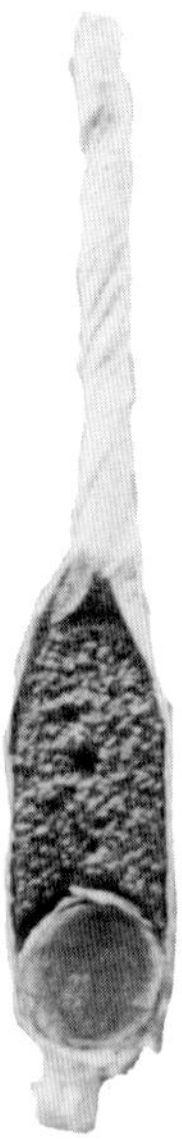

Oben: Die normale englische Infanteriepatrone für das Brown Bess Gewehr, unten »Buck an'Ball«, drei Rehposten und eine Flintenkugel, die verheerende Wirkungen auf nahe Entfernungen verzeichnen konnten.

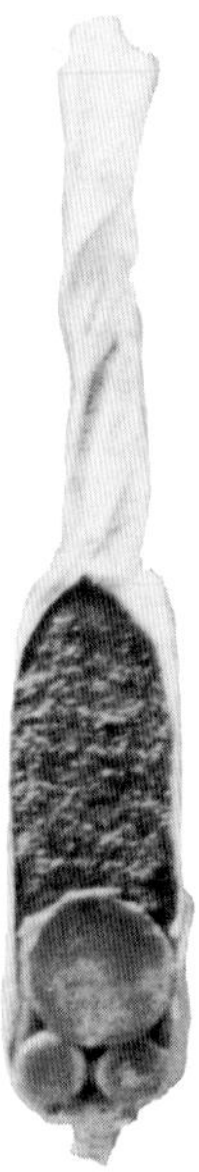

indianischer Kampfweisen gewachsen. Die Indianer verstanden es meisterhaft eins mit ihrer Umgebung zu werden, sich dem Boden anzupassen, an ein Ziel anzuschleichen, einen schnellen wohlgezielten Schuß mit Bogen oder Büchse abzugeben und wieder zu verschwinden. Indianische Streifbanden konnten einen Außenposten, ein Blockhaus, eine Siedlung oder eine marschierende Kolonne tagelang mit kurzen Vorstößen oder Scharfschüssen in Spannung halten, ohne daß der so bedrängte Weiße auch nur einen Mann oder einen Körperteil zu Gesicht, geschweige denn ins Visier bekommen hätte.

Aber der Kampf um die Herrschaft Kanadas wurde nicht von den Scharfschützen, nicht von Indianern oder Rangern entschieden. Die Entscheidungsschlacht wurde nach bestem europäischen Muster auf einer Ebene vor Quebec ausgetragen: Französische und englische Linieninfanterie trafen aufeinander. Der britische General Wolfe hatte seine Regimenter angewiesen, ihr Feuer zurückzuhalten und den Feind auf nächste Entfernung herankommen zu lassen. Die französischen Linien eröffneten auf 130 Yards das Feuer, die Briten gingen im Geschwindschritt bis auf 30 Yards heran, gaben eine mörderische Salve* ab, welche das Gros der feindlichen Kompanien vernichtete, ließen eine zweite folgen und überrannten die Reste mit gefälltem Bajonett. Wieder einmal hatte sich die Standhaftigkeit britischer Truppen unter Feuer bewiesen, wieder einmal konnten die Advokaten der Linientaktik einen Erfolg verbuchen . . .

Obwohl: Französische Scharfschützen setzten den aufmarschierenden Briten nicht wenig zu, General Wolfe erhielt von ihnen die tödlichen Wunden. Das »Britische Magazin«, Ausgabe März 1760, wußte zu melden: ». . . eine große Menge unserer Offiziere und Soldaten wurden durch eine Gruppe Bürger von Quebec verwundet, als gute Scharfschützen ausgewählt, die in einem Kornfeld gegenüber unserer Rechten versteckt lagen. Es war von diesen Skulkers (Schleicher, Drückeberger), daß General Wolfe seine beiden Wunden erhielt, als er Befehle vor der Front der Linie gab.«

Aber die Erfahrungen der kanadischen Feldzüge gingen in der Reorganisation der britischen Armee unter, die 1765–1768 durchgeführt wurde. Erst vor Bunker Hill mußten anstürmende Grenadier-Regimenter erkennen, daß es hieß, gegen einen Feind zu kämpfen, der sich in Deckung hielt und gezieltes Feuer auf größere Entfernung

* nach einigen Berichten hatten die Briten nicht die übliche Flintenkugel geladen, sondern »buck and ball« eine Flintenkugel plus zwei, drei rehpostenartige kleinere Kugeln, welche die Feuerwirkung im Nahkampf vergrößerte.

abgeben konnte: »Wir töteten eine Anzahl Rebellen, aber die Dekkung unter der sie fochten, machte ihre Verluste unbedenklicher als es anderweitig gewesen wäre ...« so ein Adjutant eines britischen Marine-Infanteriebataillons nach der Schlacht, bei der erst der Munitionsmangel der Amerikaner und die Übermacht zur Eroberung der Hügelstellungen um den Hafen von Boston geführt hatten. Hier bei Bunker Hill hatte sich ein zusammengewürfelter Haufen stundenlang gegen altgediente englische Elite-Truppen halten können, nicht nur wegen ihrer patriotischen Motivation, sondern hauptsächlich, weil sie vor den Salven der Pelotons hinter aufgeworfenen Sandwällen, verstärkten Zäunen und in Gräben geschützt waren.

General George Washington, neugewählter Oberkommandierender der Kontinentalarmee, Pflanzer, Großgrundbesitzer, Oberst der Miliz von Virginia, hatte seine militärischen Erfahrungen in den Grenzkämpfen mit Franzosen und Indianern gewonnen; seine hohe Meinung von den Riflemen begründete sich auf deren Erfolg in der Indianerabwehr und in den Streifzügen gegen französische Außenposten. In den Regimentern, die Virginia aufstellte, waren die Kompanien der Büchsenschützen zahlreicher als in denen anderer Kolonien, hier wurden auch so exotische Korps aufgestellt, wie Daniel »Morgan's Riflemen«, eine unabhängige Kompanie, eine verschworene Gemeinschaft, gebildet aus den Trappern der Grenzregion Virginias.

Eine Äußerung Washingtons zur Bekleidung seiner zusammengewürfelten Armee läßt etwas von seiner Einschätzung der Riflemen erkennen: »Keine Kleidung könnte billiger, oder mehr passend sein, da der Träger kühl bei warmen Wetter und warm bei kühlem Wetter durch das Anlegen von Unterkleidung, die nicht die äußere Erscheinung verändern wird, sein wird, winters oder sommers. Außerdem ist es eine Kleidung, die berechtigt Schrecken beim Feind verbreiten wird, der denken muß, daß jede so gekleidete Person ein fertiger Scharfschütze ist.« Washington bezog sich auf das Jagdhemd, das viele der Freiwilligen trugen, und welches mit seinen unauffälligen Farbtönen, seiner Robustheit und vor allem wegen der damit verbundenen geringen Kosten als ideale Bekleidung der Milizregimenter angesehen wurde. Interessant aber ist die Bezugnahme auf die psychologische Wirkung, in der legendenhafter Zauber reflektiert wird. Zeitgenössische Übertreibung und traditionelle Überlieferung machten die Riflemen zur Elite und zum revolutionären Hauptelement das entscheidend am Sieg der Neu-England-Staaten beteiligt gewesen sein soll.

Die Wirklichkeit war ungleich unromantischer: Ruhm und Vorschußlorbeeren mußten den Trappern bald zu Kopf steigen. Sie wurden überall wie ein Zirkus bewundert. Ihr Aufzug und ihre Schießkünste machten sie zu Publikumslieblingen. Sie waren Spezialeinheiten und brachten ihre Standesdünkel und Bevorrechtigung in eine Armee ein, die innerlich kaum gefestigt war. Zuerst waren sie von jeder Art Lagerdienst befreit. Individualismus und Hinterwäldlertum aber vereinigten sich zu einer Disziplinlosigkeit, welche bei der Belagerung von Boston mehr als störend wirken mußte. Ihre Eitelkeit, ihr rüdes und arrogantes Benehmen und ihre Unzuverlässigkeit wurden zum Tagesgespräch von Offizieren und Mannschaften. Die Armeedisziplin blieb ihnen fremd und Befehle fremder oder eigener Offiziere wurden nach Lust und Laune befolgt oder auch nicht. Die ständige Schießerei, im Lager und auf Vorposten, entnervte mehr die eigenen Männer als den Feind. Sollten Übeltäter bestraft werden, so versammelten sich sofort meuternde Banden, die seine Freilassung – wenn nötig mit geladenen Gewehren – forderten. Was der Armee von George Washington fehlte – und nicht wenige Zeitgenossen erkannten das – war eine tiefgreifende Strukturierung, eine umfassende Disziplin und ein Offizierkorps, das den Eifersüchteleien zwischen den verschiedenen Provinztruppen ein Ende bereitete und die unterschiedlichen Formationen zu einer Armee zusammenschweißen konnte.

Es sollten noch Monate und Jahre vergehen, bis der Rebellenhaufen – der in den kommenden Schlachten schwere Niederlagen einstekken mußte – zu einer Armee zusammengefügt wurde, die den disziplinierten Regimentern George III. standhalten konnte. Hierzu bedurfte es der Hilfe von Fachleuten, wie es der Comte de Lafayette und jener aus preußischen Diensten geschaßte Junker waren, der als Baron von Steuben in die Geschichte eingehen sollte.

Unbestreitbar aber blieb der Eindruck, den die Scharfschützen bei der britischen Armee hinterließen. Zielschießen mit den Musketen der damaligen Zeit war schier unmöglich, auch wenn es von nicht wenigen Veteranen versucht wurde. Washington forderte seine Truppe immer wieder auf, genau zu zielen, und auch einige britische Einheiten, besonders die leichten (Füsilier-)Kompanien der Regimenter, versuchten sich darin, dies war, wie Oberst Hanger richtig feststellte, ein durch technische Umstände beschränktes Unterfangen:

»Eine Soldaten-Muskete, wenn sie nicht besonders schlecht gebohrt ist (wie es viele sind), wird die Figur eines Mannes auf 80 Yard treffen, es mögen sogar 100 sein; aber ein Soldat muß schon sehr wenig Glück haben, wenn er durch eine einfache Muskete auf 150 Yard verwundet wird, vorausgesetzt sein Gegner zielt auf ihn; und was das Schießen auf einen Mann auf 200 Yard betrifft, mit einer einfachen Muskete, kann man genau so gut nach dem Mond schießen und die gleichen Hoffnungen über das Treffen des Objekts haben. Ich behaupte und werde es beweisen, wenn immer es verlangt wird, daß kein Mann jemals auf 200 Yards durch eine einfache Soldaten-Muskete getötet wurde, durch die Person, die auf ihn zielte.«

Hanger wußte wovon er sprach – er hatte den Feldzug in Nordamerika als Teil der Expedition des General Burgoyne miterlebt. Bei Saratoga geriet er, wie das ganze Korps dieses unglücklichen Generals, in Gefangenschaft und konnte die Schießkünste der amerikanischen Riflemen aus der Nähe bewundern, nachdem er mehr als einmal am empfangenden Ende gestanden hatte. In seinem Buch »To all Sportsmen«, das eine Art Abriß der damaligen Schießkenntnisse vermittelt und die Memoiren dieses englischen Offiziers darstellt, der selbst als Scharfschütze und Förderer des Schießsports einen Namen hatte, gibt er das Beispiel eines typischen Erlebnisses von Scharfschützen-Beschuß:

»... Tarleton und ich standen einige Yards außerhalb eines Wäldchens, um die Situation eines Teiles des Feindes zu betrachten, den wir angreifen wollten. Da war ein Wasserlauf vor der Front des Feindes und eine Mühle dabei ... ein absolut freies Feld zwischen uns und der Mühle, nicht einmal ein Busch. Unser Trompeter stand drei Yards hinter uns, aber mit seiner Pferdeseite zu den Schweifen unserer Pferde. Ein Büchsenschütze kam über den Mühlendamm, sah augenscheinlich die beiden Offiziere und legte sich auf den Bauch; denn in einer solchen Situation liegen sie immer, um einen guten Schuß über lange Entfernung abzugeben. Er gab einen wohlüberlegten, kaltblütigen Schuß auf meinen Freund, auf mich und den Trompeten-Mann ab. Man beachte wie gut der Bursche schoß! Es war im Monat August und nicht ein Lufthauch bewegte sich. Oberst Tarletons Pferd und meins, ich bin sicher, waren nicht mehr als zwei Fuß voneinander entfernt, denn wir waren in enger Unterhaltung darüber, wie wir mit unseren Truppen angreifen sollten, die hinter uns 300 Yards im Wald lagen, und nicht vom Feind gesehen werden konnten. Eine Büchsenkugel ging zwischen uns durch, und durch direkten Blick auf die Mühle konnte ich zufällig den Blitz des Pulvers

sehen. Ich sagte sofort zu meinem Freund: ›Ich glaube wir sollten besser verschwinden, sonst werden sich zwei oder drei Herren in Kürze auf unsere Kosten amüsieren.‹ Die Worte waren kaum aus meinem Mund, als der Trompeten-Mann hinter mir, aber direkt zentral, von seinem Pferd sprang und sagte: ›Sir, mein Pferd ist angeschossen.‹ Das Pferd stolperte, fiel um und starb . . .
Was das Schießen dieses Büchsenschützen betrifft, nichts könnte besser sein . . . Ich bin mehrmals über den Boden gegangen und habe ihn mit größter Aufmerksamkeit betrachtet und ich kann mit Bestimmtheit sagen, daß die Entfernung, aus der er auf uns schoß, volle 400 Yards betrug.«
Hangers Geschichte zeigt den amerikanischen Büchsenschützen in seinem besten Licht, als Einzelkämpfer, der weit vor den eigenen Truppen feindliche Offiziere »aufs Korn nimmt«. Derart eingesetzt war der Rifleman ein ausgezeichneter Soldat, der es verstand, seine Waffe zum größten Nutzen zu gebrauchen.
Das Gewehr, das so typisch für die amerikanische Revolution werden sollte, war unähnlich den gezogenen Gewehren, die in Europa vorkamen. Die typische deutsche Jäger-Büchse war eine kurzläufige schwere Waffe, die in den seltensten Fällen eine Gesamtlänge von über einem Meter hatte. Ihr Kernstück war ein schwerer, achtkantiger Lauf, der eine Pflasterkugel von 14 mm bis 15 mm verschoß. Die amerikanische Büchse war eine Weiterentwicklung der deutschen Waffe, hatte sich aber in ihren Proportionen weit von ihrem Vorbild entfernt: deutsche, schweizer und österreichische Büchsenmacher, die nach Amerika ausgewandert waren, hatten in der Provinz Pennsylvania ein Zentrum ihres Handwerks geschaffen. Bestimmte Waffen- und Schäftungstypen erhielten so den Namen der Landstriche, in denen diese Spezialformen gefertigt wurden, z. B. Yorkshire oder Lancaster-County. Maryland und Virginia, aber auch Massachussets, hatten ähnliche Zentren, oder einzelne Handwerker, die für ihre Produkte weit über die Provinzgrenzen hinaus berühmt wurden. Kennzeichnend für alle diese Waffen war ihre lange, schlanke Form, die kleinen, sehr fein gearbeiteten Schlösser, die zu Ausgang des 18. Jahrhunderts vermehrt mit Stechern ausgerüstet waren. Der Lauf behielt seine achtkantige Form, hatte aber ein sehr kleines Kaliber im Bereich von .36 inch bis .50 inch. Die Schäftung zur Zeit des Unabhängigkeitskrieges zeichnete sich noch nicht durch die geschwungene Form aus, die später in den Yorkshire-County-Gewehren mit ihrem »Roman Nose«-Schaft ihre Vollendung fanden. Die

Schäftung war noch gerade, besaß aber schon die oft verzierte »Patchbox« aus Messingbeschlag, die Vollschäftung bis zur Mündung und ein sehr fein gearbeitetes, aber selten verstellbares, Standvisier.
Als Holz kam Ahorn oder Buche in Frage, wobei die Querlinien, »Riegel«, in der Holztönung herausgearbeitet wurden. Ein rötlicher Lack, Drachenblut, gab den Waffen ihre spezifische Farbtönung. Der lange Lauf und die schlanken Linien der Waffe waren ein modisches Attribut an den »französischen« Geschmack der Epoche, verlagerten aber das Gewicht so stark, daß man eine Pennsylvania ohne Ermüdungserscheinungen lange Zeit in der Hand tragen konnte. Die Länge des Laufes entsprach auch den Anforderungen der amerikanischen Jagd, wo Schüsse auf größere Entfernungen abgegeben wurden als im dichten Unterholz mitteleuropäischer Wälder. Bereits in der ersten Hälfte des 18. Jahrhunderts war so ein Flintentyp im Hud-

Mündung einer Pennsylvania, Kaliber 36 mit sieben tief eingeschnittenen Zügen, die dem Pflaster eine gute Führung geben konnten.

Rechts: Das eigentümliche Standvisier der Long Rifle wurde als »Buckhorn« (Geweih 7) bezeichnet, es erleichterte sehr die Zielerfassung.

son-Tal entstanden, den man als Dutch oder Hudson-River bezeichnet, dessen Form wahrscheinlich einen gewissen Einfluß auf die Lauflänge der Long Rifle ausübte. Das kleine Kaliber entsprach eher den amerikanischen Wildarten, zumal in den Wäldern auch Jagd auf Eichhörnchen (Squirrel) gemacht wurde: Die kleine Kugel hatte bei einer entsprechenden Pulverladung eine gestrecktere Flugbahn und eine höhere Geschwindigkeit als das großkalibrige europäische Büchsengeschoß.
Der Nachteil der Büchsen war in der Alten wie in der Neuen Welt der gleiche: Es dauerte zu lange, die Waffen nach einem Schuß zu laden, ein Bajonett ließ sich nicht aufpflanzen und auch als Hiebwaffe war die dünnschäftige Pennsylvania* Rifle kaum zu gebrauchen. Der

* der Name »Kentucky-Rifle« entstand erst nach der Schlacht von New Orleans, 1812, wo eine Einheit »Kentucky Mountain Boys« mit ihren Rifles dank eines volkstümlichen Liedes als entscheidende Truppe gefeiert wurde.

Amerikanische Kongreß förderte daher die inländische Produktion und den ausländischen Ankauf von Musketen, um die Milizregimenter besser zu rüsten. Riflemen konnten durch einen schnell vorgetragenen Bajonett-Angriff immer zurückgetrieben werden, und dieser Umstand führte zu einer Reihe von Niederlagen der Nordamerikaner. Auf offenem Feld waren sie jeder mit Musketen bewaffneten Linien-Einheit unterlegen, und Washington befahl auch sehr bald, daß die Büchsenschützen nie auf sich allein gestellt einen Teil der Front, oder einen Außenposten, zu halten hatten, sondern, daß sie immer von Regulären, mit Bajonett und Muskete bewaffnet, unterstützt und gedeckt werden sollten. Es war die kluge Kombination beider Waffentypen, die am Ende zum Sieg führte. Riflemen wurden als Flankeure, als Plänkler und zwischen die normale Infanterie gestellt. Sie unterhielten ein ständiges Scharfschützenfeuer, das den britischen Truppen bereits beim Aufmarsch und im Formieren ihrer Kompanielinien Verluste zufügte. Kam es zum Angriff, so fielen die Büchsenschützen hinter die amerikanische Linieninfanterie zurück, die von Steuben nach preußischem Muster in Schnellfeuer und Bajonettangriff geschult war.

Trotzdem beherrschten die Riflemen die Vorstellungskraft auf beiden Seiten des Krieges: Auf amerikanischer Seite waren sie gefeierte Träger der Revolution, auf britischer Seite gehaßt, denn die Riflemen nahmen mit Vorliebe Offiziere aufs Korn, was wahrscheinlich weniger bei den aus den Slums und Gefängnissen englischer Städte gepreßten Soldaten Eindruck machte als bei den Offizieren selbst. Diesen bereitete der Umstand, daß jemand gezielt auf sie Jagd machte, gehöriges Kopfzerbrechen. Die Zeiten schienen vergangen, wo man vor der Front schußbereiter Bataillone auf und abritt, das Gelände und den Gegner ungestört betrachten konnte und sogar Höflichkeiten mit den »Herrn Offizieren vom Feind« austauschen konnte: »Messieurs de la Garde, schießen sie zuerst!« – »Oh, nicht doch meine Herren, nach Ihnen!« * Der amerikanische Unabhängigkeitskrieg hatte alle Anzeichen eines »schmutzigen« Kolonialkrieges, wie ihn spätere Generationen von Amerikanern in Vietnam erfahren sollten. Und so wie in Vietnam Offiziere ihre Rangabzeichen ablegten und mit gewöhnlichen M 16 Sturmgewehren ins Gefecht zogen (statt der bei »chairborne commandoes« ** so beliebten verkürzten CAR-Version, zogen englische Offiziere die schmuck-

* wie es aus der Schlacht von Fontenoy überliefert wird!

** der amerikanische Ausdruck für Etappenhengste, ein Wortspiel aus Luftlande Kommandos und Stuhl (Chair = Airborne).

lose Montierung gemeiner Soldaten an, ließen Sponton und Degen zurück und gingen, mit der Muskete bewaffnet, ins Feld, um nicht aufzufallen und zum Ziel von Scharfschützen zu werden. Der Krieg in den amerikanischen Kolonien war nicht »sporting«, er war keiner der späteren »splendid little wars«, bei dem britische Kolonialoffiziere Jagd auf »Wilde« im afrikanischen Busch und in den Grenzgebirgen Indiens machten. Hier kämpften europäische Auswanderer und ihre Nachkommen gegen die Repräsentanten einer veralteten, verhaßten Ordnung.

Major Fergusons Erfindung

Die ersten britischen Truppen, die mit der Kunst des Büchsenschießens vertraut gemacht wurden, waren Hochlandschotten, deren Revolte unter »Bonnie Prince Charly« Stuart 1743 auf dem Moor von Cullodden ein blutiges Ende fand. Hannoveranische und englische Linieninfanterie hatte die schwert- und schildbewehrten Clans durch massiertes Salvenfeuer, durch Kartätschen und Bajonettangriffe aufgerieben und damit der letzten tribalen Kultur Europas ein Ende gesetzt.
In den folgenden Jahrzehnten dienten Hochlandschotten – mehr oder weniger freiwillig – in ihren Regimentern in den Kolonien, in Flandern und auf den Schlachtfeldern Napoleons. Ihre schwermütige Dudelsackmusik, ihre wehenden Kilts und ihr ungestümer Angriffsgeist fundamentierten den legendären Ruhm der schottischen Regimenter. Schottische Söldner kämpften für die Krone Frankreichs und für Schweden.
Als die britische Krone im schottischen Hochland eine Einheit brauchte, die den Viehdiebstählen, Raubzügen und Fehden der Clans Einhalt gebieten sollte, machte sie sich die Loyalität einiger Stämme zunutze und hieß den Zweiten Lord von Atholl Kompanien zur Überwachung des Hochlandes aufstellen. Mit einigen Unterbrechungen entstand so das erste Hochlandregiment, »Am Freiceadan Dubh« in gälisch – die Schwarze Wacht –, bekannt unter der Regimentsnummer »43« oder als Black Watch.
Gegen 1760 waren die Black Watch und nachfolgende Hochland-Regimenter wie Einheiten der Linie ausgerüstet, ihre Hauptwaffe war die Brown Bess Muskete, Long Land Pattern. Als Seitengewehr wurde neben dem Bajonett das klassische schottische Schwert ge-

tragen, ein Pallasch mit großem Korbgefäß. Unter dem Eindruck deutscher Jäger-Leistungen bei Minden wurden versuchsweise gezogene Gewehre im Stil der deutschen Jägerstutzen eingeführt. Die zehn besten Schützen jeder Kompanie sollten eine solche Waffe führen. Es kam dieser Einrichtung entgegen, daß das schottische Hochland einen Menschenschlag hervorbrachte, der nicht unähnlich den österreichischen Bergvölkern war: Im Hochland wuchsen junge Männer unter stetem Waffengebrauch und -training heran. Die weiträumigen Glens förderten eine Jagd, bei der es auf den weiten Zielschuß ankam. Einer dieser Männer, der Sohn eines Magistratsbeamten, hatte sich im 71. Hochländer-Regiment »von der Pike auf« zum Hauptmann hochgedient. Er war dabei mit den Experimentierbüchsen in Kontakt gekommen und galt als einer der besten Scharfschützen seiner Majestät, König George III.: Captain (später Major) Patrick Ferguson, der nicht nur ein bekannt fähiger Truppenoffizier war, sondern auch über ein ungewöhnliches Maß an schöpferischer Phantasie verfügte. Ungewöhnlich in einer Armee von der es hieß, daß »jedes Anzeichen von Intelligenz, Religiosität und gutem Benehmen mit sofortigem Ausschluß bestraft wurde«!

Am 1. Juni 1776 fand auf dem Schießplatz des Heeresarsenals Woolwich bei London unter strömendem Regen und einem strengen Wind eine Waffenvorführung statt, die den Namen Ferguson in eine Reihe mit solch bahnbrechenden Erfindern wie Colt, Forsythe und Mauser stellen sollte – hätte nicht der Zufall der Geschichte diesen genialen Mann benachteiligt. Der Bericht der Kommission faßte zusammen:

»Etwas ähnliches war noch nicht mit irgendeiner leichten Waffe durchgeführt worden. Ohne Rücksicht auf den schweren Regen und hohen Wind, schoß er im Zeitraum von vier bis fünf Minuten bei einer Geschwindigkeit von vier Schuß pro Minute auf ein Ziel in zweihundert Yards Entfernung. Er schoß danach sechs Schuß in einer Minute und schoß auch viermal in der Minute, während er mit einer Rate von vier Meilen die Stunde vorwärtsging. Er goß dann eine Flasche Wasser auf Pfanne und in den Lauf der Waffe nach dem Laden, so um jeden Grain Pulver naß zu machen, und in weniger als einer halben Minute schoß er sie so gut wie immer, ohne die Kugel entfernt zu haben. Zuletzt traf Ferguson das Zentrum, auf dem Rükken liegend, unglaublich wie es vielen erscheinen wird, bedenkt man den Wind und die Feuchtigkeit des Wetters. Er verfehlte die Zielscheibe nur dreimal während der ganzen Reihe Prüfungen.«

Bezeichnenderweise erregte Fergusons Gewehr ein nicht geringes

Aufsehen. Selbst König George ließ sich das Gewehr vorführen. Hauptmann Ferguson hatte ein bereits existierendes System von John Warsop, einem Londoner Büchsenmacher, verbessert, der wiederum von dem Franzosen Isaac de la Chaumette inspiriert worden war. Bei diesem Gewehrtyp wurde am Laufende eine Bohrung gesetzt, in der ein blockartiges Gewinde saß, das durch einen als Hebel geformten Abzugsbügel drehend geöffnet wurde. Pulver und Blei konnten so durch die entstandene Öffnung von hinten geladen werden.
Fergusons Verbesserungen, die er mit dem Londoner Büchsenmeister Durs Egg entwickelte, lag in der Gewindeform, die nun den

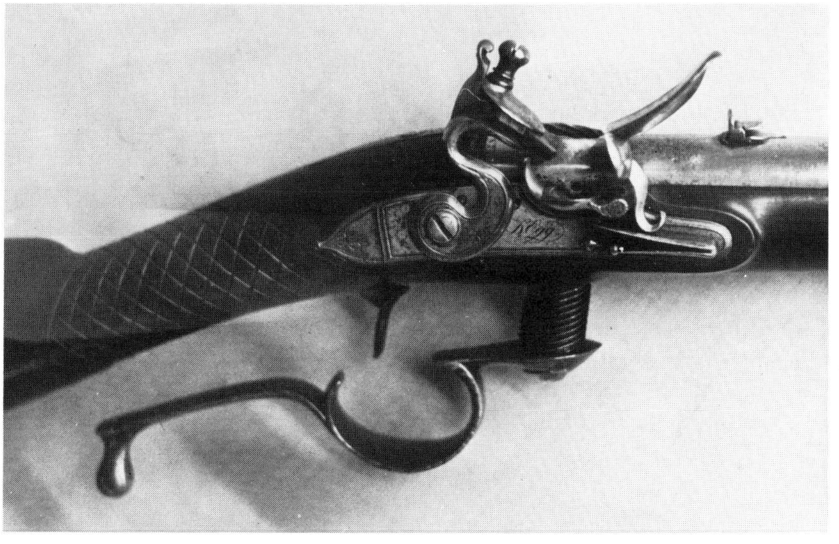

Ein Offiziersmodell des Ferguson-Hinterladers. Das Schloß trägt den Namen des berühmten Londoner Büchsenmacher Durs Egg.

Block mit einer einmaligen Umdrehung des Unterhebels nach unten versenkte, wodurch die Waffe von oben geladen werden konnte: Die Kugel wurde eingeführt und kam vor den Zügen zu liegen, in die sie sich beim Schuß – ohne Hämmern oder Pflaster – einpassen würde. Überschüssiges Pulver wurde durch den sich schließenden Block aus der Waffe geschoben, so daß man einfach aus einer Papierpatrone oder Pulverhorn Pulver in die Waffe und auf die Pfanne schütten konnte. Fergusons Waffe hatte Entlastungsrillen im Gewinde, um einer Verkrustung durch Pulverrückstände entgegenzuwirken.
Der Hinterlader von Egg und Ferguson war eine einfache, billig her-

zustellende Waffe, die sich von der normalen Brown Bess kaum unterschied. Sie war einfach zu handhaben, schloß Bedienungsfehler weitgehend aus und war ihrer Zeit um mindestens einhundert Jahre voraus.
Als Standardwaffe in der britischen Armee eingeführt, hätte sie das Kriegswesen revolutioniert, denn sie konnte in allen Positionen geladen werden – auch im Liegen–, war gasdicht und vereinte die Schußgenauigkeit der Büchse mit einer selbst die Muskete übertreffenden Feuergeschwindigkeit. Aber es kam, was scheinbar kommen mußte: Trotz allgemeinem Gefallen der Waffe wurden erst einmal »probeweise« 100 Modelle gefertigt, um die Waffe auf dem nordamerikanischen Kriegsschauplatz zu testen. Die Generäle, die Herren vom Kriegsministerium und die Lords am Hofe seiner Majestät sahen nicht die Chance, die sich ihnen bot.
Ferguson und einhundert ausgesuchte Hochländer und Freiwillige aus den Reihen der loyalen Amerikaner bildeten eine Scharfschützenkompanie, die der Armee des Generals Howe vor Philadelphia zugeteilt wurde. Im September 1777 kam es am Brandywine Creek zu einer Entscheidungsschlacht um die Zukunft der Stadt, in der sich Fergusons Truppe bewähren sollte. Den deutschen Hilfstruppen unter General Knyphausen zugeteilt, sollten diese Einheiten einen Ablenkungsangriff führen, um die Flankenumgehung General Howes mit der Hauptmacht der britischen Truppen zu maskieren. In Verbindung mit den deutschen Söldnern entwickelten Fergusons Schützen ein derartiges Feuervolumen, daß die Amerikaner überzeugt waren, der Hauptmacht des Feindes gegenüberzustehen – die Finte gelang.
Während des Gefechtes stand Ferguson, wie er später berichtete, Washington auf Schußweite gegenüber, er hätte sich selbst, seiner Waffe und der Truppe unsterblichen Ruhm holen können, hätte er sich entschieden, den General mit einem wohlgezielten Schuß aus dem Sattel zu holen. Aber die Idee erschien ihm »abscheulich« und in einer für die damalige Zeit nicht unüblichen Gentleman-Attitüde ließ er den amerikanischen Heerführer entkommen: »Ich hätte ein halbes Dutzend Kugeln in ihn oder um ihn herum plazieren können, bevor er außer Reichweite war«, schrieb er später, »aber es war nicht angenehm auf den Rücken eines ehrenhaften Individuums zu schießen, der sich sehr kaltblütig seiner Pflicht hingab, so ließ ich von ihm ab.«
Im gleichen Gefecht wurde Ferguson am rechten Ellenbogen schwer

verwundet. Seine Einheit hatte sich bewährt, und General Knyphausen schickte eine lobende Erwähnung persönlich an Howe, die aber nur dazu führte, daß das Scharfschützen-Korps aufgelöst und den einzelnen Regimentern zugeteilt wurde. Die konservative Taktik britischer Linieninfanterie sah keine gesonderte Scharfschützentruppe vor, und selbst nachdem Ferguson sich von seiner Verwundung erholt hatte, er 100 neue Gewehre und ein Truppenkommando erhielt, wurde er nicht im taktischen Verband eingesetzt. Die neue Scharfschützentruppe sollte an den guerillakriegsähnlichen Kämpfen in den Carolina-Provinzen teilnehmen, wo sich eine Rebellenarmee unter dem schottischen Einwanderer William Campbell den vereinten britischen und loyalen amerikanischen Verbänden gegenüberstand. Am 7. Oktober 1780 kam es in der Gegend von Charlotte, bei King's Mountain, zu einer Entscheidungsschlacht zwischen einer Einheit Miliz von rund 1100 Mann, unter Ferguson, und rund 3000 Siedlern unter Campbell, die zumeist mit amerikanischen Long Rifles ausgerüstet waren. Ein Scharfschützengefecht erster Ordnung entwickelte sich: Campbell ließ den etwa zwanzig Meter hohen bewaldeten Hügel von drei Seiten angreifen. Auf beiden Seiten machte man besten Gebrauch von der Deckung, die der mit Felsbrocken und umgestürzten Bäumen besäte Boden bot. Die »Siedler von den äußeren Hinterwäldern«, wie es die britische Armeegeschichte einhundert Jahre später nannte, pirschten sich an die fast uneinnehmbare Stellung heran »jeder Mann voller Vertrauen auf seine Fähigkeiten im Anschleichen und als Scharfschütze«. Zwischen drei Feuern kommend konnte sich Ferguson nicht lange halten. Er selbst wurde, wie 400 seiner Männer, getötet, während die Riflemen nur 88 Tote und Verwundete zu verzeichnen hatten. Mit Ferguson geriet auch sein Gewehrkonzept in Vergessenheit, mißbilligend von einem eitlen General Howe gesehen, der die Scharfschützentruppe nicht litt, weil sie ohne seine Einwilligung aufgestellt war, von kurzsichtigen, inkompetenten Verwaltungsbeamten und altersschwachen Generalen im Heeresbeschaffungsamt unbeachtet gelassen, konnte sich eine der fortschrittlichsten Entwicklungen nicht durchsetzen. Durs Egg entwickelte später ein weiteres Hinterlade-System, das für kurze Zeit in Armee und Marine ausprobiert wurde. Aber die Zeit war dafür noch nicht reif.

Die Hessen in Amerika

»Die hessischen Jäger wußten ihre Büchsen so gut zu gebrauchen, daß eine große Anzahl der Belagerten bei ihren Kanonen getötet wurden, und daß kaum einer entwischte, der es wagte, sich über den Linien blicken zu lassen«.

Aus dem Bericht eines engl. Augenzeugen über die Schlacht bei Charlestown

Zu den scheinbar unausrottbaren Legenden der Geschichte gehört ohne Zweifel die von den »verkauften Landeskindern«, welche hartherzige und geldhungrige deutsche Fürsten an die englische Krone verschacherten, um im fernen von Aufruhr und Rebellion geplagten Amerika als Kanonenfutter verheizt zu werden.
Für Dichter und Geschichtsschreiber des ausgehenden 18. und des 19. Jahrhunderts, die vom Geist der französischen Revolution beeinflußt waren, waren die deutschen Söldner ein willkommenes Beispiel, um gegen die Unmenschlichkeit der absolutistischen Herrscher zu wettern.
Jedoch waren Söldnerwesen und Vermietungsverträge im 18. Jahrhundert Bestandteil des täglichen Lebens und der Wirtschaftsordnung europäischer Fürstenhäuser. Die Vermietung von Truppen führte zu beträchtlichen Staatseinkünften: Der Wohlstand des Landes, das so seine Truppen auslieh, stieg, da der Überschuß in der Staatskasse Steuererleichterungen für die Bevölkerung mit sich brachte. Gleichzeitig gingen die Unterhaltskosten der so vermieteten Truppen zu Lasten des Mieters. Die in die englische Armee übernommenen Truppenkontingente der deutschen Fürstentümer Braunschweig, Hessen-Hanau, Ansbach Bayreuth, Waldeck, Anhalt-Zerbst und schließlich Hessen-Cassel (das das Gros an Truppen lieferte) wurden in Versorgung, medizinischen Leistungen und Verpflegung den britischen Soldaten gleichgestellt, wie in den Subsidienverträgen abgesichert wurde. Sie erhielten auch mehr Sold als in ihrer Heimat, so daß ein zeitgenössisches Soldatenlied recht fröhlich die Verschiffung nach Amerika besang und vom »roten Gold« kündete: ». . . das kommt da nur so hergerollt, da gibts auch, da gibts auch bessern Sold!«
Besonders die hessischen Stände, die auf den Wirtschaftsaufschwung hofften, drängten ihren Landesherrn Truppen an England zu vermieten, und unter Ausrückenden wie Daheimgebliebenen war die Stimmung allgemein positiv, wie man aus den erhaltenen Feldpostbriefen ersehen kann. Insgesamt dienten rund 30000 deutsche

Söldner in Amerika. Da etwa 19000 aus der Landgrafschaft Hessen-Cassel kamen, bürgerte sich bald der Begriff »Hessen (hessians)« für alle deutsche Truppen ein. Obwohl englische Offiziere die Anwerbung deutscher Kontingente aufgrund der Erfahrungen aus dem Siebenjährigen Krieg befürworteten, und eine wesentliche Nachfrage nach guten Schützen und Jägerkompanien herrschte, waren nicht alle deutschen Miettruppen Jäger-Verbände, sondern gehörten allen Waffengattungen an.
Aus der Sicht englischer Truppenführer waren die deutschen Mietkontingente besseres »Material« als ihre eigenen, aus den Gefängnissen und Slums Englands rekrutierten Truppen. Man erhoffte die Lieferung von Berufssoldaten und erfahrenen Veteranen. Diese Hoffnung sollte sich nur zu einem Teil erfüllen, denn viele der so gelieferten Mietsoldaten wurden für diesen Zweck erst ausgehoben. Trotzdem rechnete man den deutschen Truppen von Anfang an mehr Disziplin und Expertentum im Waffendienst an, als den unter loyalen Amerikanern rekrutierten »Provinzialregimentern«, die auch einen hohen Anteil von Büchsenschützen hatten.
Die britischen Unterhändler forderten bei ihren Verhandlungen mit Hinweis auf den Siebenjährigen Krieg hessische Jägertruppen an, und so wurden bei der ersten Lieferung zwei hessische Jäger-Kompanien unter Oberst von Donop entsandt, die nach den ersten Feindberührungen auf ein Feldjäger-Korps mit zusammen sechs Kompanien aufgestockt wurden:
Unter Einbeziehung von Jägern anderer deutscher Lieferanten, wurden den ursprünglichen zwei hessischen Abteilungen weitere drei Kompanien zu Fuß und eine berittene Kompanie beigegeben. Dieses Korps nahm unter anderem an folgenden Kampfhandlungen teil: Die Gefechte bei Germantown und Brandywine, die Erstürmungen von Fort Redbank und Fort Washington am Hudson, die Belagerung von Charlestown, die Schlachten von Crutsches-Mühle, Gloucester und Yorktown. Bei dem Rückzugsgefecht am Paß bei Portsmouth bewiesen hessische Jäger, was eine sehr disziplinierte Truppe mit gezieltem Feuer erreichen konnte: Unter Führung des Kapitäns Johann von Ewald verteidigten 33 Jäger den Paß erfolgreich gegen mehrmals anstürmende amerikanische Truppen mit einer Gesamtstärke von über 800 Mann, unter Führung des Marquis de Lafayette. Als die Bajonettangriffe im Feuer der sich verschanzenden Büchsenschützen liegenblieben, sollten die amerikanischen Riflemen (in einem zeitgenöss. Bericht »Riffelmänner« genannt) die Hessen aus-

räuchern. Es entstand ein Scharfschützengefecht erster Ordnung, bei dem die Hessen aufgrund ihrer besseren Disziplin die Oberhand behalten konnten. Ewald sagte später darüber: »Man muß nur bei solchen Gefechten die Absätze an den Schuhen fest in die Erde schrauben und an kein Weggehen denken, so wird man selten Gegner finden die uns auf solchen Posten umlaufen.«
Ewald, der später als Generalstabsoffizier in dänischem Dienst stand, wurde wie sein Offizierskamerad, der Hesse Andreas Emmerich, zu einem der bedeutendsten Theoretikern des Guerillakrieges. Beide, Ewald wie Emmerich, übertrugen die Praxis des amerikanischen Buschkrieges auf eine allgemeine Lehre vom kleinen Krieg, die in ihrer fortschrittlichen Analyse des Volkskrieges ihrer Zeit weit genug voraus war und die so hochgepriesenen Anleitungen eines Che Guevaras oder Mao Tse Tungs durchaus in den Schatten stellt! Nicht alle hessischen Truppen aber waren von der erwarteten Qualität. Ein englischer Unterhändler beklagte sich über Alter und Aussehen der von ihm gemusterten Truppen: Das erste Glied hätte

Ein hessischer Jägerstutzen, Schloßbezeichnung »Pistor« aus Schmalkalden, West Point Collection, N.Y.

aus gutgewachsenen Männern bestanden, aber die Glieder dahinter ...! Nicht umsonst unterschied die hessische Armee z. B. zwischen der Kompanie »Gelernter Jäger«, also solche aus dem staatlichen Forstdienst, und den aus »Schießkundigen« rekrutierten normalen Jäger-Abteilungen.
Ihr Kampfgeist wurde durch falsche Gerüchte erhöht: Bereits vor ihrem ersten Einsatz bei New York hatte man den ankommenden hessischen Truppen von der Unbarmherzigkeit der Rebellen erzählt und ihnen gesagt, daß die Amerikaner unter den Söldnern keine Gnade walten lassen würden. So nahmen auch die Hessen keine Gefangenen bei ihren ersten Angriffen. Dieser Umstand sprach sich bald in den Reihen der amerikanischen Regimenter herum. Die Hessen wurden zum gefürchtetsten Gegner, zumal ihre Jäger-Formationen durchaus in der Lage waren, den amerikanischen Riflemen auf gleicher Ebene zu begegnen. Die kurzen Büchsen wurden sehr schnell berühmt und Jagdstutzen werden noch heute als hessische Gewehre oder »jaegers« bezeichnet.

Den britischen Wünschen nach wurden die Jägerkompanien und leichten Regimenter in größeren Jägerformationen zusammengefaßt, beim Vorpostendienst und zum Abschirmen der Truppenbewegung eingesetzt. Nicht alle Jäger entsprachen aber dem ursprünglichen hohen Standard dieser Truppe: Es ist verständlich, daß bei der britischen Nachfrage nach Scharfschützen auch weniger Geeignete schnell zu »aufgeblähten« Jäger-Korps eingestellt wurden und dort die Stellen jener erfahrenen Veteranen einnahmen, die als Ausbilder und Stammpersonal des Forstdienstes nicht nach Amerika verschickt wurden. Die Berichte britischer Unterhändler lassen immer wieder mangelhaftes Material in den Reihen der Miettruppen vermuten.
Trotzdem überraschten die Jägerformationen ihre amerikanischen Gegner. Unter Knyphausen bei Brandywine und bei Yorktown wichen amerikanische Milizen dem zielsicher vorgetragenen Büchsenfeuer. Bei der Verteidigung von Yorktown schossen hessische Jäger, denen auch die drei Ansbacher Feldjäger-Kompanien angegliedert waren, manchen Vorstoß der amerikanischen Angreifer bereits im Vorfeld der Erdwälle zusammen. Colonel Tucker, Befehlshaber eines Virginia-Regiments, beschrieb in seinem Tagebuch minuziös die Einzelheiten dieser Vorpostengefechte: »29. (September), Samstag. Heute morgen um acht Uhr schoß der Feind einige Kugeln von seinen vorgeschobenen Schanzen, da unser rechter Flügel jetzt schon über Munfords Brücke liegt. Um neun oder zehn Uhr wechselten die Riflemen und Jäger einige Schuß über Moores Mühlenteich hinaus, gegen den Damm auf dem die Briten ihre Schanze hatten. Einige Schuß wurden zu verschiedener Zeit tagsüber und bei Sonnenaufgang von den feindlichen Schanzen abgegeben. Wir hatten fünf oder sechs Verwundete, einer tödlich und zwei, die von der gleichen Kugel getroffen wurden. Diese Leistung war viel mehr, als man hätte annehmen müssen, bei der Entfernung, den auseinandergezogenen Stellungen unserer Männer und den wenigen abgegebenen Schüssen.«
Was Tucker so ausführlich beschrieb, war nichts anderes als die für Belagerungen typischen Scharfschützengefechte. Hier konnten gutschießende Soldaten ihre Qualitäten beweisen, ohne Gefahr zu laufen, durch einen Bajonettangriff in die Flucht getrieben zu werden: Der Angreifer versuchte durch zickzackförmige Laufgräben, Sappen genannt, an die Wälle und Schanzen des Belagerten heranzukommen. Sowohl die Verteidiger als auch die Angreifer postierten Scharfschützen. Die einen, um die Arbeit in den bedrohlichen Sap-

pen nach Möglichkeit zu stören, die andern, um einem Ausfall oder einem Beschuß der Sappen entgegenzuwirken. Schützen konnten hier in aller Ruhe laden und mit aufgelegten Waffen, oft auch mit den dafür sehr geeigneten schweren Wallbüchsen, Zielschüsse über ungewöhnlich große Entfernungen anbringen. Die Notwendigkeit für diese taktische Variante, beim Sappentreiben Scharfschützen einzusetzen, war allgemeines Bildungsgut unter den Offizieren jener Periode. Ihre Bedeutung wurde hier anerkannt, wie man aus alten Handbüchern und Belagerungsplänen ersehen kann. Aber augenscheinlich wurden die bei Belagerungen gemachten Erfahrungen nur sehr schwer auf die Feldtaktik übertragen. Scharfschützen wurden immer nur im Zusammenhang mit der normalen Linieninfanterie gesehen, als »Flankeurs«, als Hilfstruppen. Auch die hessischen Jäger wurden so wiederholt falsch eingesetzt. Die Lehren, die man aus der Begegnung mit den amerikanischen Scharfschützen zog, konnten sich nur langsam verbreiten: Einige vorausschauende Offiziere hatten zwar deren Bedeutung als Einzelkämpfer, als unabhängiges taktisches Element gesehen und forderten eigene Jäger, aber der durchschnittliche General oder Regimentskommandeur, der letztlich über den Einsatz zu entscheiden hatte, war durch seine auf »Erfahrungen« begründete orthodoxe Einstellungen zu beschränkt. Er fürchtete Dessertionen, dachte gering von der Eigeninitiative, Intelligenz und Moral des gemeinen Soldaten und hielt die Tätigkeit der Jäger und Scharfschützen für sehr unsportlich – deren bevorzugtes Ziel waren ja die Offiziere! Gerade dieser Umstand aber kennzeichnete den Charakter eines Büchsenschützen aus der Sicht eines britischen Offiziers, der oft genug seine Truppen nur mit dem Stock in der Hand ins Gefecht führte. Es war weitgehend verpönt und unter der Würde eines »Offiziers und Gentleman«, am Morden eigenhändig teilzunehmen. In gleicher Weise war es äußerst ehrenrührig, durch einen gemeinen Mann angegriffen, ja angeschossen zu werden! Taktisch wurde der Bedarf an Jägern im amerikanischen Unabhängigkeitskrieg erkannt, aber damit hörte das Verständnis auf. Ein britischer Offizier wurde von der angesehenen Zeitung »The Middlsex Journal« befragt. Seine Aussagen, in der Ausgabe vom 31. Dezember 1776 abgedruckt, und sein Stil, lassen auf die Arroganz seiner Klasse schließen. Er empfand »die Dämmerung als die beste Saison um Rebellen in den Wäldern zu jagen, zu welcher Zeit ihre Gewehre wenig nutzten; und sie auch nicht so handlich sind ... bevor sie fähig waren, einen zweiten Schuß abzugeben, geschah es des

öfteren, daß sie sich von einem Bajonett aufgespießt wiederfanden, da ein Rifleman keine Gnade verdient«.
Dieser Ton, der sehr an die Schilderung einer Fuchsjagd erinnert, stand im Gegensatz zu dem Umstand, daß die britische Krone in den deutschen Fürstentümern verstärkt Jägertruppen anmieten wollte – zum doppelten Preis! Auch beim Ersatz, der in den nachfolgenden Subsidienverträgen bis zum Ende des Krieges geregelt wurde, lag ein Schwerpunkt auf die vermehrte Lieferung von Jäger-Kompanien, so daß insgesamt 4000 Jäger nach Amerika verschifft wurden.
Hätte man selbst jeden Jäger in den beteiligten sechs Ländern eingezogen, wäre man kaum auf einen Bestand von mehr als eintausend gekommen, Jagdburschen, Forstbeamte und Freijäger eingerechnet. Aber kein deutscher Fürst war gewillt, sich derartig seine für die Waldwirtschaft notwendigen Beamten ausspannen zu lassen. So wurden auf den Dörfern und im »Ausland« (den angrenzenden deutschen Fürstentümern) Rekruten geworben; der Standard muß entsprechend gewesen sein! Die Schilderungen einiger (bereits voreingenommener) englischer Offiziere über den Zustand und die Brauchbarkeit der gelieferten Jäger war dementsprechend und stand im Einklang mit der in noblen Kreisen einhellig vertretenen Meinung, in den leichten Truppenteilen dieser Art täte nur undiszipliniertes »Geschmeiß« Dienst. Der Überraschungsangriff Washingtons bei Trenton, bei der die Rallsche Brigade in ihrem Winterquartier angegriffen und »zu Paaren getrieben« wurde, tat ein Übriges, um die abfällige Meinung gewisser Offizierskreise zu verstärken. Jahrzehnte sollten vergehen, bis die Lehren aus Amerika ihre Anwendung in den europäischen Armeen fanden: Die Leutnante der Kompanien mußten erst zu Generalstäblern aufsteigen.
Die amerikanische Revolution, in der zum ersten Mal eine Bürgerarmee, ein Volksheer, über Soldheere gesiegt hatte, signalisierte aufkommende Veränderungen für Europa. Von den dreizehn amerikanischen Kolonien ging ein Anstoß aus, der die politischen Verhältnisse des absolutistischen Zeitalters mit seinem Obrigkeitsstaat, seinen Steuereintreibern und seinem stehenden Soldheer abrupt beenden sollte. Die Heimkehrer trugen die Revolution mit sich.
Von dreißigtausend Deutschen in englischem Sold starben 8000 an Wunden, Krankheiten und Entbehrungen, 5000 desertierten und nahmen das Angebot des amerikanischen Kongresses an: Sie bekamen ein Stück Land und ließen sich als freie Bürger nieder. 17000 kehrten zurück.

Französische Voltigeurs und Tirailleurs beim Vorpostengefecht.

Die französische Revolution, Bonaparte und das Ende der alten Ordnungen

Der Sieg amerikanischer Kolonisten über eine monarchistische Zentralmacht und die Verkündung der Verfassung der Vereinigten Staaten von Nordamerika, mit ihren demokratischen und menschenrechtlichen Grundsätzen, wirkte als Anstoß zu einer revolutionären Entwicklung, die zuerst Frankreich und dann ganz Europa erfassen sollte.
Militärisch bewies die amerikanische Revolution die Überlegenheit einer patriotischen Bewegung, eines Volksheeres über die aus Söldnern und Berufssoldaten bestehenden stehenden Heere der Fürsten, die zu deren wichtigsten außen- und innenpolitischen Machtinstrumenten geworden waren. Die taktischen Erfahrungen des nordamerikanischen Krieges bestärkten die Argumente der Verfechter von Heeres- und Taktikreformen. Lafayette versuchte die amerikanischen Methoden auf die europäische Kriegsführung zu übertragen und argumentierte für einen verstärkten Einsatz von Büchsenschützen, für Plänkler, die den Gegner unter Ausnützung der natürlichen Bodendeckung angreifen sollten. Die französische Armee hatte – wie fast alle Armeen des 18. Jahrhunderts – eine Scharfschützentruppe, die »Chasseurs de Vincennes«. Außerdem sollten nach dem Exerzierreglement von 1764 die beiden Flügelrotten jedes Linienbataillons als Plänkler vor der Front eingesetzt werden. Diese Flügelrotten hatten sich, sobald es zum eigentlichen Treffen des Infanteriegefechtes kam, wieder in die Front des Bataillons einzureihen. Aber dies entsprach nicht den Wünschen Lafayettes, denn dem normalen Infan-

teriebataillon fehlte es an den ausgebildeten Leuten, als ganzes konnte es sich nicht in Rotten oder Schwärme auflösen und in einer gelockerten Gefechtsordnung bestehen. Mit der Revolution aber fand eine wesentliche Änderung des Heerwesens statt: Die Einführung einer allgemeinen, alle Stände umfassenden Wehrpflicht, welche der neue Kriegsminister Lazare Carnot entwickelte. Der Fahneneid dieses Volksheeres wurde nicht auf den König geschworen, sondern galt der Nation, zu deren Verteidigung alle aufgerufen wurden.

Mit einer derart motivierten Armee, so glaubten die Reformer anfangs, könnte man auch von der Linientaktik abgehen. Lafayette ging sogar so weit und gab jedem Bataillon eine Kompanie Büchsenschützen, eine Einrichtung, die bald revidiert werden mußte: Ein gezogenes Gewehr machte aus einem Bürger von Paris oder Lyon noch keinen Jäger oder Scharfschützen. Die neuen Schützenformationen scheiterten kläglich, ihre Mannschaften besaßen nicht die erforderlichen Schießkenntnisse, nicht das durch jahrelange Erfahrung gewachsene Verstehen von Pulvermengen, Geschoßgewicht und ballistischer Leistung. Zudem waren sie nicht in der Geländekunde unterwiesen worden. In den ersten Schlachten des neuen Volksheeres gegen die Expeditionskorps europäischer Fürsten waren die Schützen dem Formationsfeuer und Angriffsschwung der nach friderizianischem Muster vorgehenden Heere schutzlos ausgeliefert. Diese Kompanien wurden sehr bald wieder aufgelöst und das Exerzierreglement von 1791 lehnte sich in seiner Tendenz weit an die alte Linientaktik mit ihrem Schwerpunkt auf geschlossenes Feuer und Bajonettangriff an.

Die junge französische Nation konnte sich gegen die ausländischen Interventionsarmeen nicht aufgrund ihrer taktischen Erneuerungen durchsetzen – ihr Sieg fußte auf der Materialüberlegenheit, welche durch eine totale Mobilmachung aller Ressourcen von Bevölkerung und Staat ermöglicht wurde. Die nationale »conscription« vom 23. August 1793 verpflichtete jeden Bürger zum Wehrdienst; Tischler, Metallverarbeiter, Schmiede und andere Handwerker wurden in schnell errichteten Werkstätten zur Herstellung von Musketen »dienstverpflichtet«. Ähnlich wie im Preußen des Siebenjährigen Krieges wurde Mauersalpeter durch die Bevölkerung gesammelt. Die Akademie der Wissenschaft und die 1794 gegründete École Polytechnique führten wissenschaftliche Erkenntnisse dem Militär zu. Der Aufstieg im Militärdienst war nicht mehr abhängig von Adel und

Geburt, Fähigkeiten stellten das einzige Kriterium dar, so daß ein kleiner Artillerieoffizier korsischer Herkunft aufgrund von Leistungen über Nacht zum General befördert werden konnte.
Das Hauptelement revolutionärer Kriegsführung, das von Napoleon Bonaparte vervollkommnet wurde, bestand in den Schwärmen von »tirailleurs«, hinter denen sich eine Angriffskolonne formieren konnte. Diese Taktik war beeinflußt von den theoretischen Schriften des Barons Jacques de Guibert (1743-1790), der in seinem Werk »Essai général de tactique« (Liége, 1775 veröffentlicht) die Vorzüge der Angriffskolonne über die der Linie aufgeführt hatte: Die Angriffskolonne konnte zwar – wegen ihrer geringeren Breite – weniger Feuer als die zur Linienformation aufgezogene Infanterie entwickeln, besaß aber mehr Energie zum Durchstoß als die Linie. In der Kolonne konnten die ersten Reihen nicht weichen oder zurückgehen; selbst wenn sie fielen, traten die dahinterstehenden Glieder in die Lücken. Ein Bataillon, das zehn oder zwanzig Glieder tief gestaffelt war, konnte schneller nachsetzen, als sich jede in Linie (drei Glieder tief) aufgezogene Einheit formieren, geordnet zurückziehen oder wieder formieren konnte. In der Kolonne kam es nicht auf den Einhalt der geraden Linie des Gliedes an – die Kolonne konnte daher schneller vorgehen und ihre geballte Angriffskraft im Schnellschritt oder Lauf durch die Reihen des Gegners tragen. Waren aber einmal dessen Linien durchstoßen, seine Ordnung gestört, so war an einen organisierten Widerstand seinerseits nicht zu denken. Guibert betonte den schnellen Wechsel von der Kolonne zur Linie, wobei es weniger auf die Regelmäßigkeit des Kasernenhofdrills ankam, als auf das schnelle Manöver. Die Kolonne sollte heranmarschieren, sich zur Linie entfalten, Feuer geben, mit dem Bajonett blockartig durchstoßen. Diese Taktik der 1791 herausgegebenen »Anordnung für die reguläre Infanterie und Nationalgarde« wurde von seinen Aposteln noch zugunsten der Kolonne auch als Gefechtsformation zum Schießen angewandt. Ihr Schwerpunkt lag in dem »mit blanker Waffe« vorgetragenen Sturmangriff. Die Schwächung des Gegners durch Infanteriefeuer wurde durch den Einsatz der Tirailleurs erhöht. Diese Plänkler traten nicht vereinzelt auf, sondern in größeren Gruppen »schwarmweise«. Sie waren auch nicht Teil einer Büchsenschützen-Einheit: Schwerpunkt ihrer Ausbildung war die Ausnutzung des Geländes zur eigenen Deckung, um sich an den Gegner heranzuarbeiten. Ein besonderes Scharfschützentum lag nicht vor. Ihre Ausrüstung bestand aus der üblichen Charleville-Muskete mit Bajonett, was ihrem

eigentlichen Einsatz nicht sehr abträglich war – denn die gegnerische Infanterie der Österreicher und Deutschen bildete ein kaum zu verfehlendes Ziel, wenn sie in ihren Linien formiert waren.
Charles W. C. Oman hat in seinen vor dem Ersten Weltkrieg erschienenen »Studies in Napoleonic Warfare« (London) eine Charakterisierung dieser napoleonischen Infanterietaktik gegeben, die hier nicht unterschlagen werden soll:
». . . eine sehr breite Plänkler-Linie wurde gegen die feindliche Front geworfen, welche eine Reihe Kolonnen der schwersten Art schützte und verbarg. Die Idee war, daß die erste Linie der Tirailleurs den Feind angreifen und beschäftigen würde, daß die unterstützenden Kolonnen auf Angriffsentfernung herankommen konnten, praktisch ohne Verluste und so gegen die feindliche Linie geworfen werden konnten, während sie noch intakt waren, welche sie durch bloße Wucht und Gewicht durchstießen, da sie ja nur für wenige Minuten dem Feuer ausgesetzt waren und diese Verluste der kurzen Zeit aushalten konnten ohne Elan oder Tempo zu verlieren. Der essentielle Teil dieses Systems war die enorm dicke und mächtige Plänkler-Linie. Ganze Bataillone wurden in Ketten von Tirailleurs aufgeteilt, die einfach jeden Versuch geordneten Vorgehens aufgaben, hinter Deckung jeder Art flüchteten, aber so zahlreich waren, daß sie immer die sehr dünne Plänkler-Linie des Gegners zurücktreiben und sich an dessen ganze Front eng heranarbeiten konnten. Das geordnete Bataillonsfeuer der Österreicher oder verbündete Truppen anderer konnte verhältnismäßig wenig gegen diese Schwärme ausrichten, die so viel Deckung wie möglich nahmen und keinen geschlossenen Körper oder Punkt als Ziel für die gegen sie abgeschossenen Salven gaben.«
Oman fährt fort, indem er das Beispiel hannoveranischer Truppen gibt, die in einer Schlacht vier Stunden lang gegen einen Schwarm Tirailleurs aushielten, elfmal zum Gegenangriff mit gefälltem Bajonett vorgingen, um das Vorfeld zu säubern und sich schließlich zurückzuziehen mußten, da ihre dreigliedrigen Formationen völlig zerschossen und ein Drittel der Mannschaften gefallen war.
Es muß betont werden, daß die Tirailleurs allein genausowenig schlachtentscheidend sein konnten wie die amerikanischen Riflemen. Erst in Verbindung mit regulären Bataillonen Infanterie, die den Angriff vortrugen – in dieser Arbeitsteilung – konnten sie wirksam sein. Mit Napoleon bzw. der revolutionären Armee Frankreichs, war die Geburtsstunde des aufgelösten Gefechtes gekommen. Ein Rei-

feprozeß wurde angeregt, an dessem Ende das »Sprung auf, marsch, marsch!« der modernen Infanteriekampfgruppe steht.

Das Schützenwesen der preußischen Armee vor Jena und Auerstedt

Seit dem Siebenjährigen Krieg hatten sich in der preußischen Armee, wie auch in den Armeen anderer deutscher Staaten, kaum wesentliche Veränderungen gezeigt. Die Nachrichten, welche aus der Neuen Welt herüberdrangen, hatte auch hier die Diskussion um eine Änderung von Gefechtsordnung und Infanterietaktik belebt. 1783 hatte General von Gaudi in einer Denkschrift bereits die Aufstellung von Schützen empfohlen. So sollte jedes Garnisonsregiment ein Bataillon Freiwillige bilden, deren Mannschaften bessere Behandlung, deren Offiziere und Unteroffiziere finanzielle Zulagen erhalten sollten. »... man müßte ihnen gezogene Gewehre geben und sie aus selbigen in Friedenszeiten öfters nach der Scheibe schießen lassen, damit sie treffen lernen.« Es war bezeichnend, daß von Gaudi als Kommandant der Jäger zu Fuß gedient hatte und dabei gesehen hatte, welche Eigeninitiative und Fähigkeiten auch Mannschaften aus dem unteren Gesellschaftsstand entwickeln konnten, wenn sie anders behandelt wurden. Die Feldjäger, die bis 1785 die Stärke eines Bataillons hatten, wurden ab dem 1.10.1786 auf Regimentsstärke gebracht.

1787 wurden die bereits erwähnten 24 Füsilierbataillone gegründet, die Aufgaben der leichten Infanterie übernehmen sollten. Das 1788, am 24. Februar herausgegebene »Königliche Reglement für die Königlich Preußische Leichte Infanterie« spiegelt die Überlegungen der damaligen Zeit wider und hätte zur Grundlage einer den französischen Tirailleurs gleichwertigen Taktikentwicklung werden können – wenn man die Füsiliere nicht immer als eine Art Ersatz für die Linienregimenter gesehen und sie zu einem flexibleren, von der Linie und der geschlossenen Formation gelösten Einsatz gebracht hätte. Anderes als bei der Linie gingen die Füsiliere nur in zweigliedrigen Formationen ins Gefecht. Die Flügelkompanien sollten unabhängig von der Front vorgehen oder (um den Rückzug zu decken) rückwärtige Stellungen beziehen können. – Die Büchsenschützen, zehn in jeder Kompanie, hatten genaue Anweisungen für ihre Gefechtstaktik: »Dabei müssen sie lernen sich der Avantage eines Baumes, Grabens,

Zaunes u. dgl. zu ihrer Deckung zu bedienen, sich von einem Baum oder bedeckten Ort weg nach einem anderen fortzuschleichen, sich sowohl selbst einzeln zu verteidigen, als ihre Kameraden zu unterstützen und ganz so wie die Fußjäger zu fechten.« Die Artikel des Reglementsabschnitts für die Büchsenschützen führen weiter aus, wie das Bataillon seinen Angriff durch Scharfschützen vorzubereiten, seinen Rückzug »protegieren« lassen kann und einen feindlichen Angriff durch »an schickliche Örter postierte Schützen« aufhalten soll. Eine zusätzliche Instruktion vom Februar 1789 förderte das Zielschießen sämtlicher Büchsenschützen in Infanterieregimentern und Füsilierbataillonen aus allen Stellungen und Lagen im Gelände.
Dies aber konnten nur Tropfen auf den heißen Stein sein, denn die reguläre Linieninfanterie hielt an ihrer geschlossenen Kampfesweise fest. Bei Saalfeld, Jena und Auerstedt mußte die an der altbewährten friderizianischen Linientaktik kämpfende preußische Armee ihre Hilflosigkeit gegenüber den französischen Tirailleurs und Angriffskolonnen erkennen.
Major von Hank, Kommandeur eines Grenadierbataillons bei Jena, berichtet von feindlichen Tirailleurs, die sich an die Front seiner Formation heranpirschten. Sie »schossen nach den Offizieren, wodurch viele Leute, besonders die Flügelrotten blessiert wurden.« Als die Büchsenschützen, die er aus seinem Bataillon abzog und unter Führung eines Leutnants ausgeschickt hatte, zu erliegen drohten, griff er zu einem anderen Mittel, das aber auch nicht viel Wirkung zeigte: »Auf dem linken Flügel hatte ich meine Bataillonskanonen, diese ließ ich, sobald sich große Trupps von Tirailleurs zeigten, mit Kartätschen auf dieselben feuern, worauf sie sich zwar schnell in ihre Schlupfwinkel zurückzogen, aber bald einzeln wieder hervorkamen.«
An einzelnen Stellen konnte die Schützen der preußischen Infanterie die Franzosen zurückdrängen und die vom Großen Generalstab herausgegebenen Gefechtsberichte* verzeichnen eine Reihe interessanter Vorpostengefechte dieser Art, aber in allen Fällen ist die Anzahl der französischen Plänkler zu groß, um von einer Handvoll Scharfschützen bekämpft zu werden. Der Mut einzelner kann nicht den Zusammenbruch eines ohnehin morschen Gerüstes aufhalten. Wie viele andere, so findet auch ein Leutnant von Munchhausen bei Auerstedt den Tod, »mit gezogener Büchse in der Handt, die er nie ohne seinen Mann erlegt zu haben absetzte«, wie sein Regimentskamerad Sekondeleutnant Freiherr von Eberstein berichtete.

* Urkundliche Beiträge und Forschung zur Geschichte des Preußischen Heeres, 1. Band, Berlin 1903.

Überall wo die Angehörigen des Fußjäger-Regiments auf französische Plänkler trafen, zeigte sich die überlegene Leistung im genauen Schießen. Bei richtigem Einsatz konnten sie sich oft gegenüber einer vielfachen Übermacht behaupten: Yorcks Rückzugsgefecht bei Nossentin, am 1. November 1806, ist bis heute ein Musterbeispiel geblieben. In dem waldreichen Gebiet boten sich für die wenigen Kompanien unter Yorcks persönlicher Führung ausreichende Gehölze zur Deckung und Tarnung seiner geringen Kräfte. Er ließ den französischen Vortrupp bis auf 30 Schritt heran, unterhielt eine Zeitlang ein gezieltes Abwehrfeuer, setzte sich vom Feind ab, als dieser mit überlegenen Kräften zum Bajonettangriff anläuft, nur um einige hundert

Hans David Ludwig Yorck von Wartenburg, 1759–1830, Kommandeur der Fußjäger, später General und Feldmarschall, der durch seinen eigenmächtigen Friedensschluß mit den Russen bei Tauroggen (1812) Geschichte machen sollte.

Meter weiter wieder in Stellung zu gehen. Die französische Infanterie, deren Angriff ins Leere ging, kam nach wenigen Metern Vormarsch erneut in ein diesmal aus 150 Schritt Entfernung abgegebenes Scharfschützenfeuer. Bevor sie sich an die Stellungen der Jäger heranarbeiten konnten, hatten sich diese erneut abgesetzt. Beim nächsten Mal ließ Yorck notgedrungen auf 300 Schritt Entfernung schießen – die Franzosen hatten sich bereits zur Kolonne formiert, im Glauben, daß sie in diesem Bereich außerhalb der effektiven Musketenschußweite wären. Aber selbst auf diese Entfernung ist die Masse der französischen Bataillone ein schwer zu verfehlendes Ziel.

»... unsere Kugeln machten treffliche Löcher!« – wie es ein Teilnehmer berichtet.
Falsch eingesetzt – um Stellungen zuhalten oder zu nehmen –, erlitten die Jäger ungeheure Verluste und konnten mit ihren langsam zu ladenden Waffen den Aufgaben nicht gerecht werden: Von französischen Husaren in einem deckungslosen Vorfeld überrascht, wurde eine Jägerkompanie bei Jena im wahrsten Sinne des Wortes zusammengehauen. Nur wenige entkamen unverletzt, die Mehrzahl wurde getötet oder fiel verwundet in Gefangenschaft.
Aus den verschiedenen Gefechtsschilderungen aber läßt sich der überragende Korpsgeist der Jägertruppe ersehen: Bei Wahren wurde dem Oberjäger Schubert die Büchse durch eine feindliche Kugel zertrümmert, wobei er selbst Verletzungen an der rechten Hand erhielt. Unter den Augen seines Kommandeurs York von Wartenburg verband er sich, griff zur Büchse eines gefallenen Kameraden und kämpfte weiter – nur, um wenige Minuten später zum zweitenmal verwundet zu werden. Diesmal hatte ihm eine Kugel die Pfeife aus dem Mund geschossen und einige Zähne zerbrochen. Schubert, dessen Schießkunst lobende Erwähnung fand, weigerte sich immer noch zurückzugehen, spie die zerbrochenen Zähne aus und kämpfte weiter.
Bei einem Vorpostengefecht am Klodnitzer Bach, bei dem sich preußische und mit den Franzosen verbündete bayerische Jäger gegenüberliegen, wurde ein Hase von dem Lärm aufgeschreckt. Ein Preuße ließ Gefecht Gefecht sein und folgte seinem Jagdtrieb. Unter den Hochrufen beider Seiten erlegte er den Hasen, sammelte schnell seine Beute ein und beteiligte sich daraufhin wieder am Kampfgeschehen.
Friedrich Rittmüller, ein anderer Jäger aus dem York'schen Korps, führte seinen Krieg auf eigene Regie und Rechnung: Er machte es sich zur Gewohnheit, sich an die französischen Kavallerie-Plänkler heranzupirschen, sie vom Pferd zu schießen und die Beutepferde einzusammeln. Solcherart beritten, beteiligte er sich dann an den Streifpatrouillen preußischer Husaren, ritt auf Büchsenschußweite an gegnerische Abteilungen heran, um deren Offiziere abzuschießen.
Besonders groß war der Jägeranteil an den »Ranzionierten«: So wurden jene preußischen Soldaten bezeichnet, die in französische Gefangenschaft geraten waren, aber nach geglückter Flucht versuchten, sich wieder einem noch kämpfenden Truppenteil anzuschließen. 1807 leistete nur noch der nordöstliche Teil Preußens Widerstand ge-

gen Napoleon. Jäger waren am Freikorps des Major von Schill, an den Verteidigungen der Festungsstädte Kolberg und Danzig beteiligt; sie zeichneten sich durch ihr Scharfschützentum und ihren besonderen Einsatz aus. Ein Zeitgenosse aus Danzig beschrieb später die dort kämpfenden Jäger, die kaum Umgang mit anderen Truppenteilen hatten, zusammenwohnten, sich aber verstärkt an der Verteidigung, besonders in der Beschießung von Sappen und Laufgräben beteiligt hatten. Sie waren zweihundert Mann stark in die Stadt eingezogen. Beim Friedensschluß war ihre Zahl durch Verluste auf 30 Mann herabgesunken!

Zu den besonderen Kenntnissen der Jäger im Umgang mit der Büchse kam noch der entscheidende Esprit de Corps, jenes gemischte Gefühl aus Stolz auf die eigene Einheit, und dem Bedürfnis, sich vor den Kameraden im Gefecht bewähren zu müssen. Psychologen haben erst sehr spät erkannt, daß Gefühle wie Vaterlandsliebe, Patriotismus, Glaube an die eigene Mission einen Soldaten nur spärlich dazu bewegen können, heldenhaften Mut zu zeigen. Einen wesentlich stärkeren Anteil hat die Beziehung zum Truppenteil und zu dem kleinen Kreis von Mitstreitern, mit denen man sich aufgrund gemeinsamer Herkunft, gemeinsamer Ausbildung oder Erfahrung verbunden fühlt. Einige Militärs haben diesen Umstand bereits im 19. Jahrhundert durch Umfragen erforscht und belegt. In der amerikanischen Armee ist das Wissen darüber erst mit den Untersuchungen der Militärhistorischen Kommission unter Führung von S. L. A. Marshall im Zweiten Weltkrieg durchgedrungen.

Die Jägerkompanien besaßen bereits alle Elemente späterer Kommandoeinheiten wie z. B. die Special Forces, die Fallschirmjäger, die Kampftaucher: Sie waren ausgesuchte Kämpfer mit besonderen Fähigkeiten – wobei die Jagd instinktmäßig dem Krieg am nächsten kommt! Sie wurden längere Zeit gemeinsam ausgebildet und unterscheiden sich nach Ausrüstung, Uniform und Aufgabenbereich von den anderen Truppenteilen.

Herkunft und Ausbildung prägte ein besonderes Gemeinschaftsgefühl, das noch durch die Achtung, die sie vom Feind erfuhren, Verstärkung erhielt. Ihre aufgelöste Gefechtsweise gefährdete sie in außergewöhnlichem Maße, förderte aber auch Eigeninitiative und Verantwortlichkeit. Privilegien, Abzeichen (die Jägerkompanien trugen u. a. eine Achselschnur-Anordnung, aus der sich die spätere Schützenschnur entwickeln sollte), die grüne Uniform und besondere Umgangsformen dienten zur Absetzung von anderen Einheiten und zur eigenen Wertsteigerung. Diese Komponenten verhalfen zu einer gesteigerten Motivierung im Einsatz.

Die Veränderungen in der preußischen Armee am Vorabend des Befreiungskrieges

Es kam nicht von ungefähr, daß einige der bedeutendsten Reformer des preußischen Heerwesens bei den von Linienoffizieren verpönten leichten Truppen gedient hatten:
August Wilhelm Anton Neithardt von Gneisenau, geboren am 27. Oktober 1760, späterer preußischer Feldmarschall, begann seine militärische Laufbahn 1780 als Kadett im Jägerbataillon der Markgrafschaft Ansbach-Bayreuth. 1782 wurde er mit den Ersatz-Kompanien nach Nordamerika verlegt, da die Ansbacher Jäger – wie schon erwähnt – mit drei Kompanien dem Hessischen Jäger-Korps angegliedert waren. Obwohl beim Eintreffen Gneisenaus bereits Friedensverhandlungen im Gange waren und die Einheit nicht mehr zum Einsatz kam, muß dieser Aufenthalt bis zum Sommer 1783 entscheidend auf Gneisenaus militärisches Verständnis eingewirkt haben: Das nordamerikanische Milizwesen, die irreguläre Taktik, und vor allem die Schießleistungen der Riflemen, waren ständiger Gesprächsstoff bei Offizieren und Mannschaften der deutschen Soldtruppen, besonders bei den Jägern, die sich durchaus als Kollegen der Riflemen empfanden und mehr Verständnis für deren Kampfweise hatten als die durchschnittlichen Infanteristen.
Nach Deutschland zurückgekehrt, verarbeitete der frischgebackene Leutnant die Lehren des nordamerikanischen Feldzuges in einer Denkschrift an den Markgrafen, die ihrer Zeit offenbar zu weit voraus war: Gneisenau wurde als neuerungssüchtig verlacht und fiel in Ungnade. Wenig später wechselte er in das preußische Heer über, wo zu dieser Zeit gerade die Freibataillone aufgestellt wurden, in denen nicht wenige ausländische Offiziere dienten.
1787 wurde das Freibataillon Chaumontet, zu dem Gneisenau abgestellt war, mit den anderen leichten Truppen dieser Art aufgelöst und zu Füsilierbataillonen gemacht. 1790 wurde er zum Stabskapitän befördert und u. a. mit dem kriegswissenschaftlichen Unterricht der Offiziersanwärter seines Regimentes betraut. Als Kompaniechef erlebte er die Niederlagen von Saalfeld und Jena, wobei er mehrmals versuchte, seine Kompanie nach französischem Muster in Tirail-

Die Reformer des preußischen Heeres, v.l.n.r.: Gneisenau, Scharnhorst, Clausewitz.

leurschwärme aufzulösen, um der gegnerischen Übermacht zu begegnen.
Nach Jena zum Major und Kommandeur von vier neugebildeten Reserve-Bataillonen befördert, setzte sich Gneisenau kritisch mit dem Paradegeist und der in den höheren Dienstgraden herrschenden militärtheoretischen Unkenntnis auseinander. Ein Memorandum an den preußischen König betonte erneut die Bedeutung des aufgelösten Schützengefechts und der Schießausbildung. Im März 1807 erfolgte die Versetzung zum Kommandanten der Ostseefestung Kolberg, deren Verteidigung Gneisenau berühmt machte. Die dabei bewiesenen Fähigkeiten und Kenntnisse im Festungskrieg und Ingenieurwesen, die Anwendung von Scharfschützen und Tirailleurs und die Mobilisierung der patriotischen Begeisterung der Kolberger Bürgerschaft prädestinierten Gneisenau geradezu, als Mitglied der Reorganisationskommission (und späterer Chef des Ingenieurkorps) den Grundstein für eine neue Armee zu legen. Diese neue Militärmacht sollte auf der Unterstützung einer allgemeinen Wehrpflicht beruhen, auf der Aushebung von Milizen als Reserve des in der Ausbildung stehenden Heeres und auf einer völlig neuen Taktik.
Die Kabinettsorder vom 17. Juli 1807, welche die Kommission ins Leben rief, betonte u. a. die Notwendigkeit der Veränderung der Infanterieformationen, Übungen im Scheibenschießen und die Verstärkung der leichten Infanterie.
York, der nach Jena und Auerstedt zum Kommandeur der Westpreußischen Brigade befördert wurde, übertrug die Erfahrungen, die er mit seinen Jägern gewonnen hatte, auf die Verbesserung der leichten Truppen und ihrer Taktik. 1810 wurde er auf Geheiß des

Ausrüstungsteile Hannoveranischer Jäger. Das Pulverhorn mit verstellbarem Stutzen und Lederköcher, der den Mechanismus vor Beschädigungen schützte. Das Pulverhorn war eine der Ausrüstungsgegenstände, die gleichzeitig Auszeichnung der Sonderstellung der Truppe war.

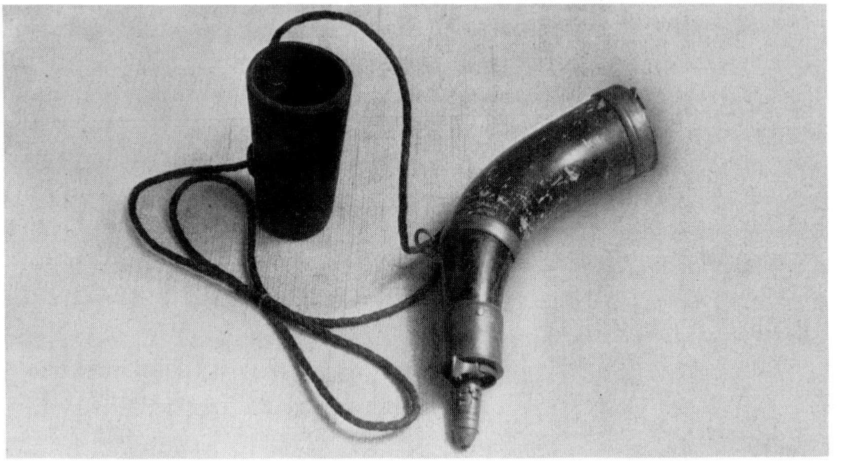

Königs Inspekteur aller leichten Truppenteile. Am 6. April wurde Yorks »Instruktion für sämtliche leichte Brigaden zu den Übungen im Jahre 1810« veröffentlicht, die in ihren taktischen Grundzügen bis heute Anhaltspunkte geben kann.
In Yorcks Dienstanleitung, von der noch die Rede sein wird, wurde auch das Handbuch des Gerhard Johann David Scharnhorst empfohlen, das der damalige Hauptmann bereits im November 1792 in Hannover veröffentlicht hatte. Hierin waren bereits Angaben über die Trefferwahrscheinlichkeit des Linieninfanterie-Feuers und Hinweise auf die Verwendung von Plänklern gegeben worden.
Scharnhorst hatte seine militärische Laufbahn als Artillerie-Offizier

Ausschnitt aus dem Gemälde von Kesting in dem der Dichter Theodor Körner als Freiwilliger Jäger bei Lützows Freischar dargestellt ist. Bei der abgebildeten Büchse, die mit einem Stecher versehen ist, handelt es sich augenscheinlich um ein Privatstück. (Nationalgalerie Berlin).

begonnen und war dadurch zum Studium ballistischer und waffentechnischer Zusammenhänge gekommen. Über die Lehrtätigkeit an Kriegsschulen in Hannover und Berlin avancierte er zum Generalstäbler, wobei er nicht die militärtechnischen Untersuchungen aus dem Auge verlor. Seine überragende Bedeutung gewann Scharnhorst als Leiter der nach dem Frieden von Tilsit (9. 7. 1807) begonnenen Heeresreform.

Sein Schüler und Mitarbeiter, General von Clausewitz, dessen theoretische Schriften weltweite Verbreitung finden sollten, war als Leutnant im Grenadierbataillon Prinz August des 1. Infanterie-Regiments Kommandeur des Schützenzuges gewesen, den er auch in der Schlacht von Auerstedt führte. Diese Praxiserfahrung kommt in dem als Anhang zum Werk »Vom Kriege« gesetzten »Leitfaden zur Bearbeitung der Taktik und Gefechtslehre« voll zur Geltung.

Nach dem Frieden von Tilsit blieb von der einst so mächtigen preußischen Militärmacht nicht mehr viel Nennenswertes übrig:

Die Armee hatte große Verluste erlitten, ein Teil des Offizierkorps mußte wegen erwiesener Unfähigkeit entlassen werden, Selbstbewußtsein und nationaler Stolz waren verletzt. Das Verteidigungspotential war darüber hinaus durch die im Friedensschluß erzwungenen Gebietsabtritte geschwächt. In der Pariser Konvention vom September 1808 war die Gesamtstärke des preußischen Heeres auf 42 000 Mann beschränkt worden.

Das Krümpersystem und die allgemeine Wehrpflicht sollten diese Beschränkung umgehen und ein Reservepotential für den Mobilisierungsfall erstellen. Preußen wurde in sechs Kantons geteilt, aus denen sich die sechs Brigaden der Armee rekrutierten: Die Ostpreußische, Westpreußische, Pommersche, Brandenburgische, Niederschlesische und Oberschlesische Brigade.

Wie die alte Armee, so hatte auch das Jäger-Korps auf den Schlachtfeldern von Jena und Auerstedt zu existieren aufgehört. Aus den Resten wurden drei neue Scharfschützen-Bataillone aufgestellt, die der Brandenburgischen, der Niederschlesischen und Oberschlesischen Brigade zugeteilt wurden: Das 1. Gardejäger-Bataillon, mit dessen Erhebung in den Gardestand die Leistungen der Jäger gewürdigt wurden; das Ostpreußische Feldjäger-Bataillon und das Schlesische Schützen-Bataillon.

Mit der Ausrüstung dieser Einheiten stand es schlecht: Einige der Jäger hatten noch ihre eigenen Corpsbüchsen retten können, die ehemaligen Ranzionierten waren mit dem ausgerüstet, was sie krie-

Die Jäger von 1813. Beim Laden, oben links das Einhämmern der Pflasterkugel in den Lauf, unten rechts das Herunterstoßen mit dem Ladestock

gen konnten, nachdem sie zu preußischen Truppenteilen gestoßen waren. Da gab es ein Sammelsurium von Jagdwaffen, Infanteriegewehren Modell 1782 und den sogenannten Schützengewehren*, mit denen die Schützen der Linieninfanterie ausgerüstet waren.
In den Depots und Festungen Preußens existierte für die wieder auf Kriegsstärke (801 Mann) gebrachten Bataillone nur ein Bruchteil des tatsächlichen Bedarfs: Eine Bestandserklärung gibt für den September 1812 nur 563 brauchbare Jägerbüchsen an! Ein erster Schritt bestand in einem Aufruf an Jäger und Forstleute, ihre Waffen dem Heer zur Verfügung zu stellen. So konnten z. B. die Gardejäger bei ihrer Aufstellung 336 brauchbare Büchsen zusätzlich aus Privathand erhalten. Diese Waffen behielten sie bis zur Ausgabe der vom Staat in Auftrag gegebenen neuen »Corps-Jäger-Büchsen«. Die neue Büchse, die auf eingehende ballistische Versuche in den Jahren 1809 und 1810 in Potsdam hergestellt wurde, hatten ein Kaliber von 14,64 mm ($^{18}/_{32}$ Zoll), ein Standvisier mit zwei Klappen und eine Aufpflanzvorrichtung für den 68 cm langen Hirschfänger.
Neben diesen Waffen existierten eine Reihe von Zusammenbauten und Adaptionen, die in den Reparaturwerkstätten, in den staatlichen und privaten Gewehrfabriken aus Altbeständen und Einzelteilen zusammengesetzt wurden, um der Truppe überhaupt Waffen liefern zu können.

Scharnhorsts Versuche

Die Schießversuche Scharnhorsts, die in seiner Abhandlung »Über die Wirkung des Feuergewehres, Für die Königl.-Preußischen Kriegsschulen« im Jahr 1813 in Berlin veröffentlicht wurden, sind von besonderem Interesse, denn sie geben weitgehende Hinweise auf die Möglichkeit und Grenzen des damaligen Infanteriefeuers. Der erste Teil der Schrift beschäftigt sich mit den ballistischen Leistungen der Geschütze, während sich der zweite Teil sowohl auf die glattläufigen Infanteriegewehre und Büchsen wie auch auf die Pistolen bezieht.
Bereits im Jahre 1800 hatte Scharnhorst mit dem Standardgewehr der preußischen Linie, dem 1782er Baumodell mit seinem Zwei-Zentimeter-Kaliber erste Versuche durchgeführt.
Ausgehend von der im Gefechtsdrill üblichen Anschlagsweise seit

* Die Schützengewehre waren gezogene Waffen ähnlicher Form und Ausmaße wie die Infanteriegewehre. Sie hatten ein normales Tüllenbajonett, waren aber etwas kürzer als die reguläre Waffe der Infanterie.

Fridericus Rex, wurde festgestellt, daß »wenn über Visier und Korn auf halben Mann gerichtet die Kugeln auf ungefähr 200 bis 250 Schritte auf die Erde schlagen ...« Scharnhorst selbst hat, um die weiteste Schußentfernung zu ermitteln, auch einmal »1½ löthige Kugeln mit ¾ Loth Pulver bis auf 1200 Schritte bei hoher Richtung gebracht«. Diese Schußweite war natürlich unter den gegebenen taktischen Verhältnissen der damaligen Zeit illusorisch, wie Scharnhorst in seiner Schrift festhält, war die normale Steinschloßflinte auf 200 Schritt, d. i. 150 m, eingeschossen. Der Schütze mußte also bei kürzeren Entfernungen unter den Treffpunkt halten, auf 300 Schritt wurde auf den Kopf gezielt, bei Entfernungen von 400 Schritt ca. 1,20 cm über das beabsichtigte Ziel, die Brust, gehalten. Bei einer auf diese Distanz heranmarschierenden Kolonne wurde also auf die Spitze der im Arm gehaltenen Bajonettgewehre gehalten, wie es ein Exerzierreglement vorschreibt.

In seinem ersten Handbuch für Offiziere (die hannoveranische Schrift vom November 1792) warnt Scharnhorst vor zu früher Feuereröffnung, denn die meisten Kugeln würden ihr Ziel verfehlen: Selbst wenn alle Leute zielen würden, träfe

»auf 150 Schritt durchschnittlich die 2. Kugel
auf 200 Schritt durchschnittlich die 5. Kugel
auf 300 Schritt durchschnittlich die 7. Kugel
auf 400 Schritt durchschnittlich die 15. Kugel«

Scharnhorst verwirft darin die damals übliche Sitte, ohne Feuer, nur mit dem Bajonett, vorzugehen und empfiehlt als günstige Kampfentfernung 80 Schritt.

Bei den Versuchen von 1810 wurden diese frühen Erkenntnisse bestätigt und fundamentiert. Die Schußleistung des unter seiner Regie entwickelten Neupreußischen Gewehres schnitt im Vergleich zum englischen, französischen, dem Nothardtschen, dem schwedischen und dem russischen am besten ab. Die schlechtesten Ergebnisse brachte das alte preußische Gewehr.

Scharnhorst regte eine verbesserte Visierung für das Normalgewehr an, um die Tirailleure zum genaueren Schießen anzuhalten. Aber diese Visierung wurde nicht eingeführt.

Am aufschlußreichsten sind die Versuche mit der Büchse:

»Man hatte den 6ten October 1810, 10 Jäger vom Gardejägerbataillon zu diesem Versuch verlangt, diese waren zwei Oberjäger und acht andere Jäger mit ihren Büchsen. Sie waren mit Paßkugeln versehen, die sie sich selbst gegossen hatten. Es wurde ihnen überlassen die Ladung, die sie für angemessen hielten, selbst zu wählen . . .«

Die zehn Jäger schossen pro Versuch zehn Schuß pro Mann auf eine 6 Fuß hohe und 24 Fuß lange Wand ab, ab der sich die eigentliche Scheibe mit den Maßen »4 Fuß breit, 6 Fuß hoch« befand. Benutzt wurde neben russischen und altpreußischen Büchsen die neue Corpsbüchse, die folgende Ergebnisse mit gepflasterten Geschossen erbrachte:

auf 150 Schritt	68 Treffer
auf 200 Schritt	49 Treffer
auf 300 Schritt	31 Treffer
auf 400 Schritt	20 Treffer

Danach wurden unterkalibrige Kugeln aus Papierpatronen geladen, die der Schütze – dank eines weichen Pflasters – schnell in den Lauf einführen konnte, wenn es auf eine eilige Schußfolge ankam. Auf 150 Schritt trafen 51, auf 200 Schritt 26 Kugeln die Scheibe. Diese Patronen sollten vor allen Dingen bei starker Laufverschmutzung durch Pulverreste zur Anwendung kommen. Nach zwanzig Schuß mußten die Jäger erst einmal ihre Waffen reinigen, denn die Laufverkrustung war dann so stark, daß die Pflasterkugel nicht einmal mit den Schlägen des Ladehammers hinuntergetrieben werden konnte. Die russischen Büchsen, die von Scharnhorst wie folgt beschrieben werden: »$^{64}/_{100}$ Zoll Kaliber, 3 Fuß 4 Zoll lang, 9 Pfund 15 Loth schwer« und deren Kugeln wie beim neupreußischen Infanteriegewehr 17 Stück auf ein Pfund gingen, leisteten bei 120 abgegebenen Schüssen

auf 150 Schritt	83 Treffer
auf 200 Schritt	59 Treffer
auf 300 Schritt	29 Treffer.

Sie lagen damit etwas unter der Leistung der preußischen Waffe. Ein erheblicher Zeitaufwand war mit dem Laden der Jägerbüchse verbunden. Der schnellste Schütze hatte seine zehn Schuß in elf, der langsamste in 37 Minuten abgegeben!

Beim Vergleich zwischen neupreußischer Büchse und Gewehr ergaben sich folgende Vergleichswerte:

Büchse

freihändig:	auf 150 Schritt	68 Treffer bei einer Zeit von 18–29 Min.
	auf 200 Schritt	49 Treffer bei einer Zeit von 11–22 Min.
aufgelegt:	auf 300 Schritt	31 Treffer bei einer Zeit von 30–37 Min.
	auf 400 Schritt	21 Treffer bei einer Zeit von 28–37 Min.

Infanteriegewehr

freihändig:	auf 200 Schritt	21 Treffer	bei einer Zeit von durchschnittlich 5 bis 8, zumeist aber 6 Minuten.
	auf 300 Schritt	4 Treffer	
aufgelegt:	auf 200 Schritt	21 Treffer	
	auf 300 Schritt	7 Treffer	

Scharnhorst folgerte: »Büchse und glattes Gewehr leisten ungefähr in gleichen Zeiten gleiche Wirkung; das glatte braucht aber drei bis viermal so viel Munition wie die Büchse«, und fährt fort:
»Überdies ist im feindlichen Feuer eher vom Jäger als einem gewöhnlichen Infanteristen zu erwarten, daß er zielt, da der erste lebhaft fühlt, daß er ohne Zielen gar nicht trifft, indem er an das Zielen von Jugend auf gewöhnt ist.«
Im Abschnitt 17 seiner Schrift bezieht sich Scharnhorst auch auf die Frage, ob ein andersförmiger Lauf Laden und Schießen erleichtern würde. Zur Diskussion stand die Glattbüchse mit dem ovalen Lauf. Welches Modell hier beim Versuch zur Anwendung kam, steht leider nicht einwandfrei fest. Aber schon auf 150 Schritt nahm die genaue Trefferlage dieser Waffe sehr ab; und auch »Schnelligkeit und Kraft« des Geschosses ließen offenbar zu wünschen übrig. Wie man das in einem Zeitalter ohne ballistisches Pendel, Lichtschranken und Präzisionszeitmessern feststellen konnte? Scharnhorst bleibt auch darauf die Antwort nicht schuldig – das Verfahren mutet nicht ungefährlich für den Prüfer an:
»Wenn man unweit der Scheibe stand und den Schützen ins Auge faßte, so konnte man auf 300 Schritte deutlich wahrnehmen, daß die Kugeln der Glattbüchsen von dem Augenblick an, wo man den Blitz sah, längere Zeit brauchten um zur Scheibe zu kommen als die der gezogenen.«

Die Förderung des Schießwesens

Die Order König Friedrich Wilhelms III., welche der Kommission Richtlinien für die Reorganisation des preußischen Heeres gegeben hatte, enthielt u. a. auch folgenden Passus:
»... daß jede Militärbranche in sich an ihrer Vervollkommnung oder besser gesagt, an ihrer Regeneration arbeite, und dem Nützlichen und Wesentlichen alle übrigen Vorurteile weichen müßten. Z. B. die Infanterie muß in Friedenszeiten sich im richtigen Schießen üben,

ein Gegenstand, den man nie hat beherzigen wollen, und hierzu hinlänglich Pulver und Blei gegeben werden.«
Eine Einzel- oder Schützenausbildung, die auf das Zielschießen wert gelegt hätte, existierte im friderizianischen Heer kaum – der normale Infanterist der schlesischen Kriege hatte auf dem Exerzierplatz zwar die Handgriffe und das Abschlagen des Schlosses erlernt und bis zur Ermüdung geübt, vielleicht gab er auch einige Schüsse mit unverdämmten Pulverladungen und ohne Kugel ab, aber zielen war ihm sogar ausdrücklich verboten gewesen!
1808 wurden zum ersten Mal per königlichen Befehls 20 Patronen pro Mann bei Kavallerie und Infanterie ausgegeben: Zehn wurden auf die (vier mal sechs Fuß) Scheibe auf 100, zehn auf 150 Schritt abgegeben. Die Schießergebnisse wurden notiert und dem König eingereicht. Ab 1810 wurden die Sätze erhöht, erfuhren aber 1812 aus Gründen der Sparsamkeit und des Munitionsmangels eine erneute Kürzung:

Waffengattung	*1810/11*	*1812*
Grenadiere	25 Schuß	20 Schuß
Musketiere	25 Schuß	20 Schuß
Füsiliere	30 Schuß	25 Schuß
Jäger und Schützen	60 Schuß	50 Schuß
Kavallerie / Pistole	10 Schuß	16 Schuß
Karabiner	10 Schuß	14 Schuß
Artillerie	–	10 Schuß
Pioniere	–	10 Schuß

Die Schießausbildung der Linieninfanterie sah vor, daß nur in kleinen Gruppen zu je zehn Mann geschossen wurde, nach jedem zweiten Schuß wurde die Trefferlage auf der Scheibe überprüft. Die durchschnittliche Tagesleistung einer Kompanie betrug insgesamt zwanzig Schüsse! Vier Schuß wurden auf 50 Schritt, fünf auf 100 Schritt, acht gegen zwei Scheiben auf 200 und noch einmal acht auf 300 Schritt geschossen. Die drei besten Schützen jeder Kompanie erhielten Geldpreise: Zwei, eineinhalb und einen halben Taler. Das Einbringen der Scheiben fand unter erheblichem Zeremoniell, mit öffentlicher Belobigung der drei besten und sechs nächsten Schützen statt. Die Schießübungen wurden zu einem tragenden Bestandteil der Sommerübungen und sollten vor allem den Offizieren und Unteroffizieren die Grenzen und Möglichkeiten ihrer Waffe vor Augen führen.

Taktische Veränderungen ahmten zuerst die Tirailleure und Kolonnen der Franzosen nach (Entwürfe und Instruktionen der Jahre 1806/07). Die Schützenausbildung wurde hervorgehoben. Das dritte Glied sollte überhaupt nicht mehr im Formationsgefecht eingesetzt, sondern als Plänkler ausschwärmen und den »leichten Dienst« versehen: Die Ausbildung in Rotten und aufgelösten Schützenlinien wurden mit den Männern des dritten Gliedes betrieben. Beim Formieren der Kolonne sollten »recht determinierte Kerls als Freiwillige« die beiden ersten Reihen bilden. Unterstützungstrupps sollten die ausgeschwärmten Tirailleure wenn notwendig decken und ihnen den Rückzug vor plötzlichen massierten Angriffen sichern. Die Schützen des dritten Gliedes, die in den Jahren zwischen 1807 bis 1812 mehr und mehr zu einer besonderen Abteilung innerhalb der Kompanie wurden, sollten mit den besten Gewehren ausgerüstet werden (nicht jedoch mit gezogenen Waffen!) und beim Vorgehen in unübersichtlichem Gelände sichern, beim Rückzug und beim Angriff auf Verschanzungen ein gezieltes Schnellfeuer unterhalten. Sie sollten dabei lernen, Deckung im Gelände zu suchen und auch im Liegen zu schießen – hier bot sich die Hauptschwierigkeit des Ladens: Um die Gewehre jener Zeit von der Mündung her zu laden, mußte der Schütze stehen.
Die Füsilierbataillone hatten entsprechend den Yorkschen Instruktionen von 1810 in ihrer Gesamtheit das Tirailleurgefecht zu üben. Die Feuerleitung unterlag hierbei den Kompaniechefs. Die Vorschrift legte fest, daß die Hauptwaffe »des leichten Infanteristen ist vorzugsweise das Schießgewehr; die Taktik derselben muß daher eine Feuertaktik sein, nämlich eine solche, wo das Treffen des Gegners durch die Kugel die Grundidee gibt«. In § 6. dieser Verordnung erfolgte eine Bestimmung des Gefechtsbereiches: »Ist das Gewehr in Ordnung, so kommt die Reihe an den Schützen. Er muß von dem mit seinem Gewehr ausgeprobten Kernschuß an bis zum weitesten Bogenschuß nach einem stehenden oder sich bewegenden Ziel, erst aufliegend, dann aus freier Hand und zuletzt im Gehen und Liegen schießen lernen, wobei ihm die Grundsätze des Ladens und Schießens nebst den verschiedenen Arten der Schüsse auf eine ihm faßliche Weise zu erklären sind. Die kürzeste Schußlinie ist 100 Schritt, der gewöhnlichste Bogenschuß, der noch töten kann, 600 Schritt.«
Im folgenden Paragraph wurde diese Anweisung noch relativiert. Als Ziel sollte nicht das Einzelziel verstanden werden, sondern die Masse der Feindformation. Zwar wurde der »auf den Mann gezielte

Schuß« betont, aber niemand machte sich über die Leistung der glattläufigen Füsiliergewehre Illusionen.
Die bisher mit gezogenen Schützengewehren ausgerüsteten Soldaten der Infanterie fielen gänzlich weg. Je 12 Unteroffiziere pro Kompanie sollten Büchsen erhalten, um diese den besten Schützen der Kompanie zur Verfügung zu stellen. Diese Anordnung erwies sich als wenig praktisch, zumeist benutzten die Unteroffiziere diese Waffen selbst. Die Schützen aus den Reihen der Mannschaften waren viel zu wenig im Gebrauch dieser – nicht unkomplizierten – Waffen geübt, um tatsächlich Scharfschützendienst leisten zu können.

Freiwillige Jäger-Detachements und andere Formationen

Im Verlauf zweier Monate, von Ende Januar bis Ende März 1813, wurden die preußischen Rüstungsanstrengungen in einem Maße verstärkt, daß sie einer allgemeinen Mobilmachung gleichkamen. Die bereits existierenden Truppenteile wurden auf Kriegsstärke gebracht, Waffen angekauft, die Bespannung der Artillerie-Parks vergrößert. Die allgemeine Wehrpflicht wurde in Kraft gesetzt. Am 28. März wurde die Organisation der neuen Volksmiliz, die Landwehr, in einem Extrablatt der »Berlinischen Nachrichten« verkündet. Jene, die aus Altersgründen nicht mehr zu den Landwehrbataillonen eingezogen werden konnten, wurden zu einer Art Territorialverteidigung, dem Landsturm, gezählt.
Die patriotische Begeisterung, die durch die politischen und sozialen Reformen der Minister Stein und Hardenberg verstärkt wurden, hatte dazu geführt, daß auch die oberen Verwaltungs- und Bürgerschichten an den Kriegsanstrengungen teilnehmen wollten. Um diese Bewegung für das Heer auszunützen und diese gebildeten Schichten dem Offiziers- und Unteroffiziersnachwuchs zuzuführen, wurde am 3. Februar die »Verordnung wegen der zu errichtenden Jäger-Detachements« erlassen. Diese Freiwilligen-Formationen, die den Infanterie- und Kavallerieregimentern zugeteilt wurden, sollten »vorzüglich solchen jungen Männern Gelegenheit zur Auszeichnung geben, die durch ihre Bildung und ihren Verstand sogleich gute Dienste leisten und demnächst geschickte Offiziere und Unteroffiziere abgeben können«. Die dunkelgrün gekleideten Detachements sollten für den Dienst als leichte Truppen zur Verfügung stehen, nach

einer Einführungszeit ihre eigenen Führer wählen, sonst aber den militärischen Gesetzen »gleich den Jäger-Korps« unterworfen sein. Ein freiwilliger Jäger hatte seine Ausrüstung und Bewaffnung selbst zu stellen, wollte er bei einer Kavallerie-Einheit einrücken, so mußte er auch sein Pferd einbringen.
Es waren »denjenigen Büchsen erlaubt, welche damit versehen sind und mit denselben umzugehen wissen.«
Eine Scharnhorstsche Anweisung vom 24. Februar 1813 legte die waffentechnischen Aspekte des Einsatzes freiwilliger Jäger fest. Hier zeigte sich wieder die Scharnhorst eigene Sorge ums Detail und um die Erfordernisse des kommenden Feldzuges. Neben den Anweisungen über die besonderen Munitionskarren, welche die Infanteriebataillone für das jeweilige Freiw.-Jäger-Detachement mitzuführen hatten, wurden die Munitionsmengen festgelegt: »Jeder Jäger trägt nur 30, höchstens 40 scharfe Patronen nebst 2 Flintensteinen in der Munitionstasche bei sich.«
»Die freiwilligen Jäger müssen, insofern selbige Büchsen führen, jeder mit einer zu seiner Büchse passenden Kugelform versehen sein. Jeder darf sich nur einerlei, seiner Büchse angemessenen Pulverladung bedienen und muß sich die benötigte Anzahl von Patronen mit gepflasterten Kugeln selbst anfertigen, worin derselbige gehörig zu unterrichten ist und wozu ihm das Pulver und Blei geliefert wird.«
»Sämtliche Büchsen, welche die freiwilligen Jäger führen, müssen mit eisernen Ladestöcken versehen sein. Zu dem Ende sollen aus den Artillerie-Depots eine Anzahl dazu tauglicher Ladestöcke hergegeben und diese in Neiße, Glatz und Breslau niedergelegt werden. Die zu langen Ladestöcke werden durch Abhauen verkürzt, die etwas zu starken durch Abschleifen passend gemacht, welches die Jäger-Detachements selbst besorgen müssen. Ferner muß sich jeder Jäger mit einem Schraubenzieher und einem Kugelzieher selbst versehen . . .«
Der Zugang zu diesen Freiwilligen-Abteilungen war entsprechend groß, denn den so Dienenden wurde nicht nur eine besondere Behandlung zuteil – Kleidung, Ausrüstung und vorgesehener taktischer Einsatz als Jäger machten sie zu einer Art Elite-Truppe –, eine Anordnung vom 10. März befahl den Regiments- und Bataillonskommandeuren sogar, diese Detachements zu schonen, sie nicht zum Lager- und Arbeitsdienst einzusetzen usw.
Mit der Mobilmachung und dem drohenden Kriegsausbruch entstanden in allen Teilen des Landes sogenannte Freikorps-Einheiten, die

von einzelnen Personen aufgestellt und ausgerüstet wurden und für den Partisanenkrieg gedacht waren. Ihr militärischer Wert wurde sehr übertrieben, nicht zuletzt durch die poetische und romantisierende Beschreibung, die der übertrieben national gesinnte Dichter Theodor Körner seinem — dem Lützowschen-Freikorps zukommen ließ. Wie bei den freiwilligen Jägern wurde die Disziplin dieser Truppen durch Selbstüberschätzung, Standesdünkel und Vorzugsbehandlung verdorben, und es ergaben sich nicht selten Reibereien mit den Linientruppen und deren Offizieren.
Scharnhorst erließ am 11. Februar eine zusätzliche Anweisung, mit der er einen alten Gedanken zur Verbesserung der Festungen wieder aufgriff: Sämtliche Jäger und unter 50 Jahre alten Forstbeamten im Umkreis der Festungen sollten erfaßt werden und sich bei drohender Einschließung zum Dienst als Scharfschützen auf den Wällen melden. Der gleiche Gedanke, das Potential der Jäger und ihrer Schießkenntnisse für die Verteidigung auszuschöpfen, lag auch den recht exotischen Formationen zugrunde, die in der Mobilmachungsphase von sich reden machten:
Im Landkreis Liegnitz stellte der Forstmeister von Rochow in eigener Regie ein Korps auf, das bei den Kämpfen vor Glogau Verwendung fand und nach einem Bericht »außerordentlich gute Dienste leistete und dem Feinde viele Leute tötete«.
Die Militärregierung in den schlesischen Provinzen erließ am 26. April einen Befehl, in dem die Aufstellung einer Truppe aus Jagd- und Schießkundigen sowie auch Wilderern (!) befohlen wurde. Der Forstmeister von Karger sollte den sich freiwillig Meldenden unter anderem folgende Versprechungen machten:
»Verzeihung der früheren Wilddiebereien, Zusicherung einer späteren Anstellung als Waldläufer und dergleichen bei guter Führung; 3 Taler für jeden auf dem Walle oder in den Schießscharten von ihnen erschossenen feindlichen Infanteristen . . .«
So wurden nicht nur eine zwei Taler betragene Entschädigung für die eingebrachten Büchsen und Kugelflinten bezahlt, sondern es wurden sogar Abschußprämien ausgesetzt. Man hatte wohl eingesehen, daß patriotische Gesinnung als Motivation nicht allein ausreichte. Von Kargers »Revierjäger- und Wildschützen-Korps« hatte immerhin im August 1813 bereits einen Bestand von 330 Mann!
Die Indienststellung von Wilddieben für Verteidigungszwecke war nicht so abwegig wie es heute erscheint: Alte Stadtchroniken und Sagen sind voll mit Hinweisen und Bemerkungen, daß überführte

Wilderer in die Armee oder in den Dienst der belagerten Stadt gepreßt wurden. Trotzdem gab es auch zu jener Zeit gewisse Bedenken. Ein gewisser Assessor Scholz hatte im März 1813 einen Vorschlag auf die Rekrutierung von »Wild- und Freischützen« des Riesengebirges gemacht. Die Rüstungskommission entsandte einen Leutnant, der die Lage und entsprechende Möglichkeiten in der Region erkunden sollte. Man war sich nicht sicher, ob diese nach Berichten von Landräten und Förstern gefährlichen Elemente sich überhaupt zum Militärdienst eigneten. Ein Förster Ullbrich aus Seiffershau gab in seinem Bericht zu bedenken, daß die Wilderer denen Haus und Hof anzünden würden, die sie zum Dienst anzeigen. Trotzdem wurden diese Wildschützen ausgehoben. Man bot ihnen zuerst eine freiwillige Meldung an und zog sie bei Weigerung entsprechend der Kantone ein. Diesen »Landwehrschützen« wurde gute Behandlung zugesichert und gesagt, daß »man nur von ihrer besonderen Geschicklichkeit im Schießen für die dem ganzen Vaterlande nötige Wiedereroberung von Glogau Gebrauch machen wolle«.

In den späteren Feldzugsberichten finden diese Formationen wenig Erwähnung, lediglich ein Revierjägerkorps wird von General von Tauentzien für seinen Einsatz vor Stettin gelobt: Das durch Spenden mit Büchsen bewaffnete Korps hätte sich schon sehr viel Ansehen beim Feinde erworben.

Auch über die freiwilligen Jäger sind nur Einzeldarstellungen der Tapferkeit vorhanden. Über die Schießleistungen oder die Verwendung als Scharfschützen oder Tirailleure ist wenig überliefert. Die damaligen Heeresberichte strichen mit blanker Waffe vorgetragene Sturmangriffe hervor, vernachlässigten – entsprechend der damaligen Anschauung von Mut, Einsatzfreude und Angriffsgeist – aber sehr die Beschreibung von Schützengefechten und Scharfschützeneinsatz.

Einige Beispiele sollen hier aber Erwähnung finden. So wurde ein Ereignis aus den Vorpostengefechten der Schlacht von Großgörschen beschrieben, bei der die Gardejäger beteiligt waren, es fand sogar Eingang in die offiziellen Depeschen vom Kriegsschauplatz: »Der Jäger Heinrich von der 1. Kompanie wird von einem französischen Husaren angegriffen, als er eben abgeschossen und erst das Pulver in die Büchse eingeschüttet hat. Er wehrt die Hiebe des Husaren mit der Büchse ab, nimmt den Augenblick wahr, schießt ihm das Pulver ins Gesicht und entkommt glücklich.«

Bei Leipzig, wo russische Scharfschützen, preußische Gardejäger und Landwehrmänner das Zentrum der alliierten Front gegen wiederholte französische Angriffe beim Dorf Auenhain halten, tötet ein Scharfschütze der Gardejäger den kommandierenden General von Danville gerade in dem Moment, als die Franzosen durchzubrechen scheinen. Die Gardejäger waren als Vortrab den preußischen Verstärkungen vorausgeschickt worden. Ihr rechtzeitiges Eintreffen sicherte diesen Frontabschnitt. Bei dem Gefecht vor Lindenau tat ein Leutnant der Tiroler Standschützen, die hier als Plänkler vor den österreichischen Bataillonen eingesetzt wurden, einen fast unglaublichen Meisterschuß. Mit seinem Stutzen soll er, nach dem Augenzeugenbericht des Zimmermeisters Burckhordt aus Klein-Zschocher, bei diesem Ort auf 950 Schritt einen französischen Offizier erschossen haben.

Die Ausbildung der Jäger

Gumtaus Bücher geben genaue Hinweise auf die Dienstanleitungen, Schießübungen und Ausbildungsphasen der preußischen Jäger und Garde-Schützen nach Ende des Befreiungskrieges. Offensichtlich hatte man die in diesen Kriegszügen gemachten Erfahrungen in praktische Ausbildungsanleitungen und Vorschriften für den Friedensdienst umgesetzt. Interessant sind dabei Trainingselemente, die sich bis in unser Jahrhundert bewährt haben. Hier einige Beispiele:

Neben den Angaben zum Vorposten und Patrouillendienst findet sich so die besondere Hervorhebung der individuellen Schützenausbildung, die über den genauen Anschlag der Waffe und einer Vielzahl von Trockenübungen sich auch auf eine Methodik erstreckt, dem Schützen das oft unbewußte Zusammenzucken zwischen Abdrücken und eigentlichem Brechen des Schusses abzugewöhnen:

»Bei ganz Ungeübten läßt man zuerst das ungeladene Gewehr abdrücken, und duldet nicht, daß zuckende Bewegungen mit dem Kopfe oder den Armen gemacht werden . . . bei Geübten kann man gleich etwas Pulver auf die Pfanne schütten und sieht darauf, daß die Augen soviel als möglich offen behalten, wenigstens nicht eher auf einen Moment geschlossen werden, bis es eine fast unwillkürliche Folge des Blitzes von der Pfanne ist.« (Anmerkung des Verfassers: Wie schwer es ist, mit einer Steinschloßwaffe nicht zu »flinchen« kann nur derjenige ermessen, der mal versucht hat, mit einer solchen Waffe zielgenau zu schießen!)

Damit verbunden war auch das Melden des jeweiligen »Abkommens«, wobei der Schütze dem Ausbilder anzusagen hatte, wo sich die Waffe beim Moment der Schußabgabe tatsächlich befand. Dieses oft von Rekruten verhaßte Element des Schießvorganges, das jeder kennt, der noch bis in die jüngste Vergangenheit seinen Militärdienst abgeleistet hat, war also schon um 1820 im Gebrauch!
Für den Zielschuß im stehenden Anschlag fand auch ein »Schießpfahl« Verwendung, der mit der linken Hand in gleicher Weise angestrichen wurde, wie das auch heute noch der Fall ist: Die Hand wurde mit dem Handteller und den vier Fingern gegen den Pfahl gestemmt, der Daumen diente als Auflage. Zusätzlich hatte jeder Pfahl auch noch ein Querholz und in verschiedenen Höhen angebrachte Bohrungen, um auch aufgelegt zu schießen.

Die englische Scharfschützen-Brigade

In der britischen Armee waren die Lehren des verlorenen Kolonialkrieges in Amerika schnell vergessen. Die leichten Infanterie-Einheiten, wie das 60. Regiment, »Royal American«, das für den Krieg gegen Französisch-Kanada aus deutschen und Schweizer Einwanderern aufgestellt worden war, hatte wenig Möglichkeiten, sich im Unabhängigkeitskrieg zu bewähren. Die Royal Americans waren für Offiziere des englischen Expeditionskorps nur Miliz, Hilfstruppen.
Folgerichtig waren die britischen Truppen angesichts der französischen Tirailleur-Schwärme im Nachteil. Der Herzog von York kommandierte das britische Kontingent (etwa 5000 Mann – zumeist hannoveranische und hessische Truppen), welches bei Tourcoing in Flandern im Feldzug von 1794 eine erste Niederlage erlitt. Nach Aussagen eines beteiligten britischen Offiziers waren die französischen Plänkler, die den Engländern zusetzten, »scharfäugig wie Spürhunde und aktiv wie Eichhörnchen«! Ein Jahr später wurde seine Königliche Hoheit, der Herzog von York, zum Oberkommandierenden der englischen Streitkräfte ernannt und konnte in dieser Stellung die Mißstände beheben, welche zu den Niederlagen von Flandern geführt hatten.
Der professionelle Standard der Offiziere wurde durch die Einschränkung der »Rangkäufe« erhöht, der Grundstein der späteren Militärakademie Sandhurst gelegt. – Zu oft hatten britische Truppen unter den Fehlleistungen und Unkenntnissen zu junger oder zu alter

Preußischer Jäger von 1834.

Offiziere gelitten, die ihren Rang der Kaufkraft ihrer Börse verdankten.
Neben neuen Dienstregeln für Ausrüstung, Bekleidung und Bewaffnung, die Festlegung von Führungs- und Kontrolleinrichtungen, entwickelte der Herzog ein völlig neuartiges Konzept für leichte Truppen, zu Fuß und beritten, die im Sommer 1708 (dank eines Memorandums des Generaladjudanten-Assistenten, Sir Harry Calvert, der diese Idee ausarbeitete) ihre ersten Manöver in der Grafschaft Essex durchführten. Ein Befehl erging an alle Regimentskommandeure, die Füsilier-Bataillone ihrer ursprünglichen Bestimmung zuzuführen und zu Schieß- und Gefechtsübungen ausrücken zu lassen.
Als Kommandeur und Inspekteur dieser Übungen wurde Sir John Moore eingesetzt, dessen Gedanken über den Einsatz leichter Infanterie auf eine englische Veröffentlichung eines deutschen Buches zurückgingen: Die »Instruktionen für die Übung von Büchsenschützen und Leichter Infanterie«, geschrieben von einem Generalmajor Baron von Rottenburg. York hatte bereits im Jahr 1800 eine Spezialeinheit von Scharfschützen angeregt, welche durch Freiwillige aus der ganzen Armee zusammengestellt wurde. Die neue Einheit sollte zuerst nur für die Dauer der Ausbildung zusammenbleiben und dann abteilungsweise an die Regimenter zur Unterstützung abgegeben werden. Ausbildungsstätte war der Wald von Windsor. Nach einer kurzen Expedition, zu der die Einheit als ganzes abkommandiert wurde, entschied man sich, die Scharfschützen als »95th Foot Regiment« in die Armee einzureihen. Später wurden zwei weitere Bataillone* zugeordnet und die Einheit wurde als »Rifle Regiment«, ab 1816 als »Rifle Brigade«, bekannt. Im Einsatzfall sollten die Bataillone auf Brigaden und Divisionen aufgeteilt werden.
Kleidung und Ausrüstung entsprach den europäischen Vorbildern der Jäger-Truppen. Die Uniform war grün; ein kurzes, auf die Büchse aufpflanzbares Schwert wurde als Seitengewehr geführt, ein Pulverhorn diente zum Beschicken der Pfanne.
Im Woolwich Arsenal, dem Hauptbeschaffungsdepot des englischen Heeres, fanden die Versuche zur Bewaffnung der Rifle Bataillone statt. Eine Reihe deutscher englischer und amerikanischer Muster stand zur Auswahl, u. a. die alte preußische Korpsbüchse, von denen das Heeresbeschaffungsamt Großbritanniens im Jahr 1798 fünftausend Stück angekauft hatte. Das Rennen machte die »Baker Rifle«, eine Büchse mit rundem Lauf aus normalem oder gedrehtem Stahl,

* vom 60. Regiment

je nach Ausführung, mit sieben Zügen von gleicher Breite wie die Felder und einem Kaliber von .70 inch.
Der Name der Waffe rührte von dem Londoner Büchsenmacher Ezechiel Baker her, obwohl es zweifelhaft ist, ob er überhaupt an dem Entwurf beteiligt war. Baker hatte sich einen Namen mit der Herstellung von Büchsen und seinen Schießkünsten gemacht. 1804 wurde in London sein Buch »Twenty-three Years Practice and Observations with Rifle Guns« veröffentlicht, das in hervorragender Weise über Schießübungen und Anschlagweisen der damaligen Zeit Aufschluß gibt.
Die Baker hatte sich in den Tests zu Woolwich nicht gerade als die genaueste aller vorgestellten Waffen erwiesen, aber sie besaß einige Eigenschaften, die das Herz britischer Offiziere höher schlagen ließ: Sie hatte eine Aufpflanzvorrichtung für ein Schwertbajonett, das die

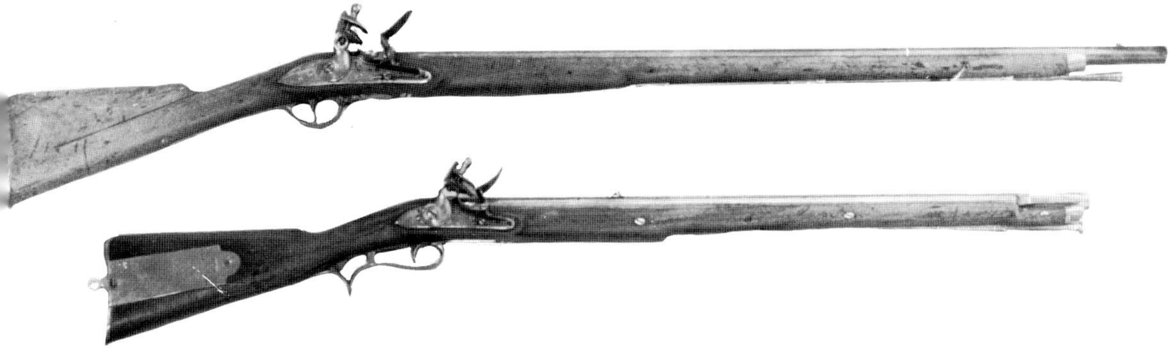

Zwei an das Königreich Hannover ausgelieferte britische Gewehre für die Deutsche Legion: Brown Bess und Baker. Die seitliche Aufpflanzschiene für das Schwertbajonett der Baker ist klar zu erkennen.

Kürze der Waffe ausglich; sie ähnelte in Holzart, Form und Kaliber eher einer Armeedienstwaffe als die den Jagdwaffen ähnlichen deutschen und amerikanischen Gewehre, und sie war – britisch!
Die Scharfschützen bewährten sich hervorragend in den Kämpfen auf der Iberischen Halbinsel und bei Waterloo. Sie wurden, ähnlich wie deutsche Jäger, als Vor- und Nachhut eingesetzt, führten Vorpostengefechte und operierten in Tirailleurschwärmen. Berühmt wurde die Tat des Rifleman Tom Plunkett, der an dem schwer umkämpften Rückzug Wellingtons nach Vigo teilnahm. Bei dem Dorf Cacebelos war seine Kompanie als Arrière-Garde zurückgeblieben und versuchte die nachdrängenden Franzosen aufzuhalten. Im Vortrab der Franzosen entdeckte Plunkett einen General und er versuchte trotz der beträchtlichen Entfernung von 300 Yards, einen Schuß anzubringen. Plunkett wählte eine im Felddienst recht unge-

Britische Schützenbrigade. Links ein Soldat des 60. Regiments, rechts ein Mann vom 95. Rgt.

Scharfschützen der Dt. Legion beim Gefecht in La Haye Sainte. Ein Offizier weist den Büchsenschützen Ziele an.

wöhnliche Anschlagsart: Er legte sich auf den Rücken, ließ die Büchse mit dem Vorderschaft auf dem Bein ruhen, preßte den Schaft an die Schulter, während er gleichzeitig mit dem Fuß vorn den Gewehrriemen spannte. Plunkett traf – der französische General Colbert starb auf der Stelle. Die Kugel drang oberhalb seines linken Auges in die Stirn.
Bei Waterloo kämpften die 95er Scharfschützen zusammen mit den Hannoveranern der deutschen Legion. Die »King's German Legion« war aus Flüchtlingen der Armee des Kurfürstentums Hannover (dessen Kurfürst zugleich König von England war – zu jener Zeit Georg III.) aufgestellt. Die ersten Bataillone, im Dezember 1803 als leichte Infanterie organisiert, wurden der Grundstock einer Legion von fünf Kavallerie-Regimentern (zwei Dragoner-, drei Husaren-Rgt.), zwei leichten Inf.- und drei Linieninfanterie-Bataillonen nebst Artillerie. Aus den beiden leichten Bataillonen entstanden die späteren hannoveranischen Garde-Jäger Nr. 10. Sie bildeten zusammen eine Schützenbrigade, deren dunkelgrüne Uniform der der 95er angepaßt war. Bei mehreren Feldzügen in der Ostsee, in Schweden, in Spanien und Südfrankreich war die Legion als Teil des britischen Expeditionskorps eingesetzt, zuletzt bei Waterloo, wo sie den für den Schlachtausgang wichtigen Hof La Haye Sainte verteidigte.
Die Hannoveraner hatten bereits vor Ausbruch der napoleonischen Kriege in ihren Linieninfanterie-Regimentern eine Scharfschützenabteilung. Pro Bataillon befehligte ein Leutnant mit vier Feldwebeln und einem Trompeter je 52 Büchsenschützen. Bei bestimmten taktischen Situationen konnten die Schützen aller Bataillone auf Brigade-Ebene zusammengezogen werden. Sie standen dann unter dem Befehl eines Kapitäns und wurden so zur Deckung eines Rückzuges oder auf einer vorgeschobenen Sappe bei einer Belagerung eingesetzt.
Die leichten Bataillone waren zu einem Drittel mit Büchsenschützen besetzt, während das zweite und dritte Glied die normale britische Brown Bess trug. Die Büchsenschützen verstanden es, die Baker bis zu ihren ballistischen Grenzen auszunutzen: Die normale Büchse der deutschen Jäger des 18. Jahrhunderts konnte entweder mit einem geölten Pflaster, dem »patch« geladen werden oder mit einer Paßkugel, das ist ein kalibergleiches Geschoß, welches in die Züge eingehämmert wurde. Dadurch wurde eine hohe Gasdichtung erreicht. Dieses Verfahren war aber umständlicher und zeitraubender als das Laden mit dem (oft mit Wasser oder Speichel) angefeuchte-

Jäger der Hanseatischen Brigade mit Baker-Büchse zur Zeit der Befreiungskriege gegen Napoleon.

ten Pflaster, das auch den Lauf etwas reinigte, wenn es über die Züge ging. Die Paßkugel konnte für einen genauen Schuß auf weitere Entfernung genützt werden, nach zwei bis drei Schuß aber war der Lauf durch Pulverrückstände bereits so verkrustet, daß man auf die Pflasterkugel übergehen mußte.
Mit variierenden Pulverladungen konnten zusätzlich Schußentfernungen erreicht werden, die weit über die Visiereinstellung hinausgingen. Die erste Visierstellung reichte mit einer durchschnittlichen Ladung und Pflasterkugel für einen Fleckschuß auf 200 Schritt, mit einer stärkeren Pulverladung und einer Paßkugel aber konnte die Baker mit diesem ersten Visier auf 300 und sogar 400 Schritt geschossen werden!

»23 Jahre Erfahrungen und Beobachtungen mit gezogenen Gewehren« – Ezekiel Bakers Handbuch

Zu Beginn des 19. Jahrhunderts erschien in Londons Militärbibliothek das Buch des Büchsenmachers Ezekiel Baker, in dem er die allgemeinen zeitgenössischen und seine persönlichen Erfahrungen mit Büchsen zusammengefaßt hatte. Baker wollte sein kleines Werk eher als Handbuch für Militärschützen denn als Anleitung für Jäger verstanden wissen. Mehrmals bezieht er sich auf Fehler, die für den Jäger gewiß ärgerlich, für den Soldaten aber tödlich sein konnten. Baker setzt sich mit den Problemen des gezielten Schusses, der gepflasterten Kugel und der Schießübungen damaliger Zeiten auseinander. Er erstellt eine Kette von Übungen und Trainingsmaßnahmen, die uns heute – zweihundertachtzig Jahre später – gar nicht so unvertraut klingen: »Ein Büchsenschütze sollte, um Entfernungen schätzen zu können, in die Gewohnheit fallen, den Boden abzuschreiten, von einem bis 300 Schritt, oder irgend eine andere Entfernung, die angemessen erscheint; und auf ein Objekt in dieser Entfernung schießen; durch diese andauernde Praxis, wird er lernen, Entfernungen mit dem Auge abzumessen bis zu einer tolerierbaren Sicherheit . . .«
»Beim Zielen mag er manchmal zu lang die Luft anhalten, und das wird ein Zittern verursachen; in diesem Fall sollte die Büchse abgesetzt werden, geatmet und erneut gezielt werden . . .« »Ein Büchsenlauf sollte immer gebräunt gehalten werden, da dies das Blenden der Sonne und die Behinderung des Auges verhindert . . .«

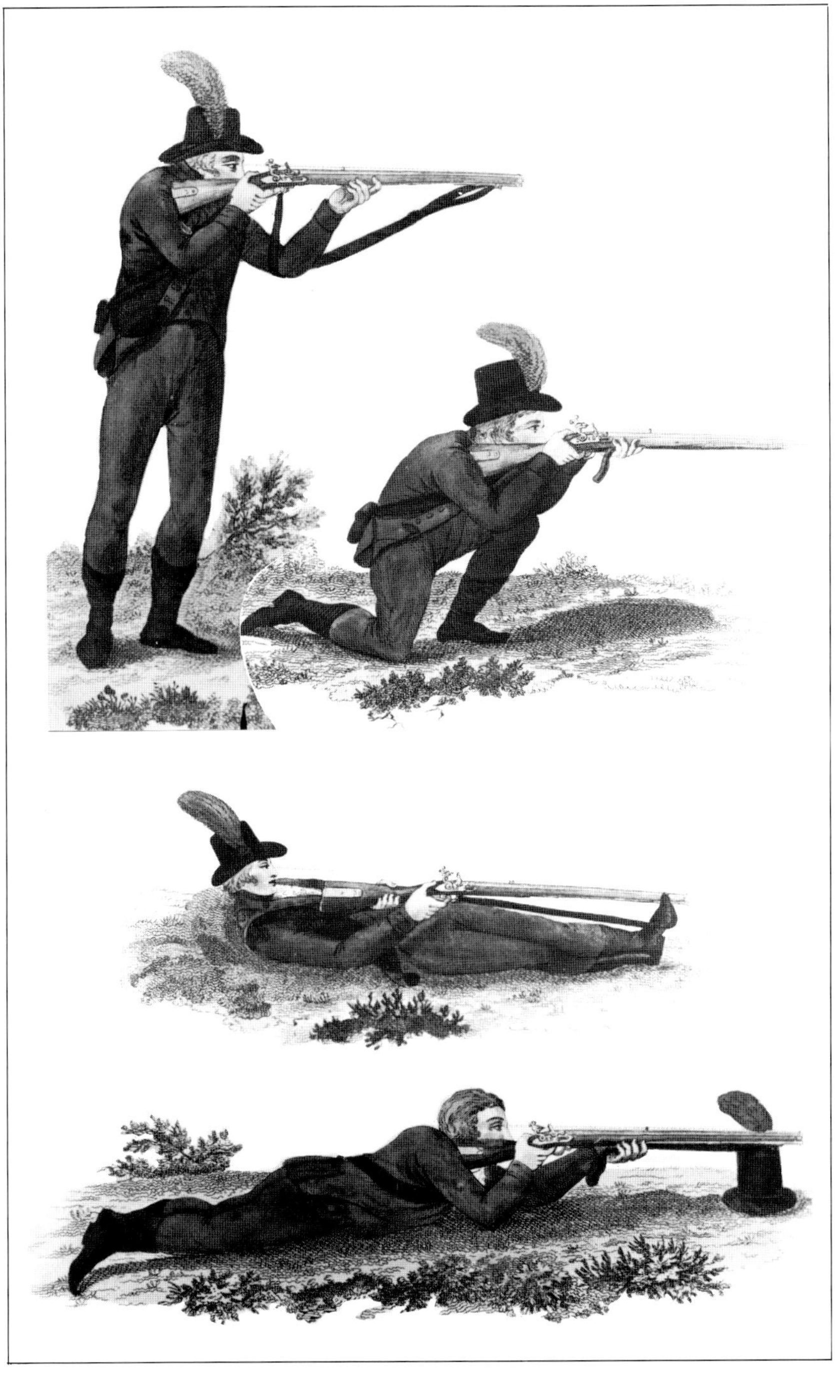

Die von Ezekiel Baker in seinem Buch empfohlenen Positionen für den gezielten Schuß mit dem gezogenen Gewehr. Besondere Beachtung verdient die Verwendung des Riemens.

Mit der Baker-Büchse erzielte Trefferbilder.

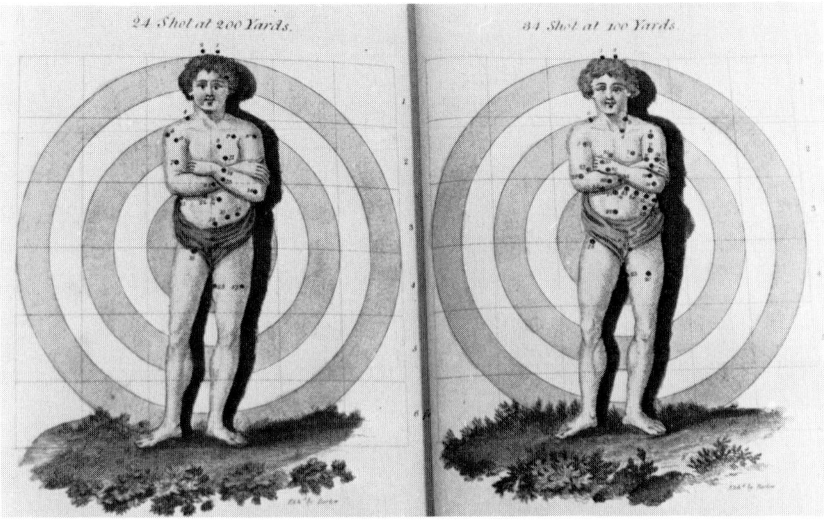

Baker begleitete seine Erklärungen mit Skizzen der gebräuchlichsten Anschlagsarten sowie mit Abbildungen zweier Mannscheiben, auf die er aus wechselnden Entfernungen geschossen hatte. Er schließt mit der Beschreibung des Probeschießens, das der Annahme der Baker-Büchse voranging. Hier tauchten auch zum ersten Mal Anschlußbilder auf, die mit einem von ihm gefertigten Lauf, fest eingespannt, beschossen wurden, um die vorteilhaftesten Drallängen zu ermitteln. Wahrscheinlich diente diese Publikation des geschäftstüchtigen Büchsenmachers in gleicher Weise der Eigenwerbung wie der Vermittlung von Schießanleitungen.

Windbüchsen

Eine Zusammenfassung der Scharfschützenentwicklung im 18. und 19. Jahrhundert bliebe unvollkommen ohne die Erwähnung der Windbüchse.

Diese Luftdruckwaffen, deren Projektil durch die in einem Behälter zusammengepreßte Luft verschossen wurde, existierten mindestens seit 1607. Damals verbot der Nürnberger Rat dem Feuerschloßmacher Peter Dümbler die weitere Herstellung »solch ein mörderisch Waffen, dadurch man einen Menschen hinrichten könne, unvermerkt wo es herkomme«. Frühere Entwicklungen datieren sogar bis ins 16. Jahrhundert zurück, jedoch wurden diese Waffentypen, die sich bei fürstlichen Jagden großer Beliebtheit erfreuten, jahrhundertelang nur vereinzelt hergestellt und waren nicht für den militärischen Gebrauch gedacht. Erst 1788 stellte die österreichische Armee für den Krieg gegen die Türken eine begrenzte Anzahl Windbüchsen in den Dienst: Diese Waffe, von Bartholomäus Girandoni 1780 patentiert, hatte einen mit 12 Zügen versehenen achtkantigen Lauf vom Kaliber 13 mm und einer Länge von 84,4 cm. Auf der rechten Seite des Laufes befand sich ein zwanzig Kugeln fassendes Röhrenmagazin, mit dem die Waffe mittels einer einfachen Schiebevorrichtung schnell hintereinander geladen und abgeschossen werden konnte. Die dazu benötigte Luft stammte aus einem Behälter, der den Kolben der Waffe bildete und abschraubbar war. Mit einer Handpumpe und bis zu zweitausend Schlägen wurde genügend Druck erzeugt, um eine zum Töten ausreichende Durchschlagskraft und Treffergenauigkeit zu erreichen. Die ersten Schüsse reichten bis auf 150 Meter, die nächsten fünf bis zehn auf 100 Meter, und die letzten Geschosse waren noch auf eine Entfernung von 80 m treffergenau.

Girandonis Militärwindbüchse. Deutlich ist das rechte vom Lauf angebrachte Röhrenvisier mit dem Schieber zum Kugeltransport zu erkennen.

Der Soldat führte neben dem angeschraubten Behälter noch zwei weitere Ersatzkolben mit sich. Zum Troß gehörten Handluftpumpen, Ersatzbehälter und Kugelmagazine, von denen der Soldat im Gefecht vier Stück à 20 Kugeln mit sich führte.
Im Türkischen Krieg wurden diese Girandonischen Büchsen auf die Linieninfanterie-Bataillone aufgeteilt, und mit fortschreitender Ausrüstung sollte jedes Bataillon einen Scharfschützenzug von 24 Mann unter einem Subalternoffizier bilden.
Wenig ist über die Wirksamkeit der Waffen im Feld bekannt geworden, jedoch schien das Hauptproblem bei der Erhaltung und Instandsetzung der einmal ausgegebenen Waffen zu liegen: Der Mechanismus der Windbüchsen mit ihren Messing- und Lederdichtungen war zu kompliziert und empfindlich, um auf die Dauer der Behandlung durch unzureichend ausgebildete Soldaten standzuhalten. 1790 wurden die Windbüchsen daher aus den Linienregimentern genommen und einem Teil der Tiroler Standschützenkompanien übergeben. Zu Beginn des 19. Jahrhunderts wurden die noch erhaltenen

der rund 1400 produzierten Büchsen eingezogen und magaziniert, da sich durch immer häufiger auftretende Beschädigungen eine einheitliche Bewaffnung der Standschützen nicht durchsetzen läßt. Auch wurde die Zweckmäßigkeit dieser Spezialwaffen mit ihren besonderen Nachschubproblemen angezweifelt.
Ballistisch war die Windbüchse der normalen Jägerbüchse eindeutig unterlegen, ihr Vorteil lag in dem leisen Abschußgeräusch und der schnellen Schußfolge. Während der napoleonischen Kriege entstanden immer wieder Gerüchte über den Einsatz dieser Waffe, einmal (aus Beutebeständen) bei französischen Sappeuren, zum andern in dem mit äußerster Grausamkeit geführten Kleinkrieg der Tiroler Bauern unter Andreas Hofer. Nach unbestätigten Meldungen soll es sogar einen Befehl Napoleons gegeben haben, jeden mit einer Windbüchse Bewaffneten sofort hinzurichten, aber es bleibt ungeklärt, wieviel an diesem Gerücht wahr ist. Die Scharfschützen oder die Hoferschen Aufständischen hatten ohnehin nur wenig Gnade zu erwarten, wenn sie in Gefangenschaft fielen. Sie wurden mit Hinweis auf ihr Buschräuber-Wesen, ihre Hinterlist und Heimtücke, zumeist von den Truppen am Ort ihrer Gefangennahme niedergemacht, ob mit oder ohne Windbüchse.
Aber die Legende um die Windbüchsen stellen eine interessante Episode der Kriegführung jener Zeit dar, in der Neuerungen zwar Aufsehen erregen konnten, sich aber gegen die Bedenken konservativer Militärs kaum durchzusetzen vermochten. Die Girandonische Windbüchse stellt ein Kuriosum dar, das wenig ausgereift war und kaum Möglichkeiten zu jener technischen Vervollkommnung hatte, wie es der tägliche Truppendienst und Feldgebrauch erfordert hätte. Interessant aber wären die taktischen Möglichkeiten gewesen, die diese geräusch- und rauchlose Schußabgabe gehabt hätte. Erst sehr viel später sollte in der Militärgeschichte wieder das Konzept einer geräuscharmen Scharfschützenwaffe aufkommen.

Marinescharfschützen

Zu der gefechtsmäßigen Ausstattung eines Kriegsschiffes des 18. Jahrhunderts gehörten auch – je nach Schiffsklasse – eine oder mehrere Kompanien Seesoldaten, auch Marineinfanterie genannt. Die Aufgaben dieser wie normale Infanterie ausgerüsteten Truppen waren vielfältig: Sie konnten als Landungstruppe eingesetzt werden,

Die USS Constitution im Hafen von Boston. Die Marine-Schützen besetzten die großen Plattformen an der Mastmitte, die fighting tops.

dienten bei der Eroberung feindliche Schiffe als Prisen-(Besetzungs-) Kommando und nahmen beim Seegefecht Positionen entlang der Bordwand, im Vorschiff und Heck ein, sobald ein gegnerisches Schiff auf Musketenschußweite herangekommen war und der Moment des Enterns drohte. Sie wurden dabei – ähnlich wie im Landkrieg – in Reih und Glied gestellt und zum Salvenfeuer angehalten. Die Marineinfanterie kämpfte mit aufgepflanztem Bajonett, da sie im Moment des Enterns durch den Feind, nach Abgabe der Salve die Waffe vorstreckte, um möglichst vielen das Überspringen von Bordwand zu Bordwand zu versagen.
Eine Ausnahme in dieser Gefechtsordnung bildeten die Marinescharfschützen, die bei dem allgemeinen Alarmsignal »Alle Mann an Deck!« in »die Toppen gingen«, d. h., sie kletterten sofort in die Wanten und nahmen ihre Positionen in den sogenannten »fighting tops« ein. Das waren die breiten Plattformen im ersten Drittel des Mastes, auch als Mastkorb bekannt. Mehrere Männer konnten auf dieser Plattform bequem stehen und ihre Waffen bedienen. Die Marinescharfschützen wurden mit den besseren Musketen ausgerüstet, deren Läufe noch nicht so ausgeschossen waren; einige Staaten, wie z. B. Frankreich, hatten für diesen Zweck kleinkalibrige gezogene Gewehre, aber diese Art Bewaffnung kam erst in den dreißiger Jahren des 19. Jahrhunderts auf. Zur Zeit der napoleonischen Kriege und dem nachgeschilderten Ereignis hatten die Marinescharf-

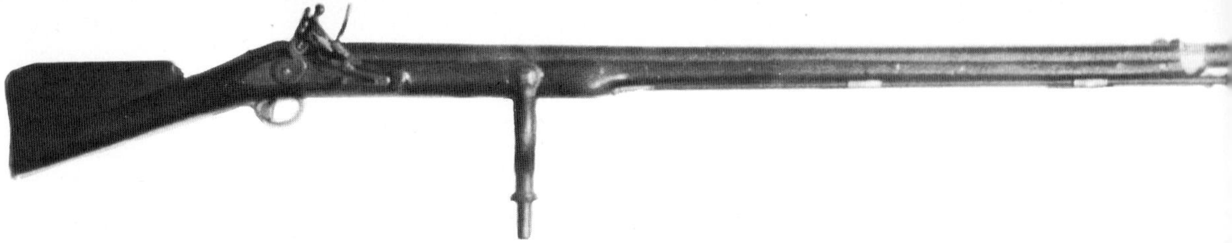

Auch diese überdimensionale Kopie einer Brown Bess mit einer Drehbassengabel, die in eine Halterung an der Bordwand gesteckt wurde, kam auf britischen und amerikanischen Schiffen zur Anwendung. Von Marineschützen bedient wurden mit dieser zwei Meter langen Muskete 30-mm-Geschosse gegen Einzelziele verfeuert.

schützen aller Länder nur glattläufige Musketen. Ihre Aufgabe bestand in der Beschießung gegnerischer Personen mit Schlüsselfunktionen: Neben dem Kapitän und den Seeoffizieren war der Steuermann jedes Schiffes ein solches Ziel. Ein am Steuerrad zusammensackender Steuermann konnte im ungünstigsten Moment das Schiff zu einer führerlosen Schlenkerbewegung veranlassen und so eine für das eigene Entern günstige Gelegenheit verpassen. Daneben gehörten noch die erfahrenen Geschützführer, die Offiziere der Marineinfanterie und die Männer an den mit Hackblei und Schrot geladenen Drehbassen zu bevorzugten Zielen.

Das berühmteste Opfer von Marinescharfschützen wurde der in der Schlacht von Trafalgar tödlich verwundete Admiral Nelson. Nelson selbst hatte es abgelehnt, die Mastkörbe seines Flaggschiffs, der »Victory«, mit Marinesoldaten besetzen zu lassen. Er war bei früheren Seeschlachten Zeuge der Explosion zweier in Brand geratener Schiffe, der »Alcide« und der »Orient«, gewesen. Er sah eine durch unbeabsichtigte Fehlschüsse herbeigeführte Feuerbrunst in den Mastkörben oder auf dem Oberdeck als größere Gefahr an als den Nutzen, den ihm die Scharfschützen bringen konnten. Die Mastkörbe der »Victory« blieben so auch bei Trafalgar unbesetzt und die französischen Mariniers brauchten keinen Gegner befürchten. Beim Durchbruch der »Victory« durch die Linie der französischen Schlacht-

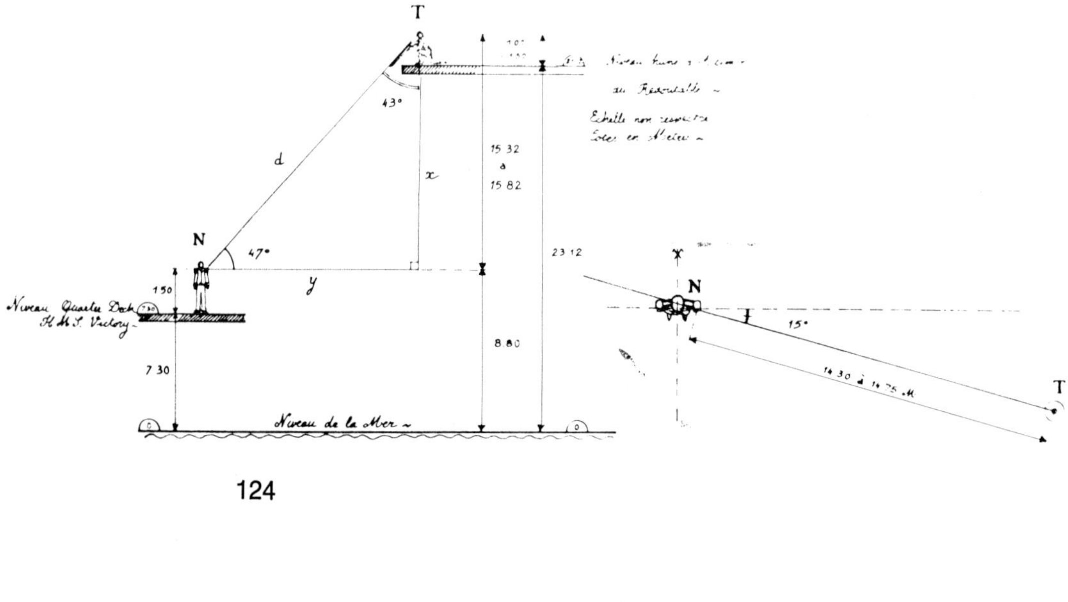

Aus der Untersuchung des Journals »La Gazette des Armes«, die Rekonstruktion des Todes von Nelson, mit Aufzeichnung von Schußwinkel, Entfernung und Höhe der Kombattanten.

schiffe kommt es so zu dem Tod Nelsons: Marinescharfschützen im »fighting top« des Besanmastes der »Redoubtable« erblicken Nelson und Kapitän Hardy auf dem Hinterkastell der »Victory«. Nelson, der an seinen zahlreichen Orden als hoher Offizier und Admiral erkenntlich ist, erhält eine Kugel, die in die linke Schulter trifft und in das Rückgrat eindringt. Nelson hatte kurz vor Anbruch der Seeschlacht das Ablegen seiner Orden und Ehrenzeichen abgelehnt mit dem Hinweis, da er sie aufgrund von Schlachten erhalten hätte, sie auch in der Schlacht zu tragen gedenke. Der Überlieferung nach stirbt er in dem Moment, als er vom Sieg der englischen Flotte erfährt.
Mit dem Ende der Segelschiffe geht auch die Aufgabe der Marinescharfschützen verloren. Die neuen gepanzerten Kampfschiffe, die im amerikanischen Bürgerkrieg ihr Debüt haben, leiten eine Ära des technisierten Fernkampfes ein, bei dem sich Offiziere, Geschützführer und Steuerleute nicht mehr ungeschützt auf Deck zeigen.

Die Einführung von Hinterlade-Systemen

Für den Historiker ist es mitunter erstaunlich, welche Weitsicht einzelne Personen beweisen, obwohl — oder gerade weil — sie sich in einem sozialen Umfeld befinden, welches am Althergebrachten festhält. Dem Verfasser erging es so, als er bei Gumtau folgende Textstellen fand, nachdem er sich in anderen Quellen die seitenlangen Kritiken und Ablehnungen neuwertiger Zünd- und Ladesysteme durchsehen mußte.
Da schreibt doch dieser Hauptmann bereits in den dreißiger Jahren des vorigen Jahrhunderts (als sich viele Generäle noch gegen das »neumodische« Perkussionssystem wehrten): »Eine Beseitigung der Mängel in den gegenwärtigen Eigenschaften unserer Büchsen beschränkt sich daher hauptsächlich auf eine zweckmäßige Einrichtung für eine bessere und leichtere Ladeweise derselben . . .« Er verweist auf die Erfindungen von Delvigne und fährt fort, die Pflasterkugel und ihre schwierige Ladeweise zu bemängeln. Er erkennt klar den Vorteil, den das neue Geschoß mit sich bringt, setzt die Vorzüge in die praktische Gefechtsführung um, indem er betont, daß ein solcherart ausgerüsteter Schütze in allen Stellungen laden kann, auch in der Bewegung und unter besserer Ausnützung der im Gelände gegebenen Deckungen. Als neue Ladeweise aber sieht er nicht das später eingeführte Expansionsgeschoß als höchste Stufe an, sondern

er fordert Versuche und forcierte Entwicklungen in Richtung auf ein für den Kriegsgebrauch geeignetes Hinterladesystem!
Den Bedenken konservativer Militärs, die eine zu schnelle Schußabgabe befürchten, setzt er die Vorteile der schnellen Schußbereitschaft entgegen, die es dem Schützen erlaubt, ruhiger und kaltblütiger zu bleiben.
Gumtau sieht auch, daß eine solche Ladeweise nicht allein auf das Jägercorps beschränkt bleiben kann und bei einer Hinterlade-Einrichtung für alle Infanteriewaffen der Wert der Jägerbüchse, ja sogar des Jägercorps, schwinden würde. Aber er betont auch, daß »der gut

Verschiedene Geschosse aus der Zeit des amerikanischen Bürgerkrieges. Die unterschiedlichen Ansätze der Minie-Form sind ersichtlich, obere Reihe: 2. v. l. eine Rundkugel die aus einer »buck an' ball« Ladung entstammte – die Eindrücke der drei kleineren Rehposten sind genau zu erkennen. Untere Reihe: 3. v. r. das längliche Whitworth-Geschoß.

geübte Schütze und der besonders gewandte Tirailleur und Patrouilleur, wie es die Jäger sind, immer als gute Münze gelten wird«.
Hauptmann Gumtau war seiner Zeit um Jahre, ja Jahrzehnte voraus. Erst Mitte der sechziger Jahre setzte sich allgemein in Europa das Hinterladesystem durch. Führend blieben die Preußen, die mit dem Dreysischen Zündnadelgewehr einen bedeutenden Anfang dieser revolutionären Entwicklung setzten.

Die Jäger und Scharfschützen – Fazit einer Entwicklung

Die Restauration, die mit dem Wiener Kongreß einsetzte, erstreckte sich nicht nur auf die politischen und sozialen Verhältnisse in Europa, sondern wurde auch im militärischen Bereich spürbar. Drill und Lineartaktik blieben das taktische Hauptelement, nicht zuletzt, weil

Jägerschleichpatrouille im Krieg gegen Frankreich.

nichts so sehr die Herzen der Fürsten erfreuen konnte wie die schnurgeraden Infanteriebataillone beim Exerzieren auf dem Schloßhof. Auch im Bereich der Jägerkorps und Scharfschützeneinheiten blieb alles wie es war. Sie waren geeignet, bei Paraden und Aufmärschen einen guten Eindruck zu hinterlassen, ihre grünen Uniformen und ihre aufgepflanzten Hirschfänger wirkten martialisch, aber bei ihrem Einsatz wurden nach wie vor die gleichen Fehler gemacht. Im Siebenjährigen, in den napoleonischen und in den europäischen Kriegen von 1864, 1866 und 1870/71 wurden Jäger-Formationen als

Vorstellungen von Glanz und Gloria im 70/71er-Krieg – Preußische Jäger erobern ein französisches Geschütz im Bajonettangriff.

Uebersicht

der

von der Inspektion der Jäger und Schützen in der Schießübung 1833 geleisteten Resultate.

Es haben unter 100 Schuß getroffen.

Bataillon oder Abtheilung.	Ohne Gepäck:		Mit Gepäck:																	
	Die Scheibe von 6 Fuß hoch und 4 Fuß breit haben getroffen							Die Scheibe von 6 Fuß hoch und 8 Fuß breit haben getroffen		Nach einer sich bewegenden Scheibe von 6 Fuß hoch und 4 Fuß breit worauf eine menschliche Figur				Im Tiralliren, wie zum Gefecht ausgerüstet, nach mannsbreiten Scheiben von 6 Fuß hoch und 16 Zoll breit						Mit P… patro… Tira… nach d… hohen … breiten … den …
										trafen die Figur		trafen die Scheibe		im Stangenholze			aus Mangel eines geeigneten Stangenholzes, auf der Ebene			
	angestrichen am Schießpfahl					aus freier Hand		angestrichen am Schießpfahl		aus freier Hand										
	Auf Schritt:																			
	100	150	200	250	300	100	150	350	400	100	150	100	150	300	200	150	300	200	150	2…
Garde-Jäger-Bataillon	100	100	99	96	89	100	99	90	81	70	58	98	95	48	71	72	—	—	—	8…
Garde-Schützen-Bataillon	99	95	86	75	59	98	94	58	41	68	57	92	85	—	41	62	—	—	—	8…
Erste Jäger-Abtheilung	100	100	98	96	91	100	99	84	82	61	54	97	94	27	32	43	—	—	—	8…
Zweite Jäger-Abtheilung	100	100	99	95	92	100	99	94	89	65	50	98	93	26	60	69	—	—	—	7…
Dritte Jäger-Abtheilung	100	100	97	94	90	100	100	91	88	84	67	100	99	—	44	63	—	—	—	9…
Vierte Jäger-Abtheilung	100	100	99	95	88	100	99	81	68	72	70	98	97	—	60	80	23	49	58	6…
Erste Schützen-Abtheilung	100	100	98	94	87	100	100	75	62	80	63	98	93	—	—	—	31	63	77	5…
Zweite Schützen-Abtheilyng	100	99	98	90	83	99	97	86	61	78	69	99	91	—	—	—	34	64	73	8…
Dritte Schützen-Abtheilung	100	99	96	90	79	99	98	81	74	65	51	95	90	—	—	—	25	54	61	8…
Vierte Schützen-Abtheilung	100	99	97	91	82	100	98	83	70	78	68	99	97	—	—	—	27	52	68	6…
Mittleres Verhältniß	100	99	97	92	84	100	98	82	72	72	61	97	93	31	52	65	28	56	67	7…

Preußische Jäger im Krieg „70/71“.

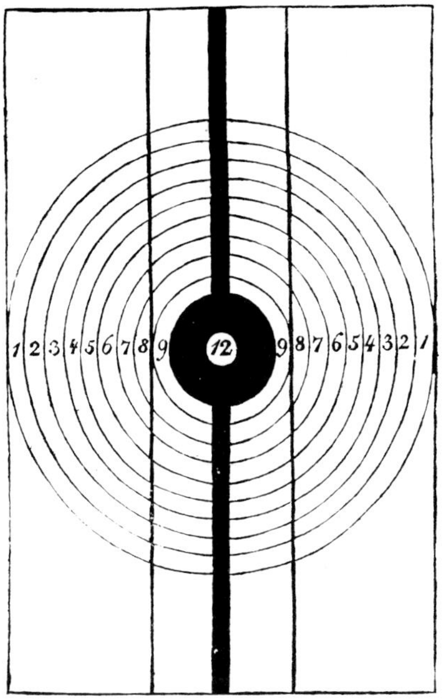

Links:
Jägerscheibe Mitte des 19. Jahrhunderts.

Offizierstschako des hannoveranischen Garde-jäger-Bataillon Nr. 10 (mit dem Peninsula-Waterloo-Bandeau der Dt. Legion).

Jäger 1895, ausgerüstet mit dem Gewehr 88 auf Vorposten.

Sturmtruppen verheizt. Wohl hatte Gumtau schon in seinem dreiteiligen Werk über die preußischen Jäger wiederholt auf diese Einsätze hingewiesen und die absurde Mentalität von dem Bajonett verschworenen Stabsoffizieren kritisiert, aber nach wie vor wurden die Jäger, statt als Scharfschützen zur Feuerunterstützung als Sturmtruppen mit gefälltem Bajonett eingesetzt. Offizierskorps und Heimat berauschten sich an den Berichten über eroberte Geschütze und überrannte Stellungen, die mit der blanken Waffe genommen wurden. Zwar kosteten solche Angriffe unzählige Menschenleben in den eigenen Reihen, zwar hätte ein wohlgezieltes Scharfschützenfeuer die Geschützbedienungen und Stellungen leerfegen können, aber falsch verstandenes Heldentum und die Unfähigkeit der Kommandeure, die wahren Möglichkeiten der Jägerwaffe zu erkennen, blieben allgegenwärtig. Mit der Einführung der Minié-Geschosse und später der Hinterladesysteme schwanden ohnehin die Unterschiede zwischen den Jägerformationen und der Linie. Die Jägerbüchse M 1871 unterschied sich nur noch in der Lauflänge von dem normalen Infanteriegewehr. Sie besaß nicht einmal mehr den für den sauberen Zielschuß so brauchbaren Stecher. Rein technisch schien man an einer Grenze angelangt zu sein. Jeder Infanterist hatte nun die Möglichkeit, gezieltes Punktfeuer zu schießen und zum Scharfschützen zu werden. Mit der Einführung der Maschinengewehre ins deutsche Heer verloren auch die Jäger-Regimenter ihre äußerliche Form. Die MGs machten sie ausstattungsmäßig zu einer normalen Infanterie-Einheit. Trotz vielfältiger Entwicklungen bot das 19. Jahrhundert – mit wenigen im folgenden beschriebenen Ausnahmen – kaum eine wesentliche Neuerung in Hinsicht auf den Einsatz europäischer Scharfschützen.

Es sollen hier nicht die verschiedenen Waffentypen des deutschen Bundes aufgezählt werden. In hervorragender und kaum zu übertreffender Weise hat Hans-Dieter Götz dies getan und auf sein fundamentales Werk soll an dieser Stelle hingewiesen werden.

Das allgemein als Minié bezeichnete Expansionsgeschoß ging auf eine Reihe sich ähnelnder Entwicklungen französischer und britischer Erfinder zurück, die in den vierziger Jahren des 19. Jahrhunderts zum Durchbruch gelangten. Hauptmann Claude Etienne Minié, von der französischen Infanterieschießschule Vincennes, vervollkommnete diese Entwicklungen und schuf ein längliches Geschoß, dessen hohler Geschoßboden durch ein Näpfchen aus Metall, später aus Holz, in die Züge gedrückt wurde. Bereits 1850 übernahm die

belgische Armee als erste die neue Geschoßführung in ihre Standardwaffen. Die anderen Staaten zogen sehr schnell nach.
In Verbindung mit dem wenige Jahre zuvor eingeführten Perkussionszündsystem bot die Miniésche Geschoßführung eine schnell zu ladende, sichere Waffe für den Infanteristen, deren Schußgenauigkeit nichts zu wünschen übrig ließ.
Im Krimkrieg und in den Schlachten des amerikanischen Bürgerkriegs bewies sich die tödliche Effektivität dieser Vorderlader, bevor mit der massenweisen Einführung patronengeladener Hinterladesysteme eine neue Ära hereinbrach.
Taktisch bot der Krimkrieg wenig neue Entwicklungen. Etwas Aufsehen erregten die französischen Scharfschützen, die sich bis auf 200 Meter vor die Wälle der Festung Sewastopol heranrobbten, um dann aus schnell aufgeworfenen Schützendeckungen heraus die russischen Kanoniere unter Feuer zu nehmen. Diese Scharfschützen waren aus der Elite-Jägertruppe, den »Chasseurs de Vincennes«, ausgewählt worden, und ihr treffsicheres Feuer auf die Scharten der Geschützstellungen brachte die Bedienungen in arge Bedrängnis. Die Chasseurs nutzten den Totraum unterhalb der Wälle aus, den die Kanonen normalerweise nicht bestreichen konnten. Erst als einige Russen auf die Idee kamen, die Lafetten hinten aufzubocken, um die Rohre zu senken, mußten sich einige dieser Vorposten unter einem Kartätsch-Hagel schleunigst zurückzuziehen. Ihr Gegenstück hatten die alliierten Franzosen und Briten in den vereinzelten russischen Scharfschützen, die bei Nacht weit vor die eigenen Linien pirschten, sich Erdlöcher gruben und in diesen auf die morgendlichen Angriffe und Beobachtungsritte warteten, um sie dann in ein wirksames Flankenfeuer zu nehmen.
Aber diese Einsätze waren nur vereinzelter Natur und nicht Ausdruck eines neuen umfassenden Konzepts: Sturmangriffe mit gefälltem Bajonett gegen Kanonen — so sah die »ideale« Schlacht aus, ein gleichermaßen wahnsinniges wie tödliches Unterfangen, das sich noch bis in die »Angriffslehren« eines Marschalls Foch im Ersten Weltkrieg fortsetzen sollte. Ungezählte französische Poilus sollten dem Heldenethos und den Träumereien ihrer Generale vor den Mündungen deutscher MGs zum Opfer fallen.
Andere Möglichkeiten wurden nicht auf den europäischen Manöverfeldern oder in den Kriegsschulen entwickelt. Denkanstöße sollten aus der Neuen Welt, aus Amerika und den Kolonien Englands kommen — die leider viel zu wenig beachtet blieben.

Scharfschützengewehre des 19. Jahrhunderts

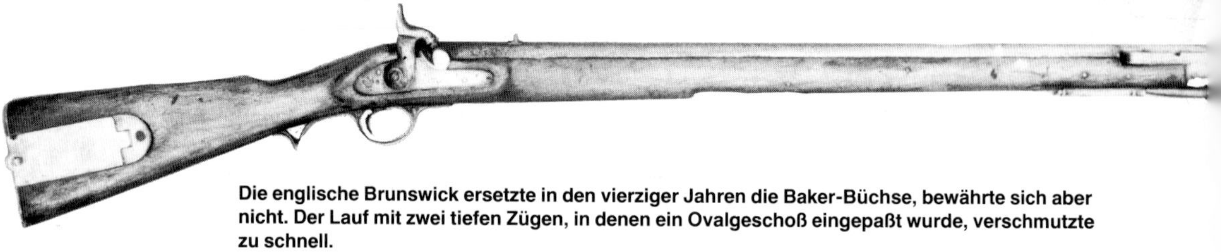

Die englische Brunswick ersetzte in den vierziger Jahren die Baker-Büchse, bewährte sich aber nicht. Der Lauf mit zwei tiefen Zügen, in denen ein Ovalgeschoß eingepaßt wurde, verschmutzte zu schnell.

Die württembergische Jägerbüchse Modell 1859 wurde in Suhl gefertigt. Sie besticht durch die sehr führige Handlage. Der Stecher der M 1859 – eingestochen (rechts).

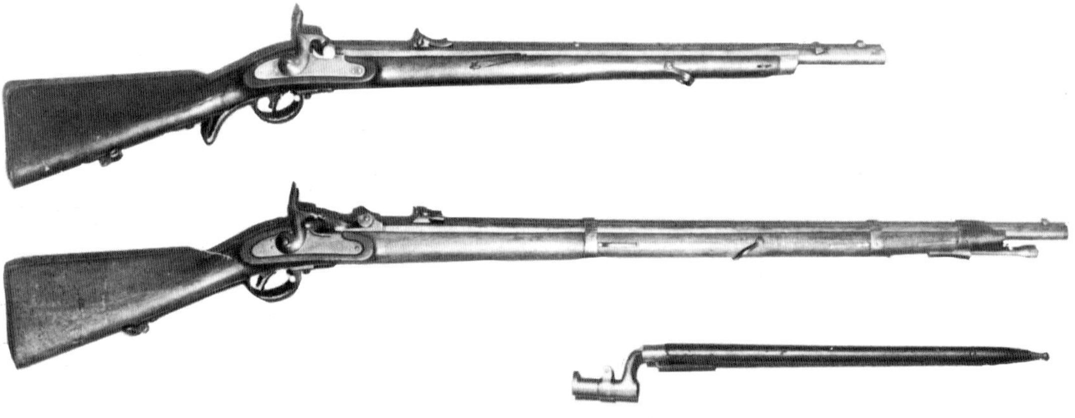

Der österreichische Lorenz-Jägerstutzen im Größenvergleich zu dem aus dem Lorenz-Infanteriemodell abgeänderten Wäntl-Hinterlader.

Die Dreyse-Jägerbüchse M 1865, die letzte preußische Scharfschützenwaffe, die noch Eigenschaften der Jägerbüchsen wie Stecher, Fingerhaken, Messinggarnitur etc. besaß. Die Waffe kam in zwei Versionen unterschiedlicher Schaftlänge: ‚LA' = langer Anschlag, ‚KA' = kurzer Anschlag.

Die Mündung der M 65 (oben rechts) mit ihren vier tiefen Zügen zur Aufnahme des Papp-Treibspiegels der Dreyse-Patrone. Das Korn hatte auf seinem hinteren Teil eine Messingbeschichtung.

Das ursprüngliche Klappvisier der M 65, das mit der Beckschen Aptierung verschwand.

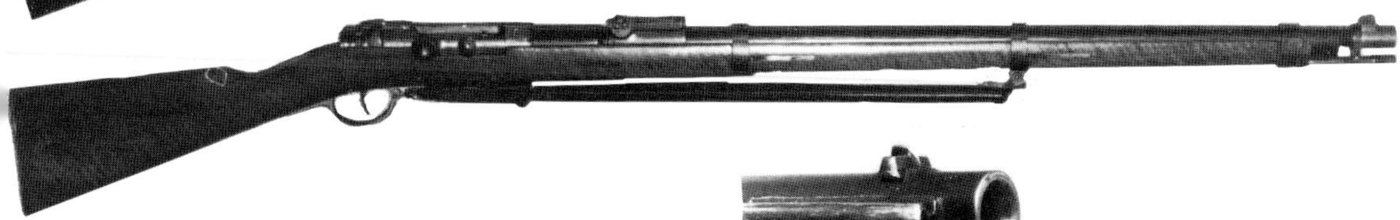

Das Mauser-Infanteriegewehr M 1871 und die dazugehörige Jägerbüchse, die sich nur noch in Länge und Fingerhaken vom Standardmodell unterschieden.

Das Rahmen-Schiebevisier des Modells 71.

Mit ihrem Jägerstutzen gingen die Eidgenossen 1850 auf den neuen Trend der radikalen Kaliberverkleinerung ein. Besonders hervorzuheben: Mündung und Ladestockform, die ein genaues Setzen des Geschosses erlaubten und gleichzeitig Züge wie Mündung vor Beschädigung bewahrten.

Jägertruppe der Schweizer im Manöver um 1850. Die geographischen Verhältnisse stellten besondere Anforderungen an Schützen und Waffe.

Teil II

Der Scharfschütze als Einzelkämpfer

»Sharpshooters« im nordamerikanischen Bürgerkrieg

Linke Seite: Winslow Homers berühmtes Bild von einem Unionsscharfschützen.

Am 12. April 1861 leitete die Beschießung von Fort Sumter, Süd-Carolina, den amerikanischen Bürgerkrieg ein. Der Konflikt zwischen den agrarisch-orientierten Südstaaten und ihrer konservativen Sklavenhalter-Gesellschaft und den expandierenden Nordstaaten mit ihrer aufstrebenden Industrie sollte sich zu einem vierjährigen Selbstzerfleischen ausdehnen, dessen für den Norden siegreicher Ausgang die Entwicklung der amerikanischen Nation bis in die Gegenwart bestimmt. Weit mehr aber sollte er die Gemüter und Phantasien von Generationen nachfolgender Amerikaner bewegen: Historiker, Militärfachleute und Laien haben sich mit durch die Jahrzehnte nie endenwollendem Interesse über die Abläufe jener geschichtsträchtigen Periode ergangen, eine Unzahl von Artikeln, Büchern und Nachschlagewerken veröffentlicht und den »Krieg zwischen den Staaten« wohl zu einem der bestdokumentierten Ereignisse der vergangenen Jahrhunderte gemacht.
Die Bedeutung des Krieges für die militärische und technische Entwicklung war auch den damaligen Zeitgenossen nicht entgangen, und kaum ein europäischer Staat ließ es sich nehmen, Offiziere als Beobachter zu entsenden. Während die Verwendung von gezogenen Geschützen, Telegraphen und Eisenbahnen – um nur einige Faktoren zu nennen – den Konflikt in Nordamerika zu einem Lehrbeispiel für moderne Kriegsführung par excellence machte, ließen Taktik, Gefechtsführung auf unterer Ebene und infanteristische Ausbildung sehr zu wünschen übrig. Dieser Umstand entging aber den

meisten Schlachtenbummlern, die von der Größe und der Ungeheuerlichkeit des Geschehens beeindruckt wurden. So wurden die in geschlossenen Kompanie- und Regimentsformationen geführten Attacken von Gettysburg oder Marye's Heights zu heroischen Legenden. Angesichts der bereits selbstverständlich gewordenen Feldbefestigungen – wie Schützengräben und Brustwälle – und dem allgemeinen Gebrauch von gezogenen Minié-Gewehren erscheinen sie aber als überholte Methoden. Was im Zeitalter der glattläufigen Steinschloßflinten und der aus gepreßten Söldnern bestehenden Kabinettskriegsheere noch sinnvoll war, stellte nun nur noch einen Beweis für die konservative Grundhaltung (oder Dummheit!) der Offiziere dar. Zehntausende verbluteten so in Bajonettangriffen in diesem verlustreichen Krieg der USA: Schulter an Schulter, ohne einen Schuß abzufeuern, im Schrittempo über offenes Terrain – lohnende Ziele für die Artillerie und jeden Gegner, der sich die Mühe machte, zu zielen.

Der amerikanische Bürgerkrieg war »a rifleman's war«, ein Krieg, in welchem der Infanterist, der Gewehrschütze noch das schlachttragende und entscheidende Element war. Trotzdem war die individuelle Schießleistung gering: Nach einem vielzitierten gängigen Ausspruch der damaligen Zeit bedurfte es des Gegengewichtes eines Mannes in Blei, um einen einzigen Feind zu töten. Ein Spezialist der Unionstruppen stellte sogar folgende Bedarfsrechnung für jeden konföderierten Toten auf: 240 Pfund Pulver und 900 Pfund Blei! Das Heeresbeschaffungsamt hatte bereits 1860 den Spencer Mehrlader abgelehnt, da die Soldaten mit dieser Waffe noch weniger zielen, noch schneller schießen und noch mehr Munition vergeuden würden – ein Argument, welches noch Jahrzehnte später in vielen Armeen gegen Repetiergewehre und automatische Waffen angeführt werden sollte. James W. Ripley, Oberst und Kommandeur einer 64 Mann starken Verwaltungsabteilung für die Heeresbewaffnung, gehörte nicht zuletzt wegen seines fortgeschrittenen Alters zu den Verfechtern orthodoxer Waffentechnik: Bis er 1864 auf Betreiben fortschrittlicher Militärs, sensationsheischender Journalisten und verantwortlicher Volksvertreter endlich aus dem Amt entfernt wurde, hatte er erfolgreich die Einführung mehrerer moderner Waffensysteme verhindert, u. a. das Mills Schnellfeuergeschütz, der Vorläufer der Gatling Gun.

Der Hauptgrund für die ineffektive Schießleistung, besonders der Nordstaaten-Truppen, aber lag in Herkunft und Ausbildung der Soldaten: Während die »Johnny Rebs« der Konföderation zu einem großen Teil aus dem Stand der Kleinbauern kamen und seit ihrer Jugend mit dem Gebrauch von Schußwaffen durch die Jagd vertraut waren, bestand die Masse der Rekruten des Nordens aus den unteren Schichten urbaner Zentren, nicht selten aus Einwanderern, Slumbewohnern und Gelegenheitsarbeitern. Die Offiziere dieser neu ausgehobenen Freiwilligen-Regimenter besaßen oft nur eine nebulöse Vorstellung von den Anforderungen militärischer Ausbildung und gefechtsgerechten Übungen. Der Hauptteil des Exerzierreglements bestand in Formationsübungen und »Griffekloppen«. Nur sehr wenige Regimenter unternahmen etwas, was an eine Schießausbildung erinnerte. In den seltensten Fällen – so zeigte eine Untersuchung von 400 Regimentsannalen der Unionstruppen* – wurden scharfe Schießübungen auf Zielscheiben abgegeben. Der durchschnittliche »Billy Yank« besaß nur ein vages Verständnis der Vorgänge beim Schuß, wußte nichts über die ballistischen Leistungen und Eigenheiten seiner Waffe und war mehr als unzureichend in der Handhabung seines Gewehres ausgebildet. Auf dem Schlachtfeld von Gettysburg wurden rund 12 000 Vorderlader eingesammelt, die doppelt geladen waren. 6000 weitere enthielten drei oder mehr Ladungen, wobei bei vielen die Patronen nicht aufgerissen waren oder falsch, d. i., mit dem Geschoß zuerst, in die Mündung geladen worden sind. Im Prinzip waren diese Handhabungsfehler nicht ungewöhnlich, nur ihre Häufigkeit läßt Rückschlüsse auf den Ausbildungsstand zu. In der Hitze des Gefechts vergaßen viele Soldaten das wenige, was sie in zu kurzer Zeit an Unterweisung erhalten hatten.

Vor dem Hintergrund dieser Schußleistungen wird die in der breiten Masse des Offizierkorps gehaltene Meinung verständlich, daß der mit Elan vorgetragene Bajonettangriff mehr zum Schaden des Feindes beitrug, als noch so viel Infanteriefeuer. – Was den Herren Offizieren beider Bürgerkriegsseiten lediglich bei ihren Überlegungen entging, war der Umstand, daß sich die mangelnde Effizienz ihrer Truppen direkt von der eigenen Unkenntnis oder Unfähigkeit als Ausbilder ableiten ließ.

In dieser Atmosphäre ward den Scharfschützen beider Seiten ein besonderer Platz zuteil; ihre besonderen Fähigkeiten hoben sie aus dem Truppenrang hervor und gaben ihnen mitunter eine Sonderstellung, welche über der des Kompanieoffiziers rangierte. Ähnlich wie

* siehe hierzu Francis A. Lords Artikel »With a few more misses, the Yanks might have lost« im American Rifleman, April 1975.

die Schützen von 1776 hatten sie ihre Kenntnisse durch jahrelange Erfahrung und tägliche Übung auf der Jagd erhalten. Die meisten von ihnen waren Farmer, viele stammten aus den unerschlossenen Gebieten des Westens, der »Frontier«. Wie den Minutemen vor ihnen, bot der Schuß auf ein Reh, einen Hasen oder einen wilden Truthahn die einzige Möglichkeit, die recht magere und einseitige Diät jener Tage aufzubessern. Der Umgang mit der gezogenen Jagdwaffe, der Rifle, war für sie lebensnotwendiges Grundwissen. Zudem hatten sich in einigen kleinen Städten des Ostens, in Anlehnung an die revolutionäre Tradition des Unabhängigkeitskrieges, Schützenvereinigungen gebildet, die dem Scheibenschießen huldigten. Noch selten, aber durchaus bekannt, waren die »Benchrest«-Wettkämpfe, jene Schießübungen, bei denen auf Entfernungen bis zu 1000 Yards, zumeist aber auf die 200-Yard-Distanz geschossen wurde.

Wessons Monster

Die Waffen für diese Unternehmungen hatten wenig Ähnlichkeit mit den herkömmlichen Gewehren: Ursprünglich inspiriert von den europäischen, insbesondere deutschen, Scheibenstutzen erinnerten sie mehr an zu dick geratene Kentuckys. Die durchschnittliche »slug gun« wog zwischen 16 bis 25 Pund, sehr gute Ausführungen sogar ca. 32 bis 36 Pfund. Während der Schaft in seiner Form noch an die Geradlinigkeit der Hawken erinnerte, übertrafen die oktogonalen Läufe alles bisher Dagewesene. Da die Waffen von einer Auflage, einer Deckenrolle, einem Sandsack oder einem »stand« geschossen wurden, fehlte zumeist der Vorderschaft; der schwere Lauf mit seinem Kaliber von .36, .45 oder .50 inch nahm auch jeden dafür vorgesehenen Platz ein. Diese Waffen besaßen ausnahmslos einen Stecher und waren mit Diopter oder frühen »Zielfernrohren« ausgerüstet. Viele dieser Zielfernrohre waren nur lange, über den ganzen Lauf reichende Messingröhren, Zielhilfen ohne Optik. Andere hatten bereits geschliffene Gläser, waren aber sehr lichtarm. Ein Blick durch diese Zielröhren war wie ein Blick durch einen langen, engen Tunnel, an dessen Ende ein sehr geringer Zielfeldausschnitt lag. In beiden Fällen aber sah man das Objekt schärfer, da das Auge sich besser konzentrieren konnte – eine Erkenntnis, welche die Chinesen bereits vor 2000 Jahren gewonnen hatten.
Diese Waffen wurden nicht mit gepflasterten Kugeln geschossen. In

den fünfziger Jahren des 19. Jahrhunderts war in den Vereinigten Staaten das Konzept der »false muzzle« aufgekommen und von Alvan Clark 1848 patentiert worden. Ein separates Stück Lauf wurde mit Hilfe von Nuten so auf die Laufmündung gesetzt, daß das Bleigeschoß nun problemlos in die Züge gepreßt werden konnte. In Verbindung mit dem schweren Lauf waren so die Voraussetzungen für ein Matchgewehr geschaffen, dessen Blütezeit in der zweiten Hälfte des vorigen Jahrhunderts lag. Das bekannteste Muster dieser Gewehrart zu Beginn des Bürgerkrieges wurde von Edwin Wesson gefertigt.*

Diese Bench Rest Rifle mit einem Gewicht von 22 Pfund verschoß ein Projektil Kaliber .45. Sie gehörte dem Scharfschützen Edwin I. Stanclift, Union Army of the Potomac, und wurde von E. Wesson gefertigt. Das Zielfernrohr trägt die Aufschrift „C.D. Abbey/Chigaco".

Bullet Starter und false muzzle.

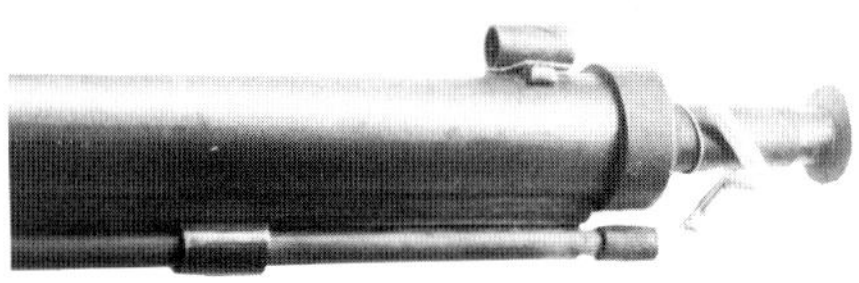

Slug gun mit aufgesetzten bullet starter, daneben ein Modell mit false muzzle und Zielfernrohr.

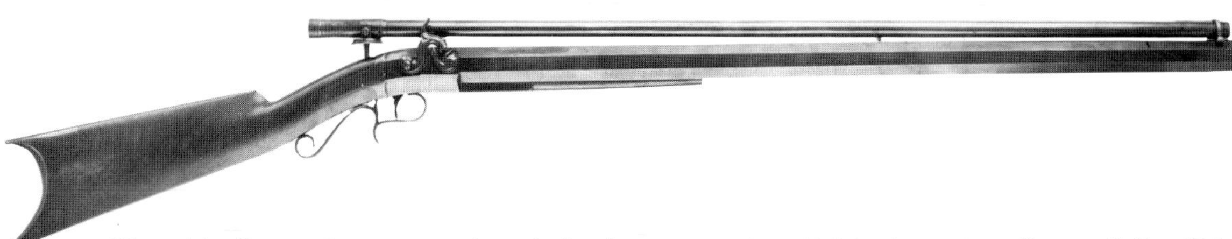

Slug gun, Kaliber .45, hergestellt von Morgan James aus Utica, N.Y. Zusammen mit Zielfernrohr, Ladegerät und false muzzle für 100 U.S. Dollar im Jahr 1860 vom Ordnance Department der U.S. Militärakademie West Point angekauft, wo es für das Schießtraining über lange Entfernung Verwendung fand. (West Point Collection).

Obwohl diese slug guns den Anforderungen des Feldgebrauchs nicht entsprachen, wurden sie auf beiden Seiten geführt. Die Unionsregierung erließ eine Aufforderung an Mitglieder von Schützenvereinigungen, mit ihren Privatwaffen einzurücken. In den Südstaaten, wo ein Mangel an guten Schußwaffen ohnehin bestand, brachten viele Freiwillige ihre eigenen Gewehre in die Armee ein. Augenscheinlich wurden einige slug guns direkt von den Büchsenmachern im Regierungsauftrag angekauft, denn es finden sich eine Anzahl

* Die Replika einer solchen Waffe wird in Italien gefertigt; das Original wurde von Private Edwin I. Stanclift, Army of the Potomac, geführt. Der 75 cm lange Lauf hatte ein Kaliber von .45 inch, die Waffe wog 22 Pfund und war mit einem Zielfernrohr von C. D. Abbey, Chicago, ausgerüstet.

dieser schweren Waffen mit »CSA« und der Jahreszahl 1862. Im gleichen Jahr kaufte auch die Nordstaatenregierung eine Anzahl Matchgewehre mit Zielfernrohren. Nach dem Vertrag erhielt der Bostoner Büchsenmacher W. G. Langdon pro Waffe 150 Dollar; ein hoher Preis, vergleicht man ihn mit den 30 US-Dollar, welche die Regierung in Washington pro Sharps Karabiner zahlen mußte.

Colonel Berdans Korps

Im Sommer 1861 erhielt der New Yorker Mechaniker und Sportschütze Hiram Berdan, Jahrgang 1824, den temporären Rang eines Obersten der Unionsarmee, verbunden mit der Aufgabe, ein Regiment Scharfschützen aufzustellen, das den überlegenen Schützen der Rebellen »Paroli bieten« könne. Im September war bereits die erste Kompanie, »F«, 1st US Sharpshooters, aus 110 Mann, einem Hauptmann und zwei Leutnanten, in Vermont aufgestellt worden. Weehawken Heights, vor den Toren New Yorks, wurde zur ersten Station des neuen Regiments. In diesem Ausbildunglager setzte Berdan die Richtlinien, welche sein Regiment berühmt machen sollte. Unter den Hunderten von Freiwilligen, die sich auf seine Handzettel hin meldeten, konnten Berdan und seine Offiziere genügend erfahrene Rekruten aussuchen, um zwei Regimenter zu formen, – trotz der Einstellungsbedingungen, daß jeder Freiwillige in der Lage sein mußte, zehn Schüsse auf eine Entfernung von 200 Yards, beliebige Schießhaltung, in einen 10-inch-Kreis (25 cm Durchmesser) zu plazieren.

Zu Anfang besaßen die neugeformten Kompanien nur die von den Männern mitgebrachten eigenen Sport- oder Jagdwaffen. Eine Regierungsverordnung sicherte jedem 60 Dollar zu, der seine Privatwaffe zur Verfügung stellte. So gelangten einige slug guns zu Berdans Truppe, erwiesen sich aber nicht als zweckmäßig für den Felddienst. Die Waffen waren zu schwer, ihre Ladezeit zu lang, der Ladevorgang zu umständlich. Auch als später andere Gewehre ausgegeben wurden, blieben diese »heavies« im Regiment. Einige besonders gute Schützen, die für den Einzel- und Vorpostendienst herangezogen wurden, erhielten die Matchgewehre als Auszeichnung. Die Kompaniefeldwebel besaßen darüber hinaus Zielfernrohre. Für eine geraume Zeit waren die meisten Schützen der Kompanien »E« und »F« mit diesen nicht standardisierten Sportgewehren ausgerüstet;

Ein Sharps-Gewehr, Kaliber .52 mit Stecher, Modell 1863, mit und ohne Stecherabzug, wurde von den Scharfschützenregimentern angekauft. Die Waffen konnten mit Dreitkant-Tüllenbajonett oder mit einer Aufpflanzung für ein Schwertbajonett geliefert werden.

Oberst Berdan.

Eine frühe Sharps mit schwerem Achtkant-Targetlauf und Stecher. Diese Waffe wurde bei Gettysburg geführt.

Frühes Wettkampfgewehr von George Mayer, Lancaster, mit einem Diopter-visier.

Slug gun von Moore mit Diopter.

Die Mündung der Moore-Büchse mit dem Korn-tunnel, ‚globe sight' genannt.

Diese Underhammer Scheibenbüchse wurde um 1850 von S. S. Baird, Chittenden Vermount gebaut.

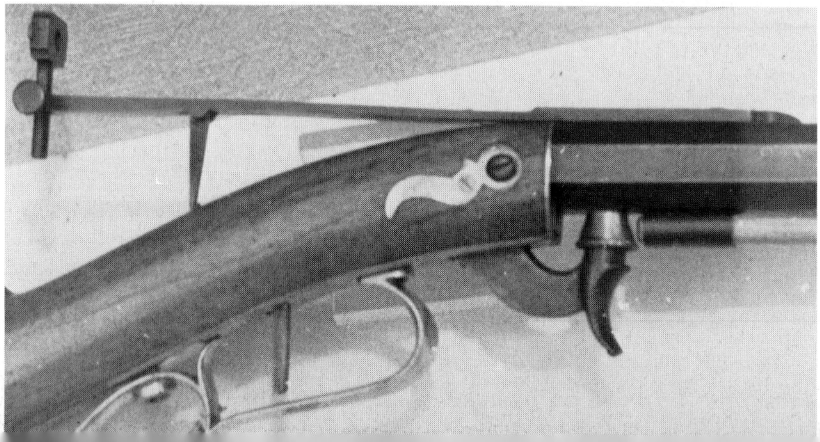

Konföderierte Scheibengewehre, die bei Gettysburg zum Einsatz kamen:

Pennsylvania Long Rifle, Kaliber .32 um 1840, ursprünglich ein Jagdgewehr. Die gesamte Lauflänge wurde von einer Art Blechröhre mit Lederbesatz am Diopter überdeckt, um ein genaues Zielen ohne Einfluß des Sonnenlichtes zu ermöglichen. Ähnliche Zielröhren finden sich schon an Steinschloßgewehren.

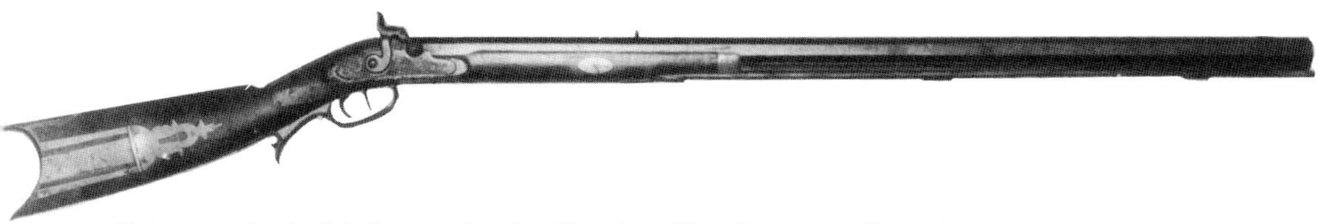

Viele der Jagd- oder Scheibengewehre, die während des Bürgerkrieges zum Einsatz kamen, waren im Gegensatz zu den früheren „Kentucky"-Rifles nur noch halbgeschäftet wie dieses Modell von Josh Golcher, Philadelphia.

Jagdgewehre, die von konföderierten Scharfschützen bei Gettysburg verloren wurden, beide liegen im Kaliber um .50 inch.

sie wehrten sich gegen die Ausgabe der Regierungswaffen. Diese Haltung wird verständlich, berücksichtigt man das Image, das den slug guns anhaftete und die Tatsache, daß die schweren Waffen auf dem Marsch nicht am Mann getragen, sondern in den Bagage-Wagen befördert wurden.
Die Notwendigkeit, beide Scharfschützenregimenter mit einheitlichen Waffen auszurüsten, war in dem zukünftigen Aufgabenbereich des Corps begründet: Berdans Männer sollten nicht nur für den gezielten Einzelschuß auf weite Entfernung eingesetzt werden, sondern auch als Formation Vorposten-, Aufklärungs- und Gefechtsreserve-Dienst leisten. Im Gelände aber waren die Sportgewehre zu unhandlich; wie die Kentucky rifles ließen sie ihren Besitzer nach Abgabe des Schusses wehrlos. Die Aufmerksamkeit Berdans richtete sich daher auf die verschiedenen angebotenen Hinter- und Mehrladesysteme jener Zeit, nachdem er die Standardwaffen der US Truppen, die Springfield Modell 1861 und Harpers Ferry Modell 1855, als unzulänglich abgelehnt hatte.
Die neugegründete Spezialeinheit wurde zum Anziehungspunkt für die Verkaufsvertreter der verschiedensten amerikanischen Waffenfirmen, die sich gute Reklamemöglichkeiten ausrechnen konnten, wenn »Berdan's boys« ihren Waffen den Vorzug geben würden. Einige Schützen kauften bereits in Weehawken Heights Sharps Hinterlader, dessen Fallblockverschluß schnelles Laden in allen Stellungen erlaubte – auch im Liegen. Nach einhelliger Meinung der meisten Schützen des Regiments war die am 20. Dezember 1859 patentierte Waffe des Christian Sharps, ursprünglich als Kavalleriekarabiner ausgelegt, das beste Scharfschützengewehr, das zu bekommen war. Berühmt wurde dieses Gewehr in den Händen des Soldaten Truman Head, »C« Komp., 1. Rgt., genannt »California Joe«, dessen legendenhafte Erlebnisse stellvertretend für alle Berdan-Scharfschützen standen. California Joe soll der erste gewesen sein, der eine Modell 1859 Sharps Muskete, neue Ausführung kaufte. In der Infanterieausführung hatte das M 1859 eine Lauflänge von 76,2 cm (30 inch) und ein Kaliber von .52. Es war mit einem Dreikantbajonett, Tüllenaufpflanzung, ausgerüstet und konnte mit normalem Abzug und Stecher geliefert werden. Die ersten Musketenmodelle für Artillerie-Einheiten kamen mit 91,4 cm (36 inch) Lauf und Schwertbajonett. Von diesen dürfte aber kein Exemplar von Berdans Männern angekauft worden sein.
Trotz der einhellig positiven Meinung über Sharps' Gewehr wurden

die Scharfschützenregimenter Nr. 1 (Berdan) und Nr. 2 (Oberst Henry Post) zuerst mit Colt-Revolvergewehren ausgerüstet. Die Entscheidung dazu war als Ergebnis der bürokratischen Vorzimmer-Schlachten zu sehen, die Berdan durchzustehen hatte, bis er überhaupt ein modernes Standardgewehr erhielt.

Die Scharfschützenregimenter wurden im Kriegsministerium nicht mit dem gleichen Enthusiasmus gesehen, wie er bei den Freiwilligen und schaulustigen Besuchern anzutreffen war, die nach Weehawken Heights kamen. Konservative Offiziere sahen in der grüngekleideten Truppe ein Sammelsurium von Waldläufern, Hillybillys (Hinterwäldlern) und Verrückten, deren tägliche Schießübungen wie ein Zirkus anmuteten. Oberst Ripley und seine Beschaffungsbehörde verweigerten die Lieferung von Sharps Gewehren, der 2. Staatssekretär im Kriegsministerium *, General Thomas A. Scott, unterstützte Ripley in seiner Haltung. Wie viele Offiziere seiner Zeit glaubte er, daß die schnell zu handhabenden Waffen einen negativen Effekt auf die Kampfweise der Soldaten ausüben würden. Der Angriffsgeist, der Wille mit der (noch Jahrzehnte später) viel zu viel gerühmten blanken Waffe vorzugehen, könnte leiden.

Während Berdan noch antichambrierte und sich die Unterstützung der einflußreichen Colt-Verkaufsleiter zusicherte, um über diesen Umweg wenigstens an eine wirksame Waffe zu kommen, wurden die Sharpshooter von New Yorks Vorort in ihr Ausbildungslager bei Washington, D. C., überstellt. Berdan war so näher an den »Vorzimmern der Macht« und er entschied sich, diesen Umstand zu nützen. Ein Besuch der obersten Autoritäten von Armee und Staat im Ausbildungslager wurde arrangiert, und Ende November 1861 erschienen Präsident Lincoln, in seiner Eigenschaft als oberster Befehlshaber, General McClellan, Kommandeur der Potomac-Armee (der Berdan unterstellt war) und Oberbefehlshaber Heer sowie General Scott, um einer Vorführung der Schießleistungen beizuwohnen. Die Leistungen müssen den Präsidenten überzeugt haben, denn er intervenierte persönlich, und Berdan bekam im Dezember des gleichen Jahres die Colt-Gewehre ausgeliefert. Die Regimentsgeschichte überliefert eine interessante Anekdote, welche die Gegensätze von Scott und Berdan aufzeigt, Ressentiments, die beispielhaft für die Beziehungen zwischen altgedienten, regulären Armeeoffizieren und spezialisierten Außenseitern sind. Berdan war kein Absolvent einer Militärschule und verdankte seinen Rang einzig dem Umstand, daß

* entspricht dem stellvertretenden Kriegsminister

er die Aufstellung der Scharfschützeneinheit übernommen hatte. Staatssekretär Scotts Mißbilligung der Spezialeinheit war das typische Vorurteil des Linienoffiziers gegenüber irregulären Verbänden, ein Vorurteil, das sich auf auf die militärischen Erfahrungen und Kenntnisse Berdans übertrug. Im Beisein Lincolns forderte Scott den Kommandeur heraus, bis Berdan selbst ein Beispiel der eigenen Fähigkeiten lieferte: Auf 600 Yards Entfernung traf er dreimal die mit dem Namen des Südstaatenpräsidenten »Jeff Davis« bemalte Mannscheibe, jedesmal unter Angabe des Körperteiles auf den er zielte: Kopf, rechte Brust, linke Hüfte. Alle drei Treffer lagen in den bezeichneten Zielen. Lincoln war überzeugt, Scott mußte sich geschlagen geben. Wenige Tage später unterschrieb der Präsident persönlich die Lieferungsanweisung für die Colt-Gewehre.

Das Kernstück der fünfschüssigen Coltgewehre, die Trommel. Das Visier hatte zwei Klappen.

Colts Revolvergewehr hatte eine Fünf-Schuß-Trommel und das Kaliber .56, eine Lauflänge von 79,5 cm, wog fast zehn Pfund und war mit einem Tüllenbajonett ausgerüstet. Die Truppe mochte das neue Gewehr nicht, nachdem es von den Vorzügen des Sharps-Typs überzeugt war. Obwohl die Waffe sich in einer Reihe von Vorpostengefechten bewährt und die Feuerkraft der Fünf-Schuß-Trommeln ein gewichtiges Argument in jeder Abwehrschlacht darstellte, konnte die Voreingenommenheit gegen das Revolvergewehr mit seinem komplizierten Mechanismus nicht ausgeräumt werden. Die Colts stellten eine Art Übergangslösung dar, bis die Sharps ausgeliefert werden konnten. Da die Produktionskapazitäten zu Beginn des Bürgerkrieges mit Bestellungen für Kavallerie-Karabiner ausgelastet waren, dauerte es bis zum Mai 1862 bis die ersten Sharps für Berdans Einheit geliefert wurden. Das 2. Scharfschützenregiment von Oberst Post erhielt die erste Auslieferung dieser Waffen erst im Juni 1862. Die Colt-Gewehre wurden zurückgegeben und die Sharps wur-

den zur Standardwaffe des Corps bis zur Abmusterung im Februar 1865. Insgesamt dienten 2570 Männer in den beiden Regimentern, rund 300 wurden getötet, über 1000 verwundet.
Einige spektakuläre Ereignisse zeigen die Möglichkeiten, die eine entsprechend ausgebildete Truppe im Bürgerkrieg hatte. Die folgenden Schilderungen, in der Regimentsgeschichte überliefert, legen Zeugnis von der damaligen Gefechtsführung und von der Atmosphäre jener Zeit ab.

Zwischen Legende und Wirklichkeit

Die Berichterstattung über Berdans Scharfschützen oder über die Scharfschützen des Bürgerkrieges im allgemeinen war oft gekennzeichnet von journalistischer Übertreibung: California Joe, so berichtete ein zeitgenössischer Schreiber, hätte einmal auf einen Feind auf zwei Meilen Entfernung aus einer Baumkrone geschossen, und die Südstaaten-Zeitung »Express« wußte gar von der Stellung eines Berdan-Schützen zu berichten, die mit einem Polstersessel, einer Batterie Weinflaschen, Zigarren und anderen Delikatessen ausgestattet war. Ein Nordstaatler sei einem Jäger aus Kentucky zum Opfer gefallen und diese Dinge seien dabei erbeutet worden. Ob solche Nachrichten den Patriotismus der Leser oder den Kampfeswillen der Soldaten tatsächlich anfeuern konnten, sei dahingestellt.
Berühmt und oft wiederholt ist die Geschichte von John Metcalf, der

California Joe

einen konföderierten General auf die unglaubliche Entfernung von 1670 Metern aus dem Sattel geschossen haben soll. Die Geschichte, die selbst heutzutage noch Eingang in Waffenbücher und Zeitungsartikel findet, ist pure Erfindung und geht auf eine kleine Anekdote eines 1920 geschriebenen Waffenbuches von Charles W. Sawyer zurück.

Dabei bot die Wirklichkeit genügend Material für spannende Berichterstattung. Während dem sogenannten »Halbinsel-Feldzug« * des des General McClellan fand die Feuertaufe des Berdanschen Regimentes statt. Bei der Schlacht von Yorktown, in der die leichter bewaffneten Kompanien die Vorhut übernahmen, ergab sich sehr bald eine Möglichkeit, die Bedienungsmannschaften feindlicher Batterien unter Feuer zu nehmen. Auf eine Entfernung von 1800 Yards trieb das gezielte Feuer der zur Formation zusammengezogenen Scharfschützen die Kanoniere in Deckung.

Im gleichen Feldzug gelang es Leutnant Bronson mit einer Gruppe seiner Kompanie, ein überschweres Geschütz auf ungewöhnliche Weise zum Schweigen zu bringen. Die Kanone war in einer gut gedeckten Bastion und wurde zum Laden zurückgerollt, um die Bedienung nicht dem feindlichen Gewehrfeuer auszusetzen. Bronson, der früher selbst Artillerist gewesen war, erkannte, daß die Schießscharte eine seitliche Sandsackverstärkung hatte. Bronson befahl seinen Männern, auf diese Säcke zu zielen, sobald das Geschützrohr wieder in der Scharte erschien. Seine Rechnung ging auf: Der in die Mündung spritzende Sand führte schließlich zu einem Rohrkrepierer.

Geschützbedienungen waren bevorzugte Ziele auf beiden Seiten, wie mancher blau- und graugekleidete Kanonier feststellen mußte. In der Schlacht von Malvern Hill dezimierten Berdans Schützen eine Eliteeinheit berittener Artillerie, die »Richmond Howitzers«. Diese Batterie war aus den Söhnen reicher Familien von Richmond rekrutiert und nahm an einer Reihe von Schlachten teil, u. a. auch in Gettysburg. Bei Malvern Hill sollte die Batterie, in der wahren Tradition der reitenden Artillerie, den geordneten Rückzug der Unionstruppen in eine Flucht verwandeln. Als die Richmond Howitzers aufgaloppierten, kamen sie in Schußweite von Scharfschützen, die hier eine Retrogarde-Aktion fochten. Innerhalb von wenigen Minuten, so berichtete ein Überlebender in seinem Tagebuch, war die Batterie auf

* Die Halbinsel-Kampagne stellte den Versuch dar, den Krieg durch einen schnellen Marsch auf Richmond früh zu beenden; nach einer amphibischen Landung bei Yorktown, blieb der Vormarsch in einer Serie von Gefechten stecken. Bis auf wenige Meilen an Richmond herangekommen, mußte sich McClellan im Juni zurückziehen.

US Sharpshooters vor Petersburg.

zehn Mann, zwei Pferde und ein einziges Geschütz geschrumpft. Das ständige Feuer der Scharfschützen hatte verhindert, daß die Kanonen auch nur einen Schuß abgeben konnten.
Mitunter kam es aber auch anders: In Gettysburg nahmen die Kanoniere einzelne Fenster unter Direktbeschuß, sobald sie darin Scharfschützen auszumachen glaubten.
In der gleichen Schlacht bewiesen die Nordstaatler, welche unglaublichen Möglichkeiten eine diszipliniert schießende Truppe unter Ausnützung der Bodenverhältnisse hatte. Nachdem 20 Schützen unter Sergeant Tyler, »K« Kompanie, 20 konföderierte Scharfschützen gefangennahmen, indem sie sich an deren Stellungen heranpirschten, wurden die vorhandenen Kompanien des 1. Regimentes als Reserve eingesetzt. In dieser Eigenschaft wurden ungefähr einhundert Schützen, unterstützt von 200 Infanteristen des 3. Maine Regimentes, zu einer Erkundung eines Waldstückes ausgesandt, welches die Bewegungen der konföderierten Armee vor den Blicken der Unionstruppen verbarg. Durch Zufall passierten gerade wichtige Verstärkungen, die Brigade Wilcox, diesen Wald, um zum Angriff auf die linke Flanke der Nordstaatler überzugehen. Diese Truppenbewegung wäre schlacht-, wenn nicht kriegsentscheidend gewesen, wäre sie geglückt. Berdans Schützen trafen jedoch auf die ungedeckte Flanke der marschierenden Brigade und eröffneten sofort ihr gezieltes Feuer in einer bis dahin unbekannten Weise.

Das Bedeutungsvolle an dieser von Berdan persönlich kommandierten Aktion war nicht die Tatsache, daß eine kleine Einheit von rund 300 Mann eine ganze Brigade angriff und damit eine Streitkraft von 30 000 Mann band. Abgesehen von der Wirkung, die Berdans Angriff auf den Gettysburger Schlachtverlauf hatte, lag die weitreichendste Bedeutung in der Taktik der Sharpshooters. Auf den Befehl »Advance firing!« hin entwickelte sich die kleine Gruppe zu einer lockeren Schützenlinie, die unter Ausnützung der natürlichen Deckungsverhältnisse des Waldes ein ständiges gezieltes Feuer unterhielten, während sie sich vorarbeitete. Wahrscheinlich zum ersten Mal in der Kriegsgeschichte wurden hier die Elemente Feuer und Bewegung verbunden und nicht getrennt durchgeführt, wie es in dem linearen Formationsgefecht bis dato üblich war.
Der Erfolg war dementsprechend. Während sich die Brigade Wilcox noch zum Gefecht zu formieren suchte, nahmen die Ausfälle ungekannte Proportionen an. Das 10. Alabama-Regiment versuchte einen Sturmangriff, um Berdans Schützenlinie aufzubrechen. Zwar konnte die Brigade schließlich die entstandene Verwirrung überwinden und ihre überlegene Masse zur Geltung bringen, aber selbst dann gelang es ihr nicht, das geordnete Absetzen von Berdan zu verhindern. In den etwa zwanzig Minuten des Gefechtes hatten die Scharfschützen und die zwei Kompanien Maine-Infanterie über zehntausend Schuß abgegeben. Im Wald am Pitzer-Bach lagen Hunderte von toten und verwundeten Konföderierten, an verschiedenen Stellen drei Glieder tief! Wilcox hatte den Eindruck, daß er von zwei Regimentern angegriffen worden war, seine Einheit war völlig demoralisiert, der geplante Flankenangriff der Division Longstreet wurde verzögert, vierzig Minuten, die über den Ausgang der Drei-Tage-Schlacht von Gettysburg entschieden.
Scharfschütze Peter Kipp, »D« Kompanie, der in diesem Gefecht von den Konföderierten gefangen wurde, schrieb später: »Es ist unmöglich für mich, das Schlachten zu beschreiben, das wir in ihren Reihen angerichtet hatten ... Es übertrifft alles, was ich je gesehen hatte ... sie waren in Haufen und übereinander geschichtet ...«

Opfer in den Gräben vor Petersburg.

»Töten eines Yankee-Scharfschützen«

In unserer Frontlinie, bei Korinth, Mississippi, wurden unsere Männer von Scharfschützen abgeknallt, und eine große Menge getötet, ohne daß jemand genau sagen konnte woher die Schüsse kamen. An einer bestimmten Postenstelle war es sicherer Tod. Jeder einzelne, der während einer Woche zu diesem Posten abkommandiert war, wurde getötet. Bei der Verteilung der Abteilung fiel der Posten an mich und Tom Webb. Man brachte gerade einen toten Jungen zurück, als wir zur Wache aufzogen. Oberst George C. Porter von der 6. Tennessee ermahnte uns, aufzupassen. Wir nahmen unsere Stellen ein. Eine Minié-Kugel zischte an meinem Kopf vorbei. Ich glaube nicht, daß es mich um mehr als einen Achtel Inch verfehlt hatte. Tom hatte sich auf einen alten Baumstumpf gesetzt und gerade als er seinen Sitz einnehmen wollte: Zip! Eine Kugel riß ein Stück Holz aus dem Stumpf. Tom hob es hoch und lachte über unsere Lage. Zufällig blickte ich gerade nach oben und sah Rauch über einer Baumspitze aufsteigen und fast gleichzeitig einen Yankee hinter dem Baum hervorlugen, der dort in der Krone saß. Ich machte Tom schnell darauf aufmerksam und zeigte ihm die Stelle. Wir konnten seinen Ladestock sehen, wie er das Gewehr anhob um, wie wir dachten, ein Zündhütchen aufzusetzen. Tom hatte sich in der Zwischenzeit flach auf den Bauch gelegt und das Gewehr auf den Baumstamm aufgesetzt. Ich hatte mein Gewehr an der Seite eines jungen Baumes angestrichen und wir beide zielten auf die Stelle, wo der Yankee war. Endlich sahen wir ihn etwas hinter dem Baum hervorblicken und wir bewegten uns ein bißchen, so daß er uns sehen konnte, und als wir das taten, erschien er voll in unserem Blickfeld und bang, bang! Tom und ich hatten geschossen. Wir sahen den Yankee aus dem Baum fallen wie ein Eichhörnchen. Es hörte sich wie ferner Donner an als er auf dem Boden aufschlug. Wir hörten wie die Yankees ihn forttrugen . . .

Aus: »Kompanie H«, ein Tagebuch eines konföderierten Soldaten, geschrieben von Sam R. Watkins, 1. Tennessee Regiment.

Konföderierte Scharfschützen

Im Durchschnitt war der konföderierte Soldat ein besserer Schütze als sein Kamerad von der anderen Feldpostnummer. Trotzdem wurde 1862, auf Entscheidung der Regierung in Richmond, ein Scharfschützenregiment – ähnlich den Berdan-Schützen – aufgestellt. Die Männer, die in diesem Regiment oder in den Linientruppen als Scharfschützen fungierten, taten dies zumeist mit ihren eigenen Waffen. Nicht wenige davon waren normale »Kentucky«- oder Pennsylvania-Jagdgewehre.
Nord- wie Südstaaten kauften in Europa große Bestände an Musketen auf, um ihre rasch wachsenden Armeen auszurüsten. Neben unzähligen Enfield P 1853 kamen so österreichische und ausgemusterte preußische und französische wie auch russische Gewehre nach Amerika. Viele davon grenzten an den Zustand der Unbrauchbarkeit: Ihre Zündsysteme waren überholt oder – wie das Augustin/Console – unbekannt und mußten geändert werden. Andere hatten glatte Musketenläufe mit unterschiedlichsten Kalibern. Das Whitworth-Gewehr, das in kleiner Zahl bei den konföderierten Scharfschützen in Gebrauch war, bildete eine rühmliche Ausnahme. Diese Waffe war Mitte der fünfziger Jahre von Sir Joseph Whitworth im Regierungsauftrag entwickelt worden, hatte aber aufgrund der hohen Herstellungskosten, der komplizierten Produktionsweise und der Anfälligkeit für Laufverschmutzung keine Verwendung als britische Ordonnanzwaffe gefunden. Sie konnte allerdings große Beliebtheit bei den englischen Sportschützen erfahren, war eine kurze Zeit probeweise in den Schützenregimentern eingeführt und gewann zahlreiche Preise bei den Wettkämpfen in Wimbledon, wo über Entfernungen von 800 und 1000 Yards geschossen wurde.
Äußerlich glich das Whitworth-Gewehr der britischen Standardinfanteriewaffe Enfield P 1853, besaß aber ein Kaliber von .450 inch und hatte einen völlig unterschiedlichen Lauf. Hier lag das Geheimnis der hervorragenden Schießleistung dieser Waffe: Flüssiger Stahl wurde in eine Form gegossen und zusammengepreßt. Der Lauf hatte nicht die üblichen Züge, sondern war hexagonal, genau wie das dazugehörige Whitworth Langgeschoß. In der Militärausführung hatte das Whitworth ein links vom Lauf angebrachtes, sehr weit zurückgesetztes Zielfernrohr. Eine Reihe der verschiedensten Geschosse wurden gefertigt, u. a. auch Explosiv- und Brandgeschosse zum Beschuß von Artillerieprotzen. Die Waffe konnte auch über das normale, auf

Bei Fredericksburg verhindern konföderierte Scharfschützen stundenlang den Übergang der Unionstruppen über einen Fluß. Am Flußufer in Häusern und Ruinen verschanzt, konnten sie auch nicht durch Artillerieeinsatz vertrieben werden. Nachdem die Pioniere schwerste Verluste beim Bau der Ponton-Brücke erlitten haben, setzt ein Infanterieregiment auf Booten über und verdrängt die Konföderierten im Haus-zu-Haus-Kampf.

Opfer der konföderierten Scharfschützen: Major-General Hiram G. Berry, Divisionskommandeur, 3. Mai 1863 und

Links: Brigade-General A. W. Whipple, 4. Mai 1863 bei Chancellorsville. Einer von Berdans Schützen pirschte sich an den Konföderierten heran, der Whipple getötet hatte, erschoß ihn, und erbeutete dessen Gewehr, 1600 Dollar in konföderierter und 100 Dollar in U.S.-Währung.

dem Lauf angebrachte Standvisier geschossen werden und war mit einem Tüllenbajonett ausgerüstet.
Bei verschiedenen Belagerungen wandten die Konföderierten dieses Gewehr mit Erfolg an und bestrichen feindliche Geschützbedienungen auf Entfernungen bis über 1500 Yards. Auf diese Entfernung

Das Enfield Pattern 1853 und ein Whitworth Volunteer-Rifle (unten).

hatte das Whitworth eine Abweichung von nur fünf Fuß, d. h., der Zielpunkt lag etwa anderthalb Meter über dem Trefferbild, während die Enfield .58 Geschosse bei Entfernungen über 1100 Yards kaum noch trafen und der Zielpunkt acht Fuß hoch liegen mußte!

Zielfernrohre

Zu den Zielhilfen, die bereits im 16. Jahrhundert bekannt waren, gehörten vom Nürnberger Brillenmeister geschliffene Gläser, die in einer besonderen Halterung auf dem Kolbenhals von Pürschbüchsen angebracht, das Erfassen von Kimme und Korn auch für schwache Augen ermöglichten. Diese Vorläufer der modernen Schießbrille gehörten zu den Prüfungsstücken, die ein angehender Meister dem Rat der Zunft vorzulegen hatte.
Fernrohre wurden erst Anfang des 17. Jahrhunderts bekannt, als der Brillenmacher Lipperheym (und ein Jahr später Galilei) 1608 eine Linsenanordnung in einer Röhre konstruierte, die es erlaubte, ferne Gegenstände nähergerückt zu beobachten. Von dieser Erfindung bis zum Gebrauch von Fernrohren zum Richten von Geschützen war es nur ein kurzer Schritt, denn die Generäle bedienten sich gern des Sehrohres (im englischen nicht umsonst »spy-glass« genannt), um die Bewegungen beim Gegner zu beobachten. Wann jemand auf die

Typisch für die Zielfernrohre amerikanischer Bauart war die in den sechziger Jahren aufkommende Rändelschraube, deren Fuß auf dem Kolbenhals saß. Mit ihr konnte das ZF nach Höhe justiert werden.

Idee kam, eine Halterung am Geschütz zum Abstützen des langen Fernrohres zu benutzen, ist von der Geschichte nicht überliefert worden, aber bereits 1719 liefert ein gewisser Leutmann in seinem Buch eine Skizze und genaue Beschreibung eines angeblich von ihm erfundenen Zielfernrohres, welches Verstellmöglichkeiten nach Höhe und Seite sowie ein Absehen aufweist. Andere Abhandlungen über optische Geräte lassen immer wieder Hinweise auf zielfernrohrähnliche Gebilde erkennen, die über den Lauf gelegt wurden und der Zielerfassung dienen sollten. In seiner Abhandlung über die geschichtliche Entwicklung der Zielfernrohre verweist der DWJ-Autor K. Müller auf den Bericht über die Erschießung eines französischen Soldaten im »Museum Museorum« des Grafen Valentini, einem Ereignis, das sich um das Jahr 1713 abgespielt haben soll: Danach soll der Graf von Leiningen-Hartenburg bei den Kämpfen um sein Schloß bei Dürkheim ein Fernrohr benutzt haben »als dieser generose Herr hochseligen Andenkens aus dem Fenster des Schlos-

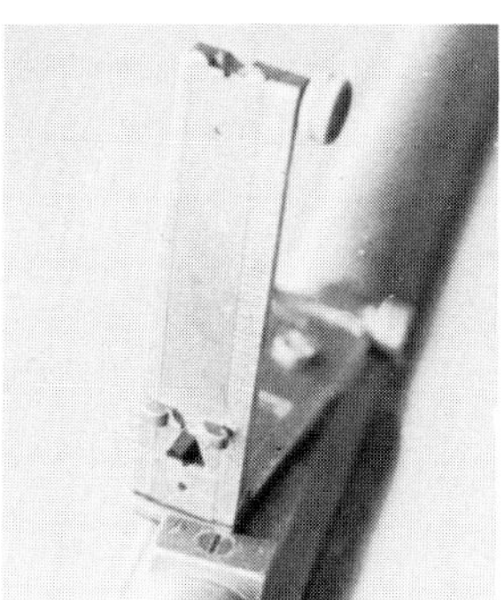

Für den Militärgebrauch viel zu kompliziert war das Buffington Visier, welches auf dem Modell 1884 Springfield Trapdoor war. Es konnte entsprechend der Windrichtung für weite Entfernung korrigierend eingesetzt werden.

ses wahrnahm, daß der Offizier so die Posten führte, immer von einem Baum zum anderen sprunge ... schlug er seine Pürschbüchse an, legte ein Perspektiv drauf, und als er den Partisan recht gefaßt hatte, ließ er das Perspektiv sinken, druckte los und traff denselben, so daß er alle viere streckte und die Soldaten in aller Eyl sich davonmachten ...«

Der militärische Gebrauch von Zielfernrohren wird danach erst wieder im Jahr 1857 erwähnt: In den indischen Kolonien hatten die Sepoys der Privatarmee der Englischen Ostindischen Kompanie (E.I.C.) gemeutert und sich unter anderem der Stadt Delhi bemächtigt. Obwohl sie zahlenmäßig unterlegen waren, belagerten englische und loyal gebliebene indische Truppen die Stadt. Bis zum Eintreffen schwerer Geschütze war diese Belagerung nicht mehr als eine Reihe von Vorpostengefechten zwischen zwei Heerlagern, wobei es durchaus nicht unumstritten war, wer eigentlich wen belagerte. In dieser bedrängten Situation benutzten einige Offiziere ihre privaten Jagd- und Sportwaffen, um mit gezielten Schüssen über weite Entfernungen Unruhe unter die meuternden Sepoys zu bringen: Die Eingeborenen-Truppen waren von abergläubischen Vorstellungen beherrscht und rechneten ihren ehemaligen weißen Kommandeuren ohnehin übernatürliche Kräfte zu. Die sicheren Einzelschüsse, die in einer Entfernung noch tödlich waren, wo die gewöhnlichen Musketen der Sepoys nichts mehr auszurichten schienen, unterstrichen natürlich diesen Aberglauben und verschafften den schwer bedrängten englischen Vorposten notwendigen Freiraum. Den Briten kam die fehlende Koordination der Aufständischen zugute und so wurden Rädelsführer und Gurus zu bevorzugten Zielen. Waren einmal die Führer außer Gefecht gesetzt oder fielen die für unverwundbar gehaltenen Fakire, so brachen Angriffe schnell zusammen oder lösten sich auf. Die normale gezogene Waffe der indischen Regimenter war zum Zeitpunkt der Meuterei die Brunswick. Einige Kompanien hatten aber schon die .58 Enfield M 1853 erhalten; beide Gewehrtypen aber waren nicht sehr genau über eine Entfernung von 400–500 Schritt. Hier kam den englischen Scharfschützen die typische Lebenshaltung der Kolonialoffiziere in Indien zugute: Anders als bei den in Großbritannien stehenden Regimentern hatten die Offiziere der EIC weniger Möglichkeiten des Zeitvertreibs. Aber die Großwildjagd und die weiträumigen Schießplätze des indischen Subkontinents förderten die Schießleistungen und Wettbewerbe im Offizierskorps. So wurde eine ganze Anzahl der Aufständischen Opfer der schwerkalibrigen Jagdgewehre oder den spezialangefertigten Target-Rifles aus Privatbesitz. Wenige Jahre vor Ausbruch der Meuterei war die »Whitworth« entwickelt und mit Zielfernrohren ausgestattet worden, um an Vergleichskämpfen bei den Schießwettbewerben von Creedmore und Bisley teilzunehmen. Einige dieser Waffen waren auch nach Indien geschickt worden, und so wurde die indische Meuterei die erste Kampfhandlung, bei der Zielfernrohrgewehre der britischen Armee auf Feinde gerichtet waren.

Deutscher Scharfschütze
im Ersten Weltkrieg.

Die Weltkriege

Das Wild

Gemeiner Leo Hastings:

»Den ganzen Morgen lang schoß der deutsche Scharfschütze auf mich. Ich würde meinen Kopf hochhalten oder über eine offene Fläche laufen und es würde ein schwaches ›ping‹ kommen und eine Kugel würde harmlos an meinem Kopf vorbeifliegen. Dann würde ich stehenbleiben und dort für zwei volle Sekunden halten oder plötzlich einen Schritt zurück und einen Schritt zur Seite machen. Ich würde auf dem Grabenrand auf- und abgehen und den Scharfschützen auslachen. Ich wußte, er war stinksauer auf mich und daß er fast soweit war, zusammenzubrechen und loszuheulen. Ich habe selbst mit Zielfernrohren geschossen und wußte, daß kein Scharfschütze der Welt einen Mann treffen konnte, der so wie ich, seinen Schritt verändert – wenn der Scharfschütze sich nicht vorher das System des Mannes ausgerechnet hatte, und er hatte da genau so viel Chancen wie beim Versuch, die Bank von Monte Carlo zu besiegen.
›Ich werde hier stehenbleiben und ihn den ganzen Tag lang auf mich schießen lassen‹, sagte ich; ›er kann mich nicht treffen, nicht in tausend Jahren. – Sieh, wie ich jetzt stehe, jetzt hat er mich im Blick. Aber warte! Er muß sich die Entfernung ausrechnen, vielleicht einen Vergleich zwischen dem toten Baum dort und dem Bauernhaus ziehen. Jetzt hat er alles abgeschätzt. Er nimmt die Windrichtung und kalkuliert den Erhöhungswinkel. Jetzt ist er bereit, mich wegzupusten, aber durch einen Schritt nach rechts oder diesen Hakenschlag bringe ich alle seine Berechnungen durcheinander.‹
›Siehst du‹, sagte ich, ›da geht sein Geschoß zwei Fuß rechts vorbei. Er könnte mich um alles in der Welt nicht treffen ...‹«

Aus: William March, »Company K«, London 1933

Scharfschützen im kaiserlichen Deutschland – ein Produkt des Grabenkrieges?

Die deutsche Einigung war 1871 nicht zuletzt durch die Erfolge der deutschen Heere in Frankreich herbeigeführt worden. Wen wundert es da, daß in den überschwenglichen nationalen Hochgefühlen des ausgehenden 19. Jahrhunderts in Deutschland auch militaristische Untertöne mitschwangen?
Zwischen 1871 und 1914 konzentrierte sich das Bewußtsein der Bevölkerung des neugeschaffenen kaiserlichen Deutschlands auf Heerwesen, Flotte und militärische Leistungen. Gleichzeitig nahm auch die technische und taktische Entwicklung einen Aufschwung, den man vor 70/71, angesichts deutscher Kleinstaaterei, kaum vermutet hätte. In der Waffenproduktion und Entwicklung stand das Deutsche Reich an erster Stelle in der Welt, und das 1898 eingeführte Mausersystem setzte Maßstäbe im Gewehrbau, die weltweit nur noch nachgeahmt werden konnten. Taktisch war der endgültige Schritt von der Massenformation zum aufgelösten Gefecht getan, nur in der Voraussage der Kampfentfernung zukünftiger Kriege unterlag man einem gleichfalls weltweit verbreiteten Irrtum: Der Burenkrieg im südlichen Afrika, der von allen europäischen Staaten genau beobachtet wurde, war von den hervorragenden Schießkünsten der einheimischen Bauern geprägt gewesen, die den geschlossenen britischen Formationen mit ihren aus Deutschland gelieferten Mausergewehren empfindliche Verluste zufügten.
So war man auch im deutschen Heer davon überzeugt, daß man bei zukünftigen Kriegen das Feuer bereits auf große Entfernungen eröffnen könnte: Die Visiereinstellung des 98er Gewehres begann bei 400 Meter! Schießvorschriften sahen noch das Kompanie- oder zugweise abgegebene Salvenfeuer gegen Fernziele (Geschützbatterien, Truppenansammlungen etc.) vor, bei dem nur die Offiziere mit ihren Feldgläsern Einzelheiten des Zieles und die Feuerwirkungen zu beobachten hatten.
Andere Staaten unternahmen in den ersten Jahren des 20. Jahrhunderts weitreichende Untersuchungen mit am Gewehr befestigten Fernrohren. Die Empfindlichkeit der damals erstellten Optiken sowie die Problematik der feldmäßigen Montage, verhinderte aber eine Einführung der Zielfernrohre für Gewehre. Im Jagdwesen war die Waffe und die an ihr angebrachte Optik nicht den enormen Anforderungen ausgesetzt wie im Feld – zudem zeigte sich, daß geübte

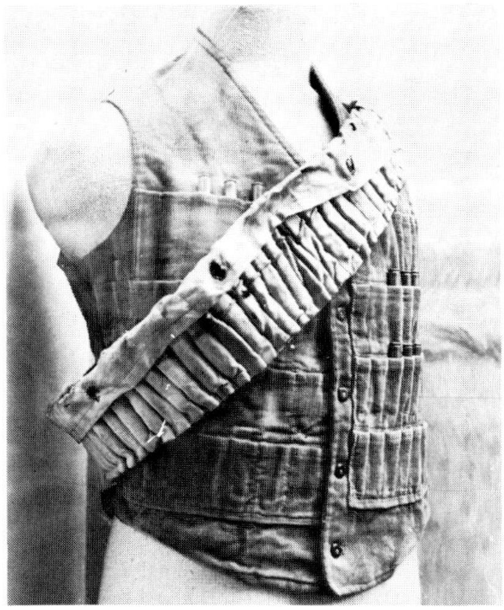

Links: Noch schien der Sieg nahe. MG-Stellung 1914. Die feldgraue Uniform war 1910 in das Kaiserheer eingeführt worden, im Herbst 1915 sollten die ersten von Medizinal-Professor Dr. Bier entwikkelten neuen Stahlhelme zur Auslieferung kommen.

Munitionsjacke eines südafrikanischen Schützen des Burenkrieges.

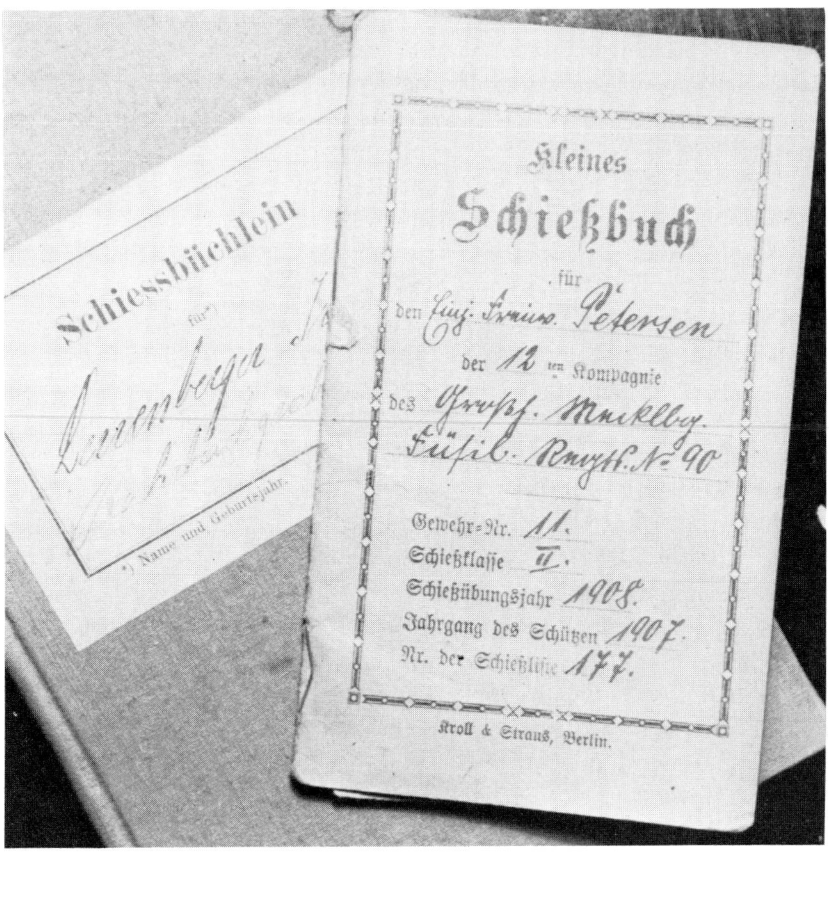

Auch in der deutschen Armee wurde die individuelle Schießausbildung des Soldaten gefördert durch die Anlage von Schießbüchlein zum kontrollierbaren Leistungsbeweis.

Schützen auf mittlere und kurze Entfernungen gleiches wie der Zielfernrohrschütze leisten konnten. Bei solchen Vergleichschießen, bei denen das Zielfernrohr gegen die »offene« Visierung am Gewehr antrat, waren die Schußleistungen und Trefferergebnisse kaum unterschiedlich. Auf weite Entfernung führten die äußeren Einflüsse auf die Flugbahn des Geschosses wie Seitenwind, Luftfeuchtigkeit und munitionsgegebene Streuung zu Fehlschüssen, welche auch am Gebrauchswert des Zielfernrohres zweifeln ließen.
So gingen Überlegungen und Feldversuche bald in fast absurde Richtungen, die uns heute geradezu lächerlich erscheinen. So veröffentlichte z. B. ein Hauptmann A. Fleck (vom 3. Magdeburgischen Infanterie-Regiment Nr. 66) 1905 einen Artikel in der Kriegstechnischen Zeitschrift des Verlages E. S. Mittler & Sohn, Berlin, der sich mit der Frage auseinandersetzt »Bedarf der Infanterist der Augenunterstützung durch ein optisches Instrument?«. Nach Abwägung des Für und Wider zur Einführung eines Zielfernrohres schlägt Fleck dann ein seitlich am Gewehr anzubringendes Fernröhrchen vor, mit dem der Schütze das Ziel erfassen und beobachten kann, um es dann mit der normalen Visierung unter Feuer zu nehmen.
Faktisch aber änderte sich nichts. Zielfernrohre und andere optische Zielhilfen wurden zwar erdacht und erprobt, fanden aber keinen serienmäßigen Eingang in den Dienstgebrauch.
Die Realität des Ersten Weltkrieges aber führte zu einer tiefgreifenden Umwälzung: Der Vormarsch auf Paris war an der Marne und in den schlammgefüllten Schützengräben Flanderns steckengeblieben. Regimenter verbluteten sich in Sturmangriffen und Trommelfeuer. Spatenarbeit, Stacheldraht und MG-Stellungen wurden zu den beherrschenden Elementen einer traumatischen Kriegsführung, deren Materialschlachten nicht über die Einfallslosigkeit der politischen und militärischen Führung aller beteiligten Seiten hinwegtäuschen konnte. Und während Generäle, Kaiser, Zaren und Könige mit Divisionen jonglierten, verbluteten hüben wie drüben Soldaten in mit Wasser gefüllten Granattrichtern und Gräben. In den vordersten Linien war nichts mehr vom Glanz des Militärs zu spüren: Hier hockten dreckverkrustete Gestalten in feuchten Unterständen und wurden von pausenlosem Artilleriebeschuß in den Boden gestampft. Nachts krochen Schleichpatrouillen durch die Verhaue und gingen sich gegenseitig mit Grabendolchen, Bajonetten und Keulen an die Gurgel. Von 400 Meter Hauptkampfentfernung war nichts zu sehen. Entweder der Feind lag weit entfernt hinter einem Gewirr von Stacheldraht,

Ein sehr seltenes Bild. Französischer Scharfschütze mit dem Lebel 1886/93 während des Ersten Weltkrieges in Grabenstellung.

MG-Bunkern und Minenfeldern oder er war in Sappen bis auf Granatwurfweite herangerückt. Jeder Blick über den Grabenrand konnte den schnellen Tod durch den gezielten Schuß eines Grabenpostens oder durch die Garbe einer wachsamen MG-Besatzung bedeuten. Hier entstand der Scharfschütze aus den örtlichen Gegebenheiten, aus der Notwendigkeit neue Wege zu finden, um sich den Gegner vom Hals zu halten. Keine Ausbildungsvorschrift, keine Heeresdienstanweisung hatte das Trauma der Schützengräben vor Verdun oder Vimy voraussehen können. Zugegeben, die Schießausbildung der deutschen Armee vor 1914 war vorbildlich, aber die Männer, die sich Ende 1914/Anfang 1915 entschlossen, aus den Rattenlöchern

Zeichnerische Darstellung einer winterlichen Grabenstellung, die auch den Grabenschild zeigt. Sehr bald kam man von diesen „Blick- und Geschoßfängen" ab, da auf englischer Seite hochrasante Jagdgewehre eingesetzt wurden, um diese Schilder zu durchschlagen.

der Erdbunker hervorzukommen und die Initiative im Grabenkrieg zu gewinnen, waren dazu nicht von oben angeleitet. Hier trat der Jagdinstinkt hervor, der angeborene Drang zur Handlung, zum Kämpfen, die man (wenn überhaupt) nur bei Berufssoldaten finden kann. Andere blieben in den Gräben und Bunkern hocken, scheuten sich selbst vor den Graben- und MG-Wachen, hier gingen einige aus den schützenden Gräben heraus, exponierten sich und suchten das Risiko. Für den normalen, als Reservisten einberufenen Soldaten der Massenheere eindeutig ein Zeichen von »Verrücktheit«. Die Initiative ging nicht zuletzt von Offizieren und Mannschaftsdienstgraden mit jagdlicher Vorerfahrung aus. Englische und französische Berichte sprechen von heftiger Scharfschützentätigkeit immer dann, wenn sie einem Jäger-Bataillon gegenüberlagen. Die Heeresleitung erkannte sehr schnell, welche Möglichkeiten sich durch den Einsatz von Zielfernrohrgewehren im Stillstand der Grabenkriege bot. Hier konnte man mit geringen Mitteln eine große psychologische Wirkung beim Gegner erzielen. Es galt, das Niemandsland im Grabenvorfeld zu beherrschen, und der Scharfschütze, wie er sich aus den Reihen der »Frontschweine« angeboten hatte, konnte ein Werkzeug dazu darstellen.

In schönster deutscher Tradition (»Gold gab ich für Eisen«) nahm man die fehlenden Zielfernrohre der Bevölkerung ab. Mit Spendenaufrufen und Beschlagnahmungen sammelte man im Deutschen Reich die Jagdgewehre, Zielfernrohre und Ferngläser ein, um der Truppe diese wichtigen Hilfsmittel zuzuführen. Aus der Fülle der eingehenden Materialien entnahm man nur die Gewehre, die für die 98er-Patrone oder für deren Vorgänger (des 88er-Gewehres) eingerichtet waren. Zielfernrohre wurden gehortet, um sie an militärische Gewehre anzubringen, sobald sich eine Montagemöglichkeit fand. Viele der so gespendeten oder entliehenen Zielfernrohre fanden nie ihren Weg an die Front, sondern blieben in Erfassungsämtern oder Werkstätten (wie z. B. in Suhl) liegen, nur um nach dem Krieg wieder an die Jäger verkauft zu werden – »aus Heeresbeständen«! Gleichzeitig mit der Sammlung ging man in den Waffenämtern daran, eine möglichst einfache und brauchbare Montage zu finden, um die Zielfernrohre an das Standardgewehr 98 anzubringen. Anfang 1915 setzte sich die Einhakmontage durch, wie sie in Anlehnung an Jagd-Modelle entwickelt worden war.

Gegen die Verwendung handelsüblicher Jagdgewehre sprach vieles: die meisten dieser Mausergewehre waren für die vor dem Krieg üb-

... gegen verschiedene Holzarten, gegen Mauern und Eisenplatten 2c.

Schießen unter besonderen Verhältnissen.

157. Schießen aus Laufgräben (vergl. Feldbefestigungs-Vorschrift) bei Tage unter Verhältnissen des Festungskriegs. Anzug: Vergl. Nr. 123. Einzelne Schützen schießen hinter Deckungsmitteln auf 200 m gegen Scheiben, welche ebenfalls hinter Deckungsmitteln (Scharten, Blenden, Sandsäcken) aufgestellt sind. Die Größe der Oeffnung in der Deckung des Gegners ist nach Abbild. 11 herzustellen.

Stahlblenden aus Stahlblechtafeln.

Abbild. 11.

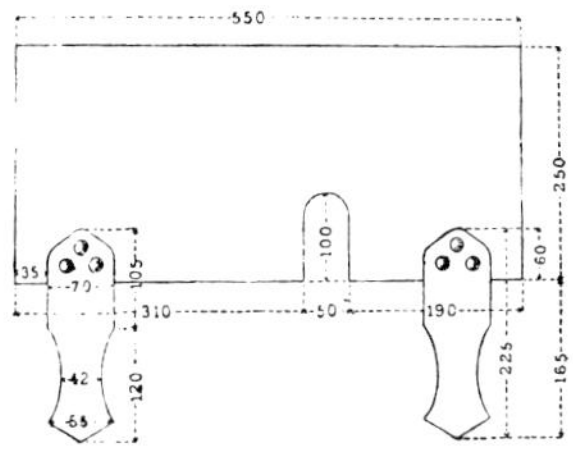

(Maße in mm.)

Auszug aus einer „Schießvorschrift für die Infanterie", Berlin 1893, welche die Konstruktion und Verwendung des Grabenschildes beschreibt.

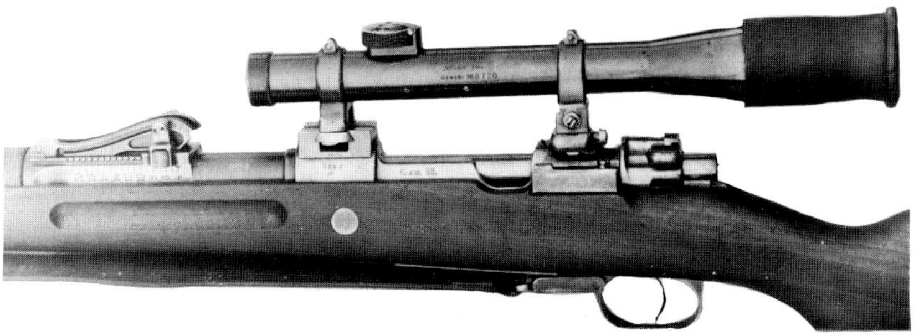

Militärisches Zielfernrohrgewehr, „Visier"-Optik der Fa. Busch, Rathenow/Berlin. 2 3/4 fache Vergrößerung. Die Einhakmontage erlaubte auch eine weitere Benutzung des offenen Gewehrvisiers.

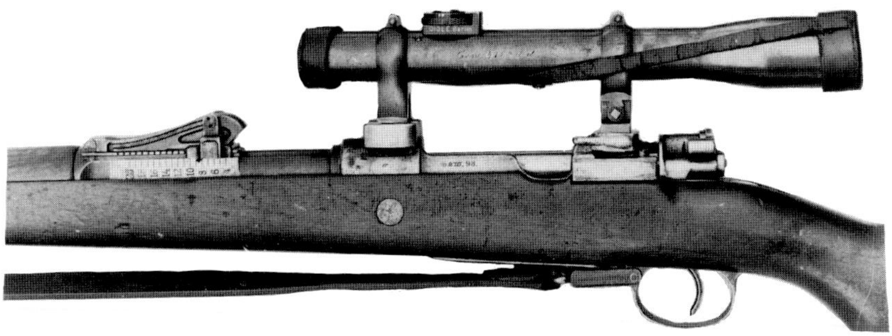

Eine andere Montageform, die relativ häufig im Ersten Weltkrieg auftauchte. Zielfernrohr der Fa. Oigee/Berlin, dreifache Vergrößerung. Beide Optiken sind mit einer bis 1000, bzw. 800 Meter verstellbaren Entfernungseinteilung versehen, die bei 100 m begann.

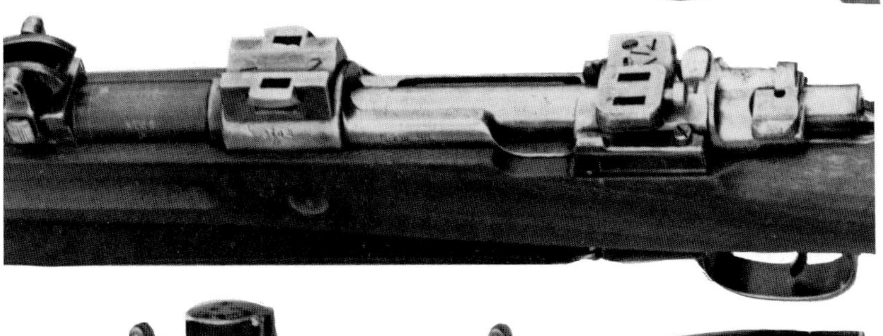

Deutlich ist die Verschraubung der Montagefüße zu erkennen.

liche Munition des Gewehres 88 eingerichtet, hatten kurze Läufe und ein sehr großes Mündungsfeuer. Ihre ballistischen Leistungen lagen weit unter der des Gewehres 98, dessen rasante S-Patrone (Spitzgeschoß) eine hervorragend gestreckte Flugbahn aufwies. Als Ende 1914 die ersten Gewehre 98 mit Zielfernrohr die heimatlichen Werkstätten verließen und bei der Truppe eintrafen, zeigten sich sehr schnell die überlegenen Schußleistungen dieser Waffe.
Zur Konstruktion sei noch folgendes vermerkt: Die Zielfernrohrgewehre waren mit einer Vielzahl verschiedener Optiken ausgerüstet, darunter auch die bekannten Hersteller wie Goerz und Gerard aus Berlin oder Müller & Greiss aus München. Zum einen waren diese Gläser aus requiriertem Privatbesitz und erhielten nachträglich eine Entfernungsplatte, deren Einstellmöglichkeit von 100 bis 800, oft auch bis 1000 Meter reichte. Zum andern waren die Zielfernrohre auf Auftragsbasis für das Heer erstellt worden. Alle militärisch verwendeten Kombinationen von Gewehr und Glas aber trugen aufgeschlagene Seriennummern, um die Zusammengehörigkeit festzulegen. Bei den Waffen handelte es sich um serienmäßige Gewehre 98, die der laufenden Produktion entnommen wurden, einen gebogenen Kammerstengel und eine entsprechende Schafteinfräsung erhielten. Diese Veränderungen und die Montage der Gläser entstand in Auftragsarbeit in kleinen Werkstätten und oft genug in Eigenregie in den Waffenmeistereien der Regimenter. Eine durchgreifende Standardisierung ist nicht zu erkennen, Unterlagen und Dienstanweisungen fehlten ganz oder sind heute nicht mehr zu finden. Vieles muß auch auf bestimmten Wunsch einzelner Personen (der Schützen selbst oder der verantwortlichen Truppenführer) gefertigt worden sein und u. a. ist die feldmäßige Verwendung eines Zielfernrohr-Karabiners dokumentiert. Ernst Jünger berichtet in einem seiner Werke, wie er die Karabinerversion der des Gewehres vorzog. Das K.u.K. Österreichische Heerwesen erfuhr eine ähnliche Entwicklung wie die deutsche Armee. Auch hier wurden bei Bedarf schrittweise Standardgewehre mit Einhakmontagen ausgerüstet und an die Truppe ausgegeben. Gerade bei dem an der italienischen Front und im Balkan durch geographische Gegebenheiten bedingten weiten Schießen im Gebirge konnten Scharfschützen – und die Österreicher besaßen in ihren Tirolern eine entsprechend prädestinierte Bevölkerungsgruppe! – Erstaunliches leisten. Auch hier traten bereits Karabinerversionen auf.
Bis auf der Gegenseite der deutsche Einsatz von Zielfernrohrschüt-

… und entsprechende Gegenmaßnahmen eingelei-
… ten die deutschen Scharfschützen das Graben-
… n das Jahr 1915 hinein konnte diesen Kämpfern
… entgegengestellt werden. Erst 1916 mußte man
… Seite zu mehr Vorsicht übergehen. Das Auf-
… er – vor allem britischer und kanadischer Schüt-
… Wettlauf im Tarnen und Täuschen in Gang, zu
… l das klassische Scharfschützenduell zählte, bei
… r mehrere Schützen gegenseitig »beharkten«.

[illegible]

Die [illegible] gegnerischen Scharfschützen und die allgemeine Gefahr, die das Auftauchen über dem Grabenrand im Zeitalter der fest einstellbaren Maschinengewehre bedeutet, führte zu einigen recht kuriosen Erfindungen. Dazu zählt sicherlich der auf deutscher Seite so beliebte Grabenschild, der Spaten mit der schlüssellochartigen Zielscharte (!) im Blatt, Grabenpanzer und zusätzliche Helmplatten. Aber die wohl erstaunlichste Variante ist das sogenannte Kolben- oder Grabengewehr, wie es von allen Seiten zur Anwendung kam. Hierbei wurde an einem gewöhnlichen Gewehr eine komplizierte Vorrichtung befestigt, die es erlaubte, das Gewehr durchzula-

Links: Feindliche Scharfschützen machten eine allgegenwärtige Tarnung lebensnotwendig, wie sich bei diesem Bild eines Artilleriebeobachters zeigt.

Rechts: Ein französischer Gefangener demonstriert den Gebrauch eines Grabengewehres.

Zwei englische Grabengewehre (Lee Enfield, Short Magazine No. 1 Mark III). Die Konstruktion dieser Gewehre erfolgte offensichtlich im Feld und war von Modell zu Modell unterschiedlich.

Grabenspiegel unterschiedlicher Konstruktion waren eine weitere frontbezogene Entwicklung des Ersten Weltkrieges.

den und abzufeuern, während man selbst einen halben Meter tiefer geschützt im Graben stand. Das Zielen erfolgte über eine teleskopartige Spiegelanordnung. Wieviel Erfolg diesen Konstruktionen beschieden war, kann sich jeder vorstellen, der diese äußerst wackligen und komplizierten Anordnungen einmal zu Gesicht bekam. Der Spiegel erlaubte ein nur sehr geringes Gesichtsfeld und erschwerte die Zielerfassung. Wiederholt aber wurden diese Grabengewehre gegen erkannte Scharfschützen eingesetzt.

Scharfschützenduelle aus britischer Sicht

Im Nachhinein wirkten sich die schmählichen Niederlagen der englischen Armee in Südafrika als Segen aus. Nachdem Presse, Bevölkerung und Parlament gegen die Mißstände in der britischen Armee protestierten und sich über die organisatorischen und waffentechnischen Fehlleistungen im Burenkrieg empört hatten, waren die folgenden Jahre tiefgreifenden Reformen gewidmet – die ihrerseits im Ersten Weltkrieg Früchte tragen sollten. Die alten Taktik-Handbücher wurden gegen neue eingetauscht, die mit dem Unsinn des Frontalangriffes, der Schützenlinien und geschlossenen Formationen ein Ende machten. Gezieltes Einzelfeuer wurde zum Ausbildungsschwerpunkt und zum tragenden Element des Infanteriekampfes. Feldwebel überwachten die Schußabgabe auch im Manöver, und der »Ladeschieber« am Lee-Enfield-Gewehr war ein deutliches Beispiel, wie sehr man dem Schnellfeuer und der Hast des einfachen Infanteristen mißtraute.
Das Britische Expeditionskorps (B.E.F.) in Frankreich, das bei Ausbruch des Ersten Weltkrieges die linke Flanke der französischen Front sicherte, gehörte zu den besten Truppenkontingenten der Welt. Mann für Mann bestand es aus Berufssoldaten, Veteranen langer Dienstjahre in Übersee und erfahrenen Kämpfern, die durch die eiserne Disziplin britischer Regimentstradition geprägt waren.
Die den Krieg einleitende Umgehung der französischen Hauptmacht mit ihrem Durchmarsch durch Belgien (nach dem Schlieffen-Plan) traf mit der gesamten Wucht der 1. Armee und ihrer 320 000 Mann auf dieses Korps. Bei Mons, an der belgisch-französischen Grenze, begann das B.E.F. seinen vierzehntägigen Rückmarsch, einer Retrogarde-Aktion, bei der die deutschen Truppen für jeden gewonne-

nen Meter Boden schwere Verluste einbüßen mußten. In diesen vierzehn Tagen, die mit der Marneschlacht endeten, wurde das gezielte britische Infanteriefeuer zu einer oft wiederholten Legende. Jahrelange Ausbildung in Verbindung mit dem Zehn-Schuß-Magazin der Lee-Enfield und der gleitenden Repetierbewegung fügten sich zu einem tödlichen Schnellfeuer zusammen, das deutsche Truppenoffiziere mehr als einmal vermuten ließ, sie lägen Maschinengewehr-Abteilungen gegenüber. Zwischen Mons und der Marne wurde aber auch das B.E.F. aufgerieben; die britischen Soldaten der kommenden Kriegsjahre waren Reservisten und Neueingezogene, die nur wenig militärische Erfahrung in die Schützengräben mitbrachten.
Die Offiziere und Unteroffiziere dieser neuen Bataillone, die ab Frühjahr 1915 an die Fronten in Flandern und im Nahen Osten geworfen wurden, hatten wenig Kampferfahrung; ihre Schulung bestand oft genug in wenigen Monaten Ausbildung. Es fehlte vor allem an Verständnis und Wissen um die Anforderungen des Grabenkrieges. Britische Schützengräben wurden wie in Friedenszeiten aufgeworfen: schnurgerade mit einer sorgsam geschichteten Sandsackebene, die als Schießtisch Verwendung finden sollte und deren Oberfläche oft genug mit dem flachen Spatenteil glattgeklopft wurde! Für die deutschen Scharfschützen war eine so saubere Grabenlinie natürlich »ein gefundenes Fressen«, denn jeder Kopf, der über dem Rand erschien, war ein sich klar abzeichnendes, sofort zu erfassendes Ziel. Tarnung schien unbekannt. So wurden Hunderte von frisch ausgehobenen Rekruten Opfer ihrer eigenen Unkenntnis und der ihrer Offiziere. In Flandern und auf Gallipoli wurden sie zum leichten Wild für deutsche und türkische Jäger, besonders der türkischen Scharfschützen, die sich bei Nacht bis auf wenige Meter vor den Drahtverhauen des Landungskopfes heranarbeiteten. Ihre Tarnung war so gut, daß englische Bildberichterstatter gefangengenommene Türken samt ihrer aus Zweigen und Sträuchern bestehenden Tarnmaterialien fotografierten und der Heimatfront als wandelnde Büsche vorstellten.
In Flandern wagten es Offiziere und Mannschaften teilweise nicht mehr, auch nur einen kurzen Blick über den Grabenrand zu werfen, so schwer waren die Verluste durch die allgegenwärtig scheinenden Deutschen. Auf deutscher Seite war diese Haltung zu willkommen, denn so bestand keine Gefahr, daß eigene Kräfte beim Ausbau der Stellungen, beim Ausheben eingefallener Grabenstücke oder beim Ziehen von Stacheldrahtverhauen gestört wurden.

Ähnlich wie in Deutschland wurde nun auch in England der Ruf nach Zielfernrohr-Gewehren laut und die Öffentlichkeit gebeten, den Truppen ihre Privatwaffen zur Verfügung zu stellen. Bis zur Einführung eines Standardgewehres für Scharfschützen wurden auch englische Büchsenmacher und Privatfirmen beauftragt, Zielfernrohrgewehre zu liefern. Zwar stammte das erste britische Zielfernrohr-Patent bereits aus dem Jahr 1854, aber in England selbst war das Jagen mit derart ausgerüsteten Waffen nicht sehr weit verbreitet. Außer bei den Schießmeisterschaften in Bisley existierten im englischen Teil der britischen Insel nur wenig oder begrenzte Möglichkeiten zur Jagd auf Hochwild. Anders war es in Schottland und Wales, sowie in den Kolonien – hier gab es offene, nicht eingezäunte Gelände. Hier gab es Wildarten, die schwerkalibrige Waffen und gute Optiken erforderten. Es ist deshalb nicht erstaunlich, daß die Anregungen für die Ausbildung von Scharfschützen und ihren Einsatz aus dem kleinen Kreis jener Offiziere kamen, die sich in Schottland, in Kanada oder den afrikanischen Kolonien der Jagd verschrieben hatten.
Allen englischen Beschreibungen des »sniper's war« von 1914–18 haftet auch heute noch dieser Geruch von Jagd, Sport und »gentleman-style« an, der das Wesen des britischen Scharfschützen-Einsatzes ausmachen sollte. Die Entwicklung dahin verlief zuerst in den einzelnen Divisionen der B.E.F. isoliert und stockend. Zu viele führende Offiziere erachteten Scharfschützen als hinterhältige Gesellen und als unter der Würde der englischen Kriegsführung. Außerdem würden »Scharfschützen auch keine Kriege gewinnen«. Eine durchgreifende Direktive bestand in den ersten Monaten des Krieges nicht und sollte auch längere Zeit auf sich warten lassen. Einzelne Offiziere, besonders Angehörige der kanadischen Truppenkontingente, die aufgrund ihrer heimischen Wälder an das Jagen mit Zielfernrohrwaffen gewöhnt waren, machten den Anfang.
Die ursprüngliche britische Heerespolitik in bezug auf Scharfschützen bestand einzig und allein in der Ausgabe von Zielfernrohr-Gewehren der verschiedensten Kaliber, sobald sie aus dem Mutterland eintrafen. Diese Waffen wurden als »trench stores« gehalten, d. h., sie gehörten zum Inventar des jeweiligen Grabenabschnittes und wurden von Einheit zu Einheit weitergereicht. Darunter litt die Leistung der Waffen erheblich, denn die Schützen, die von ihrem Sergeant ein solches Gewehr in die Hand gedrückt bekamen, kannten kaum die Eigenheiten der jeweiligen Waffe, wußten nichts um deren ballistische Leistung und hatten keine Erfahrung im Umgang mit

Großbritannien führte sehr bald besonders ausgesuchte Munition für Scharfschützen ein. – Ein erbeutetes Päckchen diente der deutschen Propaganda für den auf beiden Seiten vorgetragenen Vorwurf der Benutzung von Dum-Dum-Munition.

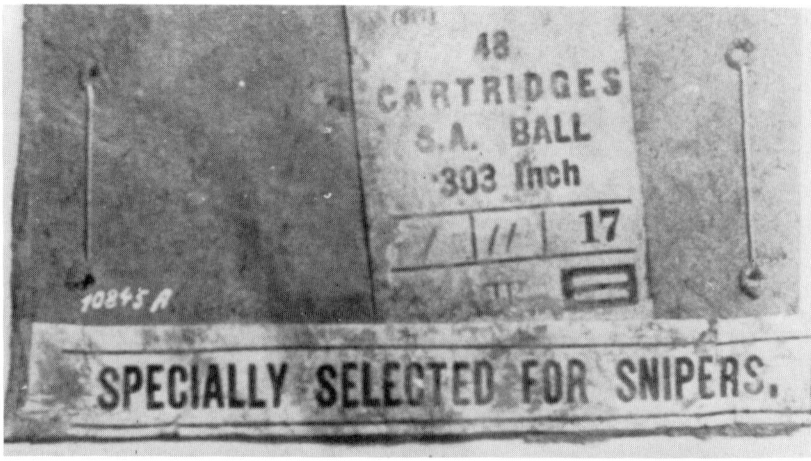

Aus „Sniping in France", Verwendung eines „Dummy" (Puppe) zur Lokalisierung versteckter feindlicher Scharfschützen.

Zielfernrohren. Zumeist waren die Absehen falsch eingestellt und die Genauigkeit der Waffe hatte unter den Unbilden des Grabenkrieges und ihren ständig wechselnden Besitzern genauso gelitten, wie ein Turnierpferd, das von einer Vielzahl von Reitern geritten wird.

Mit den einsetzenden Regenmonaten verdarben viele Zielfernrohre. Sie wurden zwecks Reinigung auseinandergeschraubt, mit allen möglichen Tüchern geputzt, wobei die optischen Gläser nicht wenig zerkratzt wurden, falsch montiert oder anderweitig zerstört. Der Wert der so eingesetzten Waffen war gleich Null.

Im Frühjahr 1915, als sich die Frontlinien und Schützengräben von der Nordsee bis zu den Alpen etabliert hatten, und der Bewegungskrieg zu einem Halt gekommen war, wurde es auch dem letzten Offizier in der englischen Armee langsam klar, daß der Krieg andauern würde und kein schneller Vormarsch auf Berlin einen raschen, ruhmreichen Sieg bringen würde. Die Deutschen standen in Frankreich und Flandern, und sie richteten sich auf Dauer ein. Ihre Artillerie, ihre Maschinengewehrposten und ihre Scharfschützen beherrschten das Vorfeld und nicht selten auch die alliierten Gräben.

Als ein bis dahin unbekannter Major Hesketh-Pritchard von der Pressesprecher-Abteilung des Militärischen Nachrichtendienstes im März 1915 zum ersten Mal die sumpfähnliche Front von Flandern besuchte, hatten deutsche Scharfschützen gerade ihre »Jagdsaison« eröffnet. An einem einzigen Tag wurden achtzehn Mann in einem einzigen Bataillon von Scharfschützen getötet. Hesketh-Pritchard, der Zeuge dieses Ereignisses war, kehrte bestürzt und tief beeindruckt nach England zurück. Als er im Mai 1915 wieder zur Front zurückkehrte (um Kriegsberichterstatter herumzuführen!) war er zum »Hobby-Scharfschützen« geworden. Wo er erschien, hatte er sein eigenes oder eins von Freunden geliehenes Zielfernrohr-Gewehr dabei. In seinem Privatbesitz befanden sich außer Jagdgläsern und teleskopartigen Spektiven mehrere Großwild-Jagdgewehre mit Mannlicher- oder Mausersystemen, die er von Bekannten ausgeliehen hatte.

Für Hesketh-Pritchard wurde die Tätigkeit eigener und deutscher Scharfschützen mehr als nur ein Interessengebiet. Er fand bei seinen Besuchen der verschiedenen Frontabschnitte bald heraus, daß 80 % der eingesetzten Zielfernrohr-Gewehre fehlerhaft eingestellt waren, falsch gehandhabt und taktisch unklug eingesetzt wurden. Hesketh-Pritchard sprach mit seinen Vorgesetzten und hatte das seltene Glück, auf offene Ohren zu stoßen. Innerhalb weniger Monate wurde er von seinem gemütlichen Job als Journalistenbegleitoffizier abgezogen und erhielt die bis dahin noch nicht existierende Stelle eines Experten für Scharfschützenfragen in der Dritten Armee, Nachrichtendivision, B.E.F. Einige Monate später wurde er der Gründer der Scharfschützenschule der Ersten Armee, zu der parallel ähnliche Schulen in den anderen zwei britischen Armeen in Frankreich entstanden, Hesketh-Pritchards Bericht über Trainingsmethoden, Listen und Tarnungen und die Schulung von Scharfschützen ist eines der wesentlichsten literarischen Werke für diesen Bereich, und selbst heute noch gültig. Sein Buch »Sniping in France« ist zur Grundlage so wichtiger Scharfschützenhandbücher geworden wie das U.S. Army Sniper Training Manual (TC 23-14 Oktober 1969). Das Handbuch des Zweiten Weltkrieges, das erst 1940 in der britischen Armee veröffentlicht wurde, bezog sich in großen Teilen fast wörtlich auf die Ausführungen von Hesketh-Pritchard *.

Die erste Maßnahme britischer Offiziere, die sich der deutschen Scharfschützen erwehren wollten, bestand im Zurückschießen, sobald man den Feind zu sehen glaubte. Das herkömmliche englische Dienstgewehr Lee-Enfield Mark III war für diesen Aufgabenbereich nicht geschaffen: die rückwärtige Verriegelung ließ bei einigem Gebrauch zuviel Spielraum zwischen Verschlußkopf und Kammerboden um genau zu sein. Auf größere Entfernungen und bei den von den Deutschen gebotenen kleinen Zielen blieb ein solches Unterfangen erfolglos. Mehr Zukunft hatte das vielfach versuchte Konzept des Durchschießens der Grabenschilder. Die schweren Großwildpatronen, die in einigen der Jagdgewehre Verwendung fanden, waren durchaus in der Lage, die Grabenschilde zu durschlagen und den unvorsichtigen Scharfschützen, der eine solche Deckung benutzte, zu töten. Diese Methode war aber durch einige Faktoren begrenzt: Einmal waren die Spezialpatronen nur in begrenzter Stückzahl vorhanden und mit dem Nachschub klappte es kaum. Zum anderen dauerte es nur kurze Zeit, bis die Deutschen erkannten, daß ihre Grabenschilder den hochrasanten Geschossen nicht standhielten.

Wollte man gegnerischen Scharfschützen auf Dauer beikommen, so bedurfte es gut ausgebildeter Schützen, die von Beobachtern unterstützt wurden. Die eigenen Stellungen mußten getarnt werden, der Grabenrand mit einer Reihe von Schießscharten versehen sein, de-

* Der Autor dieser Schrift, LTC N. A. D. Armstrong war der Chefinstrukteur für die Scharfschützenschulen der II. Armee (1916–18), der Kommandant der kanadischen Schule für Stoßtrupps und Scharfschützen und Erster Aufklärungsoffizier des kanadischen Expeditionskorps in Frankreich. Er wurde in den Jahren 1940–42 Senior der Scharfschützen-Abteilung der Kleinwaffenschule Hythe and Bisley, England.

Bevorzugtes Ziel für Scharfschützen: Ein deutscher MG-Vorposten 1917.

ren Aussehen ihre tatsächliche Aufgabe verbarg. Hesketh-Pritchard, der in Schulungskursen Kompaniechefs, Scharfschützen-Leitoffiziere und (mit der Einrichtung der Schule) die Schützen unterrichtete, machte sich vor allem einen Namen mit der Erfindung zahlreicher Tarn- und Täuschmethoden, Vorrichtungen und falscher Grabenrandteile, hinter denen die Scharfschützen, vor feindlicher Sicht gedeckt, die gegnerischen Linien beobachten konnten. Täuschend natürlich aussehende Puppenköpfe wurden hergestellt, mit denen das gegnerische Feuer angelockt und mit Hilfe eines Spiegels und des

Das zur Beobachtung eingesetzte Spektiv (Telescope) mit Stativ gehörte in der britischen Armee zur Standardausrüstung während zweier Weltkriege.

Schußkanals lokalisiert werden konnte. Gleichzeitig dienten diese »dummys« auch der Verwirrung gegnerischer Aufklärung. So wurden Köpfe mit Turban und brauner Gesichtsfarbe, mit Gurkha-Baretten oder Schottenmützen über den Grabenrand gehalten, um die deutsche Seite glauben zu machen, Truppen dieser Kolonialkontingente hätten die Stellungen verstärkt.
In der englischen und kanadischen Armee war die Tätigkeit der Scharfschützen eines jeden Bataillons eng verbunden mit der Aufklärungsarbeit des Militärischen Nachrichtendienstes. Es wurde sehr bald erkannt, daß die auf der Lauer liegenden Schützen gleichzeitig eine Vielzahl von Beobachtungen über Vorgänge und Besatzung im gegnerischen Graben machen konnten:
Durch das Okular des Zielfernrohres ließen sich die Nummern an den feldgrauen Helmüberzügen und selbst die Farbe der Landeskokarden an den Feldmützen erkennen. Für die Beobachtung wurden neben den üblichen Feldstechern bevorzugt teleskopartige Ferngläser mit kleinem Blickfeldausschnitt und starker Vergrößerung eingesetzt. Hesketh-Pritchard hatte die Vorzüge dieser Art von Beobachtungsgläsern bei der Wildübersicht in Schottland erfahren und wandte nun diese Erkenntnis auch im Felddienst an. Aus der Fülle der Absolventen der Scharfschützenschule* ragte eine besondere Gruppierung von Männern hervor, die »Lovat Scouts«: Jäger, Forstbeamte und Forstgehilfen aus den schottischen Revieren. Nach übereinstimmenden Berichten kamen gewöhnliche Soldaten in Beobachtungsgabe, Zielerfassung und Scharfschützentum kaum an diese Spezialeinheit heran, die für den Aufklärungsdienst herangezogen wurde. Jahrzehntelange Erfahrung und Umgang mit Ferngläsern bei der Wildbeobachtung in den offenen Weiten des schottischen Hochlandes hatten die Lovat Scouts für ihre Arbeit in den vom Granatfeuer leergefegten Weiten des Niemandlandes prädestiniert.
Die Arbeit im Niemandsland, im Vorfeld der Stacheldrahtverhaue und zwischen den Granattrichtern, ähnelte in vielen Aspekten der Jagd auf Hochwild; auch hier waren Ausdauer und Geschicklichkeit erforderlich. Hesketh-Pritchard zitierte daher Scouts und Scharfschützen, die immer wieder aus den Reihen der Forstleute oder Privatjäger stammten und auf die Ähnlichkeit mit der Pirschjagd hinwiesen: »Was gebraucht wurde, außer der Organisation, war nicht

* Die Verbindung von Aufklärungsdienst und Scharfschützen wurde mit der Spezialausbildung begonnen. Die hier immer als Scharfschützenschule bezeichnete Ausbildungsstätte hieß im englischen Heeresdienst »School of Sniping, Observation and Scouting (S.O.S.)«, also für »Scharfschießen, Beobachtung und Recognoszieren«. Die Absolventen wurden auch als Führer von Aufklärungspatrouillen im Niemandsland eingesetzt.

mehr und nicht weniger als die Jäger-Mentalität,« schreibt er an einer Stelle und betont weiter: »Scharfschießen in einem gefährlichen Sektor – und es gab derer viele – war wirklich mehr oder weniger eine hohe Form der Großwildjagd, in welcher das Wild zurückschoß.«

Der britische Sinn für Sport wurde bald durch die Anforderungen der Scharfschützenduelle befriedigt. Natürlich boten sich außer den gegnerischen Scharfschützen auch andere Ziele für beide Seiten: Vorgeschobene Artilleriebeobachter und deren Scherenfernrohre, Essenholer und Meldegänger, Grabenposten und vor allem MG-Schützen. Aber das interessanteste und lohnendste Objekt blieben die gegnerischen Scharfschützen, was sich besonders aus dem Umstand erklären läßt, daß deren Aktivitäten psychologische Wirkung auf beiden Seiten der Stacheldrahtverhaue zeitigte. In dem Duell zwischen den Experten beider Seiten erreichte die Kunst des gezielten Schusses ihren höchsten Grad. Es waren oft nur wenige Sekundenbruchteile, welche von den Beobachtern ausgenutzt werden konnten, um die Stellung eines Schützen auszumachen. Jede Bewegung am Grabandrand oder an einer der Schießscharten wurde von der Gegenseite mit Zielschüssen quittiert, und es waren nur unvorsichtige Männer, die sich beim Beobachten des feindlichen Grabens viel Zeit ließen.

Mit der Zeit und der oft teuer erkauften wachsenden Erfahrung wandten die englischen Scharfschützen oft komplizierte Manöver und überlappende Feuerbereiche mehrerer Scharfschützen an, um den Gegner aus der Reserve zu locken. Die einfachste Methode zur Ablenkung des Gegners bestand in einer Vielzahl von Lappen und Papierfetzen, die im Stacheldrahtverhau, vor und hinter den Gräben, aufgehängt wurden. Vom Wind bewegt, dienten diese Lumpen dazu, die Konzentration des auf der anderen Seite auf jede Bewegung lauernden Scharfschützen zu stören. Strohpuppen und Büsten gehörten genauso zu den Mitteln der Täuschung, wie die Anbringung einer Vielzahl von falschen Stellungen und Schießscharten, die nur den einzigen Zweck erfüllten, Feuer anzulocken. Je mehr aber die Gegenseite, der »Fritz«, »Ernst« oder »Hans«, schoß, um so eher bestand die Möglichkeit, seine Stellung ausfindig zu machen und ihn zu eliminieren. Zum eigenen Schutz entwickelten englische Schützen und Beobachter neben tragbaren (und bei Nacht einzubauenden) gepanzerten Schießscharten, einen Tarnanzug, »Boilersuit« genannt, der die so verräterische Form des menschlichen Oberkörpers völlig

verwischte. Dieser Tarnanzug, der wie ein Sack über die normale Uniform gestreift wurde, bestand aus gefärbtem Jute-Leinen, wie es auch für Sandsäcke benutzt wurde. Kopf und Schultern zeichneten sich darunter nicht mehr klar ab, sondern gingen ineinander über. Schmale Schlitze waren für die Augen bestimmt und zusätzliche Fetzen Stoff standen seitlich ab, um jede klare Linie zu verbergen. Stahlhelme waren auch auf englischer Seite verpönt. Gegen die Durchschlagskraft der gefürchteten Mauser Spitzgeschosse boten sie ohnehin keinen Schutz und ihre runde Form war zu auffällig. Im S.O.S.-Ausbildungszentrum lernten die angehenden Schützen auch bald, die Dienstmütze abzunehmen, sobald sie in den Einsatz gingen. Die englische Mütze, mit ihrem glatten Schild und dem flachen, straff gespannten Deckel, reflektierte zu viel Licht und war so ein tödlicher Anziehungspunkt für feindliche Beobachter-Augen.
Mit dem Erscheinen englischer Zielfernrohr-Schützen wurden die Deutschen vorsichtiger; und es bedurfte komplizierter Manöver, um den Gegner vor das Absehen zu bekommen. Hesketh-Pritchard schildert ein typisches Beispiel für die Art Duelle, die sich bereits im Herbst 1915 durchsetzten: Hesketh-Pritchard hatte die Mützenspitze eines Deutschen im gegnerischen Grabenstück gesehen und versuchte sein Gegenüber zu unvorsichtigen Bewegungen zu verleiten, während mehrere Offiziere – Absolventen eines gerade stattfindenden Kurses – seitliche Positionen einnahmen. Unter Zuhilfenahme mehrerer Hände voll Staub, der in die Schießscharte gehäuft wurde, und einem .350 Mauser Großwild-Gewehr wurden eine Reihe von Schüssen auf den unvorsichtigen deutschen Mützenbesitzer abgegeben. Der Staub, der durch den Mündungsdruck aufgewirbelt wurde, und das starke Mündungsfeuer signalisierten sofort die Position des englischen Scharfschützen und ließen einen sehr unerfahrenen Mann vermuten. Sehr bald beteiligten sich zwei Deutsche, und wenige Minuten später vier weitere Scharfschützen, unter Befehl eines mit einem Feldstecher ausgerüsteten Offiziers, an dem Feuergefecht. In der Annahme, sie hätten es mit nur einem Engländer zu tun, gaben sie sehr bald ihre Position an den Schießscharten auf und lehnten sich über den Grabenrand. Im richtigen Moment griffen die Offiziersabsolventen mit ihren Gewehren ein: ». . . die großen Feldstecher fielen auf der falschen Seite des Parapets herunter, als der Offizier durch den Kopf geschossen wurde, und die Scharfschützen, deren Zahl auf fünf oder sechs angestiegen war, verschwanden urplötzlich. Der Feind schoß kein einziges Mal mehr.«

Die englischen Experten hatten große Widerstände in der konservativen britischen Armee-Hierarchie zu überwinden und die Entwicklung spezieller Scharfschützenschulen verlief recht schleppend. Es war nicht anders zu erwarten. Obwohl die englische Armee über eine der besten Schießausbildungen der Welt verfügte, und die »Small Arms School« in Hythe und Bisley Weltruf hatte, lag der Schwerpunkt militärischen Denkens nicht auf genauen Schußleistungen, sondern auf der Überwindung des Niemandslandes im Sturmangriff, bei dem Soldaten regimenterweise gegen Stacheldrahtverhaue und MG-Stellungen gejagt wurden, ohne auch nur die Möglichkeit zu haben, einen Schuß abzugeben. Es war schon ein ungeheurer Fortschritt, als man Scharfschützen in der Nacht vor den Angriffen ins Vorfeld hinaus ließ, damit sie günstige Positionen einnehmen konnten, um im rechten Moment die MG-Schützen auszuschalten.
So dauerte es bis zum November 1916, bis die S.O.S. der Ersten Armee eine (wenn auch nur provisorische) permanente Einrichtung wurde und ihren eigenen Stab bekam. In diesem Ausbildungszentrum wurden auch die Rekruten der Lovat Scouts getestet. Die Geschichte dieses Regiments ist beispielgebend für die Vergeudung einer guten Truppe, deren großes Potential von engstirnigen Generalstabsoffizieren nicht erkannt wurde. Die Lovats wurden kurz nach Kriegsbeginn als eine Scharfschützentruppe aus schottischen Jägern und Förstern aufgestellt, die zumeist mit eigenen Waffen und Feldgläsern einrückten. In ihrer Konzeption war die sehr persönliche Struktur bemerkbar, die so typisch für viele britische Truppenteile war, weil ihre Aufstellung auf die Initiative Einzelner zurückging – so daß man fast von einer Privatarmee sprechen konnte. Bei den Lovats spiegelte sich so die Hierarchie der schottischen Forstverwaltungen wider, mit ihrem Bezug zu den bekannten Namen schottischer Clans, deren Oberhäupter großen Grund- und Waldbesitz hatten. Freiwillige aus anderen englischen Landstrichen, die später als Ersatz durch die S.O.S.-Ausbildungsschule der I. Armee gingen, hatten daher einen schweren Stand und wurden lange Zeit als notgedrungene »Auffüller« angesehen, bis sie in der Lage waren, sich und ihre Fähigkeiten unter Beweis zu stellen. Völlig zweckentfremdet war der Einsatz des ersten Bataillons der Lovats auf Gallipoli, wo sie wenig Möglichkeiten hatten, ihre Kenntnisse in aufklärender Beobachtung oder Scharfschützentum anzuwenden. Gallipoli wurde völlig von der türkischen Armee beherrscht, deren Initiativen das Kampfgeschehen um den Brückenkopf der Landungstruppen be-

Das Lehrbuch »Fieldcraft, Sniping and Intelligence«, das 1942 von LTC Armstrong veröffentlicht wurde, war an den Grabenkriegserfahrungen des Ersten Weltkrieges orientiert, wie diese Beispiele für Scharfschützen- und Beobachterstellungen zeigen.

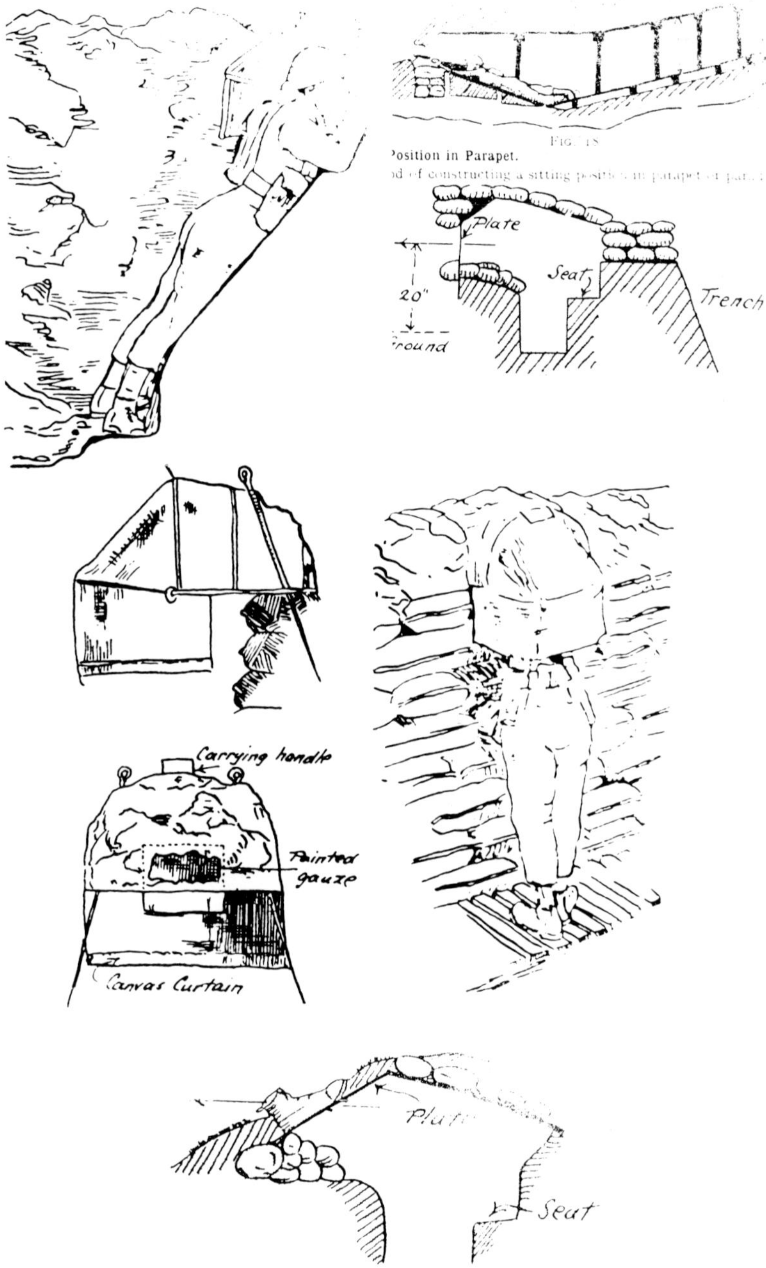

stimmten. Nach der Evakuierung der zerschlagenen Reste gingen die Lovat Scouts des 1. Bataillons nach Saloniki und gelangten erst 1918 nach Frankreich. Hier durchliefen sie zuerst eine Quarantäne-Periode und gelangten daher erst nach Abschluß der Waffenstillstandsverhandlungen vom November 1918 an die Front.

Seit 1916 aber waren »Gruppen« der Lovat Scouts Sharpshooters in Frankreich im Einsatz, wo sie auf Korpsebene aufgeteilt waren. Jede dieser Gruppen bestand aus einem Offizier und zwanzig Mann. Ihr Einsatz wurde koordiniert durch ihren Oberstleutnant Cameron of Lochiel, Träger eines berühmten schottischen Hochlandnamens. Ihre Hauptaufgabe bestand in der Aufklärung. Gelegentlich wurde ihnen sogar der Gebrauch ihrer Scharfschützengewehre untersagt, da ihr Einsatz als Beobachter zu wertvoll war, um für den Vorteil einiger Abschüsse aufgegeben zu werden.

Die Lovats sollten nach der Konzeption in allen drei Armeen der B.E.F. zum Einsatz kommen, wobei die Gruppen auf die Ebene des Nachrichtendienstes der Division aufgeteilt werden sollten, – unter Anleitung je eines Hauptmanns auf Korpsebene und eines Majors beim Hauptquartier der Armee. Aber dieses Konzept kam nicht vor dem Waffenstillstand zum Einsatz, da das Hauptkontingent der Lovats, dank einer Fehlentscheidung des Kriegsministeriums in London, zuerst auf Gallipoli und dann in Saloniki »vergessen« wurde.

Mit dem Ende des Weltkrieges zerfielen auch die Scharfschützen-Schulen, und ihr Ausbildungsstab kehrte zu seinen Regimentern zurück. Die Lehren des Grabenkrieges und seiner Duelle gerieten in Vergessenheit und wurden erst wieder im II. Weltkrieg »ausgegraben«, nachdem ein anderes B.E.F. in Flandern und bei Dünkirchen vernichtet worden war.

Katalonien, 1937 – Das Opfer

»... es machte Spaß, die Faschisten wußten nicht, woher die Schüsse kamen, und ich war sicher, daß ich früher oder später einen erwischen würde. Jedoch, es war der Hund, der starb – ein faschistischer Scharfschütze erwischte mich. Als es passierte, war ich gerade wieder zehn Tage an der Front. Das ganze Erlebnis, von einer Kugel getroffen zu werden, ist sehr interessant und ich denke es ist es wert, im Detail beschrieben zu werden.

Es war an der Ecke des Grabenrandes, um fünf Uhr morgens. Das war immer eine gefährliche Zeit, da wir das Morgengrauen in unserem Rücken hatten, und wenn du deinen Kopf über den Grabenrand gesteckt hattest, war er klar gegen den Himmel abgezeichnet. Ich sprach gerade zu den Posten, um die Wache abzulösen. Plötzlich, mitten beim Reden, fühlte ich – es ist schwer zu beschreiben was ich fühlte, obwohl ich es mit höchster Lebendigkeit wiedererlebe.

Kurz gesagt, es war die Sensation, im Zentrum einer Explosion zu sein. Da schien ein lauter Knall zu sein und ein blendender Lichtblitz um mich herum, und ich fühlte einen ungeheuren Schock – keine Schmerzen, nur ein gewaltsamer Schock, so wie man ihn von einer Steckdose erhält; zusammen mit einem Gefühl äußerster Schwäche, einem Gefühl geschlagen zu sein und zu einem Nichts zusammenzuschrumpfen. Die Sandsäcke vor mir verschwanden in einer immensen Distanz von mir. Ich stell mir vor, du würdest das gleiche fühlen, wenn ein Blitz dich trifft. Ich wußte sofort, daß ich getroffen war, aber wegen Knall und Blitz glaubte ich, daß ein Gewehr in der Nähe losgegangen war und mich getroffen hatte. All dies geschah in einem Zeitraum, der weniger als eine Sekunde betrug. Den nächsten Moment gaben meine Knie nach und ich fiel; mein Kopf schlug auf den Boden mit einem gewaltigen Knall, aber zu meiner Erleichterung schmerzte es nicht. Ich hatte ein betäubtes, nebliges Gefühl, ein Bewußtsein, sehr schwer verwundet zu sein, aber keinen Schmerz im üblichen Sinn ...

... niemand den ich in dieser Zeit traf – Ärzte, Schwestern, Praktikanten oder Mit-Patienten – unterließ es, mir zu versichern, daß ein Mann, der durch den Hals geschossen und überleben würde, das glücklichste Geschöpf auf Erden sei. Ich konnte nicht umhin zu denken, daß man viel glücklicher wär, überhaupt nicht getroffen zu werden.«

Aus: George Orwell, »Homage to Catalonia«, London 1938

ehrmacht

ırt des Versailler Friedensvertrages
litärischen Bedeutung durch die Be-
ahl und Ausrüstung eine erhebliche
ıngsverbote sollten im kriegsindu-
rüstung der Weimarer Republik ver-
:h die 100 000-Mann-Ministreitmacht
ungsstand und ein innovationsfähi-

Die Individual-Schießausbildung von Reichswehr und Wehrmacht (hier Ausbildung mit dem Gewehr 98) entsprach der Gründlichkeit und dem hohen Leistungsvermögen einer Berufsarmee.

Im Bereich der Einzelausbildung führte das in der Reichswehr bestehende Berufssoldatentum zu einem Phänomen, das man bereits vor dem I. Weltkrieg beobachtet hatte: Die ständigen Schießübungen hatten ein so überdurchschnittlich gutes Treffvermögen der Truppe erzeugt, daß sich die mit Zielfernrohrgewehren ausgerüsteten Schützen kaum durch bessere Leistungen hervorheben konnten. Vergleichsschießen mit guten Schützen, die nur ihre offene Visierung benutzten, ließ die Waagschale oft genug zugunsten der normalen Zieleinrichtungen tendieren. Die schießtechnischen Vorteile der Zielfernrohrgewehre waren nicht mehr ersichtlich, – was neben der guten Allgemeinschießfähigkeit auch daran lag, daß die eingeteilten Zielfernrohrschützen keine (oder nur eine geringe) Spezialausbildung erhielten, mit den Waffen nicht vertraut waren und zudem die

so ausgerüsteten Waffen oft durch ungenügende oder falsche Pflege in ihrer Treffgenauigkeit beeinträchtigt waren.
War die Reichswehr in den Jahren nach dem Ersten Weltkrieg noch mit zwölf Zielfernrohrgewehren (oder wie es im zeitgenössischen Jargon hieß: Zielrohrbüchsen) pro Bataillon ausgerüstet, so entschied sich die hohe Heerführung 1932, diese ersatzlos abzuschaffen. Ohnehin – so waren einige goldbetreßte Herren überzeugt – handelte es sich bei dieser Einrichtung sowieso nur um eine kostspielige Liebhaberei mit geringem taktischem Wert.
Taktisch sah die Reichswehr den Einsatz eines Zielfernrohrgewehrs ohnehin nur im Rahmen der Kampfgruppe vor. Hier sollen das Feuer des IMG unterstützt werden. Diese Aufgabe aber konnte auch von einem guten Gewehrschützen übernommen werden, der dann auch als Munitionsträger für die IMG-Bedienung Verwendung finden konnte – und nicht durch das leicht zu beschädigende ZF-Gewehr behindert wurde.
So kam, was kommen mußte: Beim Polenfeldzug stellten sich erste Schwierigkeiten mit »Heckenschützen« ein, denen man aber mit dem massiven Einsatz von Infanteriegeschützen beikommen konnte. In den Blitzkriegen gegen Norwegen, Belgien, Holland und Frankreich war die materialtechnische und zahlenmäßige Überlegenheit der neugeschaffenen Wehrmacht so groß, daß man den kleinen Randepisoden des feindlichen Scharfschützeneinsatzes keine Bedeutung beimaß.
Erst mit dem Angriff auf die Sowjetunion mußte die Wehrmacht ihre empfindliche Wehrlosigkeit gegenüber russischen Scharfschützen einsehen. Indigniert berichteten PK-Berichterstatter über die russischen »Baumschützen«, »Untermenschen«, die sich mit Vorliebe deutsche Offiziere aufs Korn nahmen. In rasender Eile versuchte man die Versäumnisse der vergangenen Jahre einzuholen: Zielfernrohrgewehre der Reichswehr (zumeist noch vom Gewehr 98-Typ) wurden aus den Mottenkisten geholt, kommerzielle Optiken und Montagen in den Dienst gepreßt. Wie im Ersten so kamen auch im Zweiten Weltkrieg eine Vielzahl der verschiedensten Montagen und Optiken zum Einsatz. Neben den mehr auf individueller Basis in den Truppen-Waffenmeistereien gefertigten ZF-Montagen lieferten auch die verschiedenen Rüstungsbetriebe unterschiedliche Modelle. Auch die unter deutsche Besetzung fallenden Waffenfabriken, wie z. B. jene von Lüttich oder Brünn, wurden in diese Bemühungen eingespannt. Eine zentralisierte Ausbildung wie in Großbritannien oder den USA

Diese Aufnahme zeigt nur einen kleinen Bereich der vielfältigen Variationen von Montagen und Optiken,

gab es nicht. Zuerst erfolgte eine Einweisung auf der Verbandsebene des Regiments oder sogar Bataillons. Da aber hierfür nicht genügend Ausbildungskräfte bereitstanden, erwies es sich als vorteilhafter, die Aspiranten, die aus durch gute Schießleistungen hervorgetretenen Veteranen der Truppe gebildet wurden, zu Lehrgängen von drei- bis fünfwöchiger Dauer abzustellen. Lehrgangsschulen wurden an den verschiedensten Orten des Reiches, zumeist an entsprechend günstigen Truppenübungsgeländen eingerichtet, so z. B. in der Nähe von Riesa an der Elbe, bei Zossen und auf der Seetaleralpe. Sonderverbände wie die »Brandenburger« oder die Fallschirmjägertruppe (die ja der Luftwaffe angegliedert war) hatten ihre eigenen Schulen und Übungsplätze. Die Division z.b.V. 800, die nach der Stammkaserne des Feldartillerieregiments Nr. 3 in Brandenburg an der Havel ihren Namen erhalten hatte, verfügte über eine Vielzahl von Unter-Abteilungen für Spezialaufgaben, so auch einer eigenen Fallschirmjäger- und Gebirgsjägertruppe, einem selbständigen Streifkorps, einer Tropenkompanie usw. Sie unterstanden der Abwehr (Canaris' »Haustruppe«), und zwar der Abteilung II, deren Aufgabe in der Aufklärungs- und Sabotagetätigkeit hinter den feindlichen Linien bestand. Der Einsatz von Zielfernrohrgewehren lag dabei auf der Hand, und Spezialisten der Abwehr hatten die Entwicklung einer solchen Ausrüstung schon vorangetrieben, als ZF-Gewehre in der Wehrmacht noch ungenutzt waren.
Die Fallschirmjäger erhofften sich von den Scharfschützen eine wesentliche Erhöhung ihrer eigenen Kampfkraft und bessere Vorbereitungen für Überraschungsangriffe. Zielfernrohre kamen in dieser Waffengattung sehr früh zum Einsatz und wurden später auch auf das berühmte Fallschirmjäger-Gewehr (FG) 42 von Rheinmetall-Borsig aufgesetzt.
In der Ausbildung lag die Betonung auf dem einsatzbezogenen Schießen aus getarnten Stellungen. Stundenlang mußten Schützen und Beobachter in ihren Stellungen liegen und sich auf das Schießstandgelände vor sich konzentrieren. Hier waren oft im verkleinerten Maßstab Häuser und Befestigungen angedeutet, in denen dann für wenige Sekunden Kampfziele erschienen, die erkannt und vernichtet werden mußten. Höchste Anforderungen an Konzentrationsvermögen und schnelle Reaktion wurden gestellt. Dem voraus ging oft eine Aufnahmeprüfung, welche die eigentliche schießtechnische Qualifikation des Anwärters festlegte.
Mehr noch als auf die hohe Treffergenauigkeit aber wurde der

PK-Photo von einer Scharfschützenübung am Atlantikwall, 1944. (Bundesarchiv)

Schwerpunkt auf das »jägermäßige« Verhalten gelegt – und hier lauten die Aussagen deutscher, englischer und amerikanischer Dienststellen überraschend gleich. Gut schießen konnten viele Soldaten nach einiger Erfahrung, aber die Befähigung zum Scharfschützen, die Geduld zum stundenlangen Ausharren in der Lauerstellung, die Ausnutzung des Geländes zum Tarnen und Anpirschen – diese Verbindung brachten nur die wenigsten mit.

Schütze und Beobachter in Grabenstellung.
Besondere Beachtung verdient der Stahlhelmbezug mit seinen aufgenähten Laschen zum Feststecken von Tarnmaterial. (Bundesarchiv)

Auf deutscher Seite hatte man sehr schnell die Vorzüge erkannt, die der gemeinsame, paarweise Einsatz von Beobachter und Schützen brachte, die sich in ihren Rollen abwechseln konnten. Der geringe Blickfeldbereich des Zielfernrohres erlaubte keine umfassende Beobachtung eines weiten Vorfeldes, viel weniger ein Absuchen nach Zielen. Der Wechsel vom Binokular zum ZF war bei einem oft in Sekunden zu rechnenden kurzen Zielauftauchen aufgrund der anderen Vergrößerung der Optik zu zeitraubend und umständlich. Hier kam der Beobachter zu Hilfe, der gleichzeitig auch eine Deckung des Scharfschützen übernehmen konnte. Der eigentliche Scharfschützeneinsatz erfolgte recht unabhängig von der Bataillonsebene aus, wo die Schützen in einem entsprechenden Zug zusammengefaßt wurden und schwerpunktmäßig eingesetzt werden konnten. Auf der Ebene der Kampfkompanien kamen zusätzlich noch Zielfernrohrschützen zum Einsatz, die im Zug oder in der Gruppe eingegliedert waren. Diese Soldaten, zumeist mit dem minderwertigen ZF 41 ausgerüstet, verfügten nicht über die entsprechende Ausbildung, unterstützten aber den Feuerkampf ihrer Einheit im Nahbereich. Auch sie konnten Erfolge aufweisen und stiegen oft später zu eigentlichen Scharfschützen auf. Die Arbeitsteilung bewährte sich besonders in den späteren Jahren, als die Wehrmacht in großem Ausmaß defensiv operieren mußte. Mehr als einmal wurden durch Scharfschützen Rückzugsgefechte geführt, das Absetzen größerer Verbände gedeckt und feindliche Angriffe abgeschlagen. In zeitgenössischen Schilderungen ist oft vom Zusammenbrechen russischer Angriffe die Rede, sobald Offiziere und Kommissare abgeschossen waren.
Tatsächlich ist die psychologische Wirkung eines solchen Beschusses kaum zu unterschätzen. In der Normandie z. B., in deren unübersichtlichen Feldern und Heckenlandschaften einzelne deutsche Schützen die Vorstöße ganzer Kompanien aufhalten konnten, kam dieser Faktor besonders zu Wirkung.
Nur ein Bruchteil der deutschen Soldaten, die sich in Bäumen, an Hohlwegen, in Scheunen und auf Kirchtürmen verschanzt hatten, waren tatsächliche ZF-Schützen. Aber die durch deutsche Propaganda angeregte Phantasie der westalliierten Truppen ließ ganze Abteilungen erstarren, sobald ein zielsicherer Schuß eine Führungskraft ausgeschaltet hatte. Hierzu kam noch der Umstand, daß die meisten der amerikanischen und britischen Truppen, die zur Invasion angesetzt wurden, »grün« waren und es ihnen an Kampferfahrung mangelte.

Scharfschütze der Waffen-SS mit der ZF 41/Karabiner 98 k Kombination, die sehr viel zu wünschen übrig ließ. (Bundesarchiv)

Aber die Individualisierung des Todes, wie er durch die »aus blauem Himmel« kommende Scharfschützenkugel auftritt, vermochte auch bei erfahrenen Truppen tiefe Eindrücke zu hinterlassen. Deutsche wie Engländer klagten nach der Schlacht um Arnheim über die gegnerischen Scharfschützen, deren Tarnung sie unsichtbar und kaum greifbar machte und deren Opfer kaum eine Möglichkeit der Gegen-

Gewehr und Schützenstellung im Baum mit Heu getarnt. Die Aufnahme entstand vor der Invasion während einer Übung am Atlantikwall, 1944. Obwohl »Baumschützen« immer wieder auftraten, ist eine solche Position wegen der beschränkten Rückzugs- und Ausweichmöglichkeiten wenig vorteilhaft. (Bundesarchiv)

wehr hatten. Die englischen Fallschirmjäger erwehrten sich auf ihre Weise: in Fenstern, wo Scharfschützen vermutet wurden, landeten die anderthalb Kilo schweren »Bomben« der PIAT, einem federgetriebenen, tragbaren Panzerabwehrgerät, das sich zwar nicht gegen Panzer, wohl aber gegen Infanterieziele bewährt hatte.

Die Ausrüstung deutscher Scharfschützen

Ähnlich wie bei den englischen Scharfschützen der »Boilersuit«, so war auch bei den deutschen Kollegen die Scharfschützenjacke eine Art Kennzeichen. Mit Kapuze versehen, hatte sie auf der einen Seite ein erdfarbenes Tarnmuster und auf der anderen eine weiße Beschichtung. Die Jacken – heute begehrteste Sammlerobjekte – waren sehr weit, reichten bis über das Gesäß und waren in jeder Schießhaltung bequem. Stahlhelmüberzug mit eingearbeiteten Bändern zum Feststecken von Tarnmaterial, Tarnnetzen und oft Gesichtsmasken vervollkommneten die Tarnung. Feldstecher 6×30, mitunter auch 10×50 Modelle dienten zur Zielerfassung, Pistole und auch ein Dolch wurden zur Eigensicherung getragen. Wie im Ersten Weltkrieg versuchten sich Scharfschützen vor einer drohenden Gefangennahme ihrer Ausrüstung zu entledigen, da ihnen die Rache des Gegners drohte. In diesem Fall wurde die Waffe vernichtet, die Tarnjacke (als Überzug getragen) abgeworfen und versteckt. Hier liegt wahrscheinlich auch der Grund, warum das Scharfschützenabzeichen kaum getragen wurde. Dieses Stoffabzeichen, ein Adlerkopf im ovalen Feld mit Eichenlaub, wurde zur Motivierung der Scharfschützen mit Führerbefehl vom 20. 8. 1944 verliehen. Die drei Stufen wurden durch die Umrandung des Abzeichens dargestellt: einfach für 20 bestätigte Abschüsse, mit Silberkordel für 40 und mit goldgelber Kordel für 60. Scharfschützenlisten waren zu führen, Bestätigung erfolgte durch mindestens einen Zeugen, vorzugsweise einen Vorgesetzten. Als bester deutscher Scharfschütze galt der Tiroler Matthias Hetzenhauer mit 345 bestätigten Abschüssen (bewegungsunfähig geschossen). Als Zweitbester galt der Salzburger Sepp Allerberger mit 257 Abschüssen. Zusammen mit dem Schützen Wirnsberger wurden diese drei Angehörigen der 3. Gebirgsdivision von dem österreichischen Hauptmann Hans Widhofner nach dem Krieg über ihre Erfahrungen befragt. Eine Abhandlung Widhofners über Scharfschützen, in dem auch Interviewteile interessante Einzelheiten über

Scharfschützenabzeichen.

Scharfschütze im russischen Sommer 1944, eine Gesichtsmaske und Tarnnetz vervollkommnen hier die Eigensicherung. Das vierfache ZF trägt den Code ‚bmj‘ für die Herstellerfirma Hensoldt & Söhne, Wetzlar. Zielfernrohr, Gewehr und Montageringe der turmartigen Einschwenkmontage tragen die Gew.-Nr. 9394. (Bundesarchiv)

Erläuterungen

1 Außenrohr
2 vorderer Ring
3 hinterer Ring
4 Ausblicklinsen
5 Fassungsring für Ausblicklinsen
6 Sattel
7 Träger des Abkommenschlittens
8 Abkommenschlitten
9 Abkommen
10 Höhenschnecke
11 Teilring
12 Klemmscheibe
13 Griff für die Sehschärfenteilung
14 Klemmschraube zum Teilring
15 Umkehrlinsen mit Fassung
16 Einblicklinsen
17 Einstellmarke für die Entfernungsteilung
18 drei Feststellschrauben für den Teilring
19 Innenrohr
20 Schwalbenschwanz } des hinteren Ringes
21 Fußstück } des hinteren Ringes
22 Sperrhebel } des hinteren Ringes
23 Stellschrauben im Fußstück } des hinteren Ringes
24 Fuß des vorderen Ringes
25 Augenschutz (Bild 2)

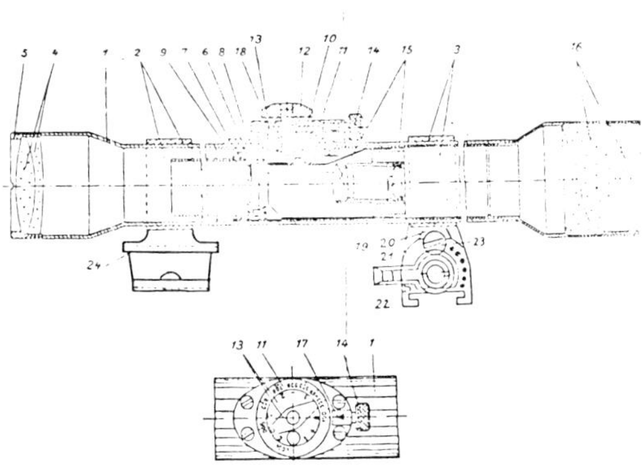

Zielfernrohr für Karabiner 98k, aufgeschnitten

Aus der 1940 erscheinenden Gebrauchsanweisung für das ZF 39 (Zielvisier) für den 98 k.

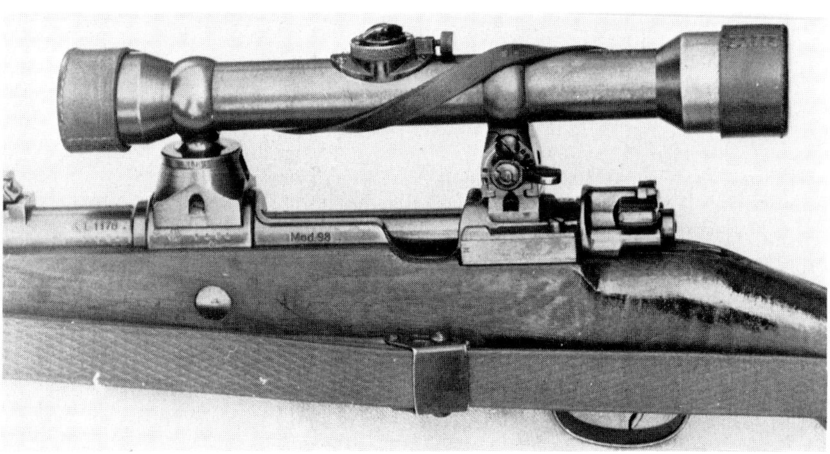

Das Zielvier hier von Carl Zeiss/Jena gefertigt auf der Waffe. Die Marke für die Entfernungseinteilung reicht bis 1000 Meter.

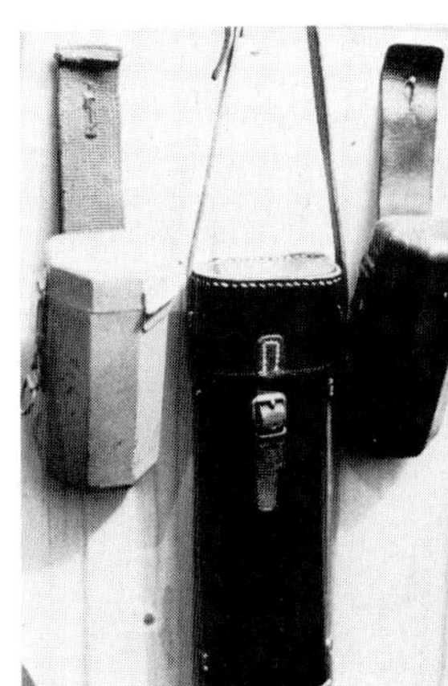

Behälter für das ZF 41 am Gurt zu tragen und ein Umhängeköcher für das vierfache ZF aus Leder.

Ein Dyalitan 4-fach von Hensoldt & Söhne, Wetzlar, auf der hohen Turmmontage. Eine Bohrung durch die Montagefüße erlaubte einen weiteren Gebrauch der Gewehrvisierung.

Ajack 4 x 90 Zielfernrohr, das für seine Lichtstärke bekannt ist.

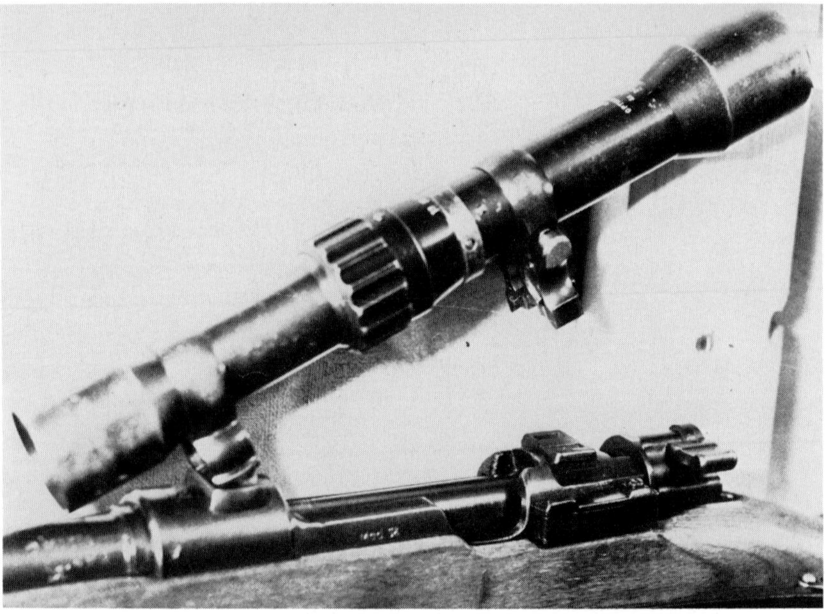

Vierfaches ZF der tschechischen Firma Opticotechna, Prerau. Die Entfernung wird mit dem großen Mittelring verstellt.

Das ZF 41/1 auf dem 98 k. Der Unterschied zwischen dem ZF 41 und dem ZF 41/1 bezog sich auf die Form der Klemmschienen-Räder und ist von außen nicht erkennbar. Das hier gezeigte Modell trägt den Code ‚duv‘ für Berlin-Lübecker Maschinenfabrik, Werk Lübeck.

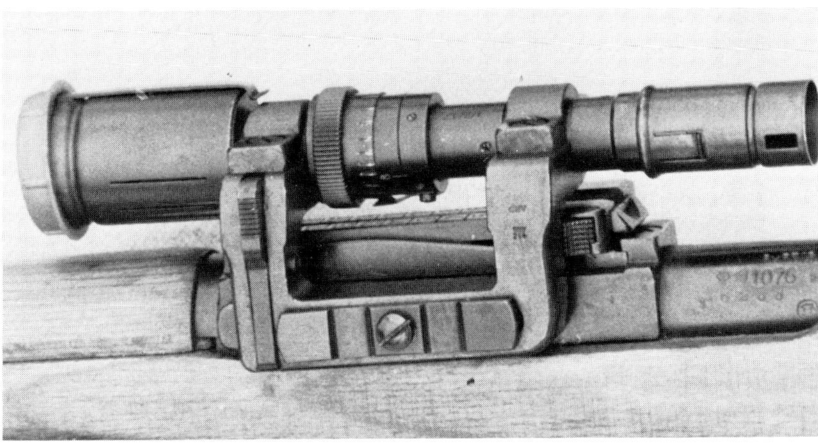

ZF 41 mit der Montage für das Gewehr 41, gefertigt von ‚cxn‘ – Emil Buch A.G. Rathenow.

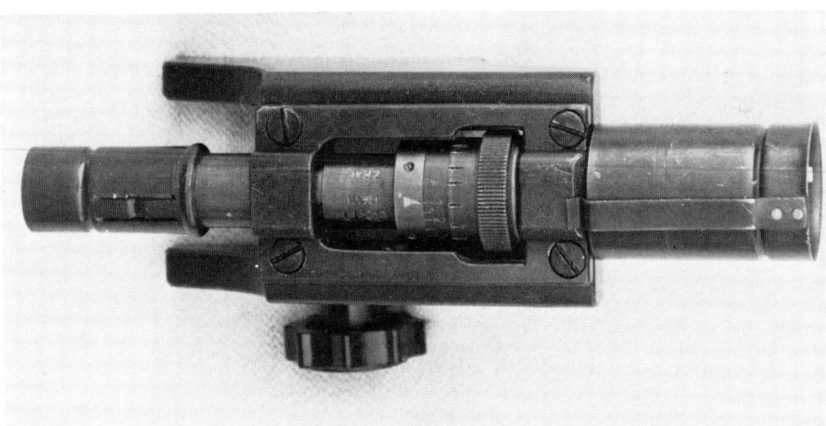

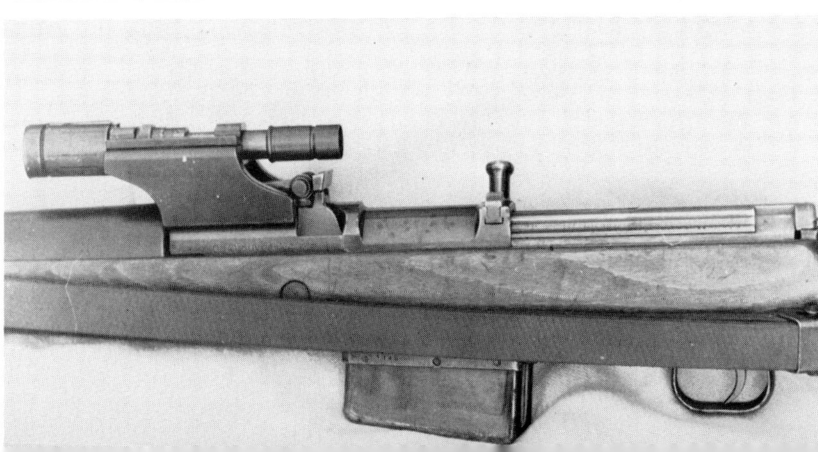

Das ZF 41 auf dem Gewehr 41 (W), Kaliber 7.92 mm. Die Version (W) folgte dem Entwurf der Walther-Werke. Das abgebildete Gewehr 41 ist in der Lübecker Maschinenfabrik gebaut worden.

G 43 / ZF 4
und
G 41 / ZF 41

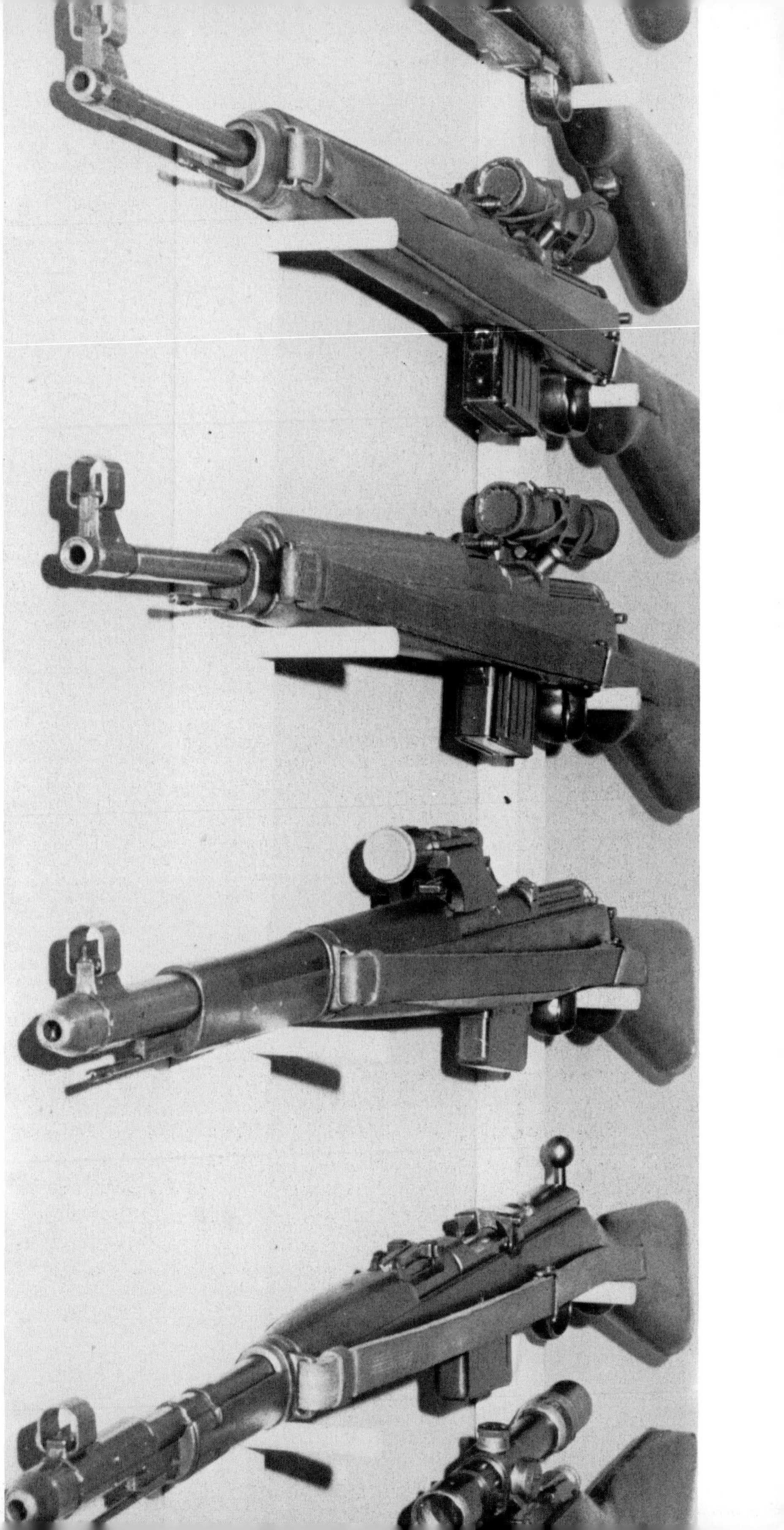

Schütze beim Üben mit dem G 43.

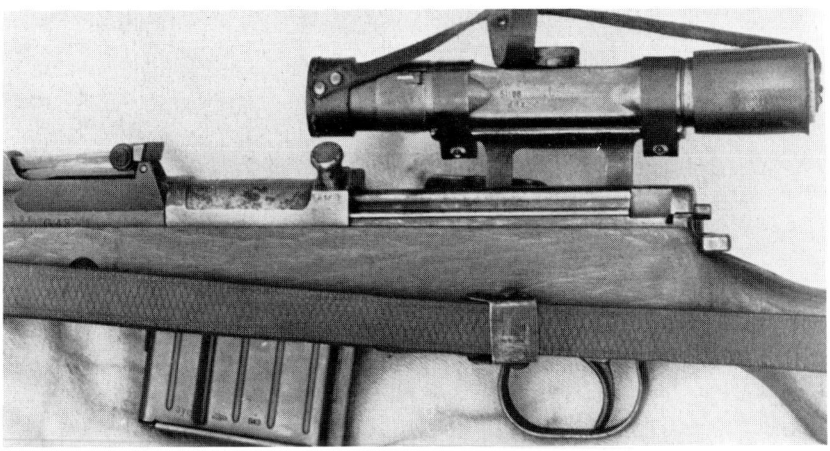

Das GW ZF 4 auf dem G 43 linke Ansicht. Die hier gezeigte Optik wurde von Voigtländer & Sohn A.G., Braunschweig, hergestellt.

Die Aufschubmontage für das ZF 4 mit ihrem Feststellhebel, im verriegelten Zustand erscheint das Wort „fest".

Dialytan, 4-fach, von Hensoldt, Werk für Optik und Mechanik, Herborn, Dillkreis. Code: ‚bek‘. Die lange Aufschubmontage wurde 1944 in den Wilhelm-Gustloff-Werken entwickelt. Sie benötigten wegen der sehr niedrigen Montage auch einen speziellen Sicherungshebel.

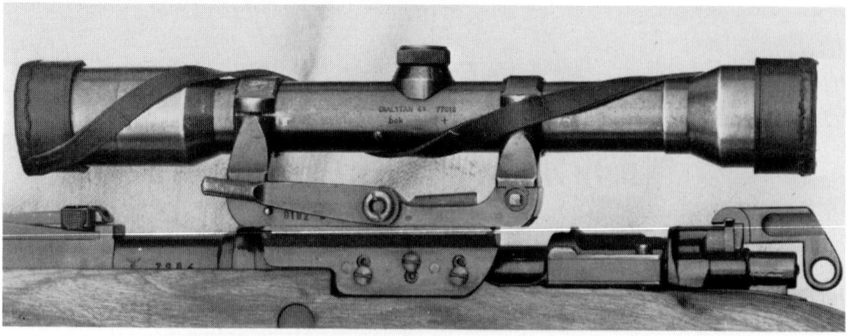

Die zwei Versionen der seitlichen Aufschubmontage für den Karabiner 98 k mit kürzerer und längerer (ab 1944) Schiene. Ursprünglich bei der Polizei eingeführt, wurde diese Version ab 1939 auch für den Frontdienst, für die Waffen-SS, hergestellt.

Schütze der Waffen-SS-Division „Letten“ im Wintereinsatz. (Bundesarchiv)

den Einsatz dieser Schützen aufzeigen, erschien im Frühjahr 1967 in der Zeitschrift »Truppendienst«.
Als Scharfschützenwaffen kamen in der ehemaligen Deutschen Wehrmacht hauptsächlich der 1935 eingeführte Karabiner 98 k zur Anwendung, der mit einer Reihe verschiedener Montagen versehen wurde und mit zumeist vier- oder sechsfachen Optiken bestückt war. Mit der Einführung des Gewehrs 41 wurde diese Waffe durch OKH-Befehl vom 2. 12. 42 auch als Scharfschützenwaffe mit dem ZF 41 zugelassen. Das ZF 41, mit seiner 1½fachen Vergrößerung, einem Gewicht von 700 Gramm und 1,5° Gesichtsfeld, war am Visierfuß zu befestigen und fand auch mit dem Karabiner 98 k Verwendung. Es erfüllte Bedingungen, die man an eine Zielfernrohr-Optik stellt, nur ungenügend und war bei Dämmerungslichtverhältnissen überhaupt nicht zu gebrauchen.
Anders verhielt es sich da mit dem ZF 39 (Zielvier), von Ajack, Kahles, Zeiss u. a. gefertigt, deren schwere, aber lichtstarke Optiken auch ein Zielerfassen unter schlechtesten Lichtverhältnissen gestatteten. Mit dem Karabiner 43 wurde – durch OKH-Befehl vom 7. 12. 44 – auch das GW-ZF 4fach, ein kleines, 1300 Gramm schweres Zielfernrohr eingeführt, das ein Gesichtsfeld von 4,5° aufwies und am halbautomatischen Karabiner rechtsseitig aufgeschoben wurde. Für mittlere Schußdistanzen bis 400–500 Meter war diese ZF/Gewehr-Kombination ausreichend, obwohl die Anfälligkeit für Ladehemmungen den Gesamtwert des 43ers minderte.
Die meisten Scharfschützen bevorzugten für den gezielten Einzelschuß den Karabiner 98 k mit vier- oder sechsfacher Optik. In den verschiedenen Ausführungen, mit turmartiger Einschwenkmontage oder mit langer (oder kurzer) seitlicher Schiene war dies die verbreitetste Scharfschützenwaffe, deren Produktionszahlen weit in die Zehntausende gingen. Nur wenige originale Scharfschützengewehre befinden sich heute in privaten oder öffentlichen Sammlungen. Nach der Handhabungs- und Bedienungsanleitung zum Zielvier vom 22. 1. 40 wurden einst abgenutzte oder beschädigte Waffen nur von drei Heereszeugämtern in Spandau, Königsberg und Hannover abgenommen und repariert. Die Optiken sollten nach der HDv 449/1 »Beobachtungs- und Vermessungsgerät«, Teil 1 »Behandeln« gepflegt werden. Tausende aber sind nach Kriegsende vernichtet oder demilitarisiert worden, und nur vereinzelt tauchen noch originale Wehrmachtszielfernrohre und Montagen auf.

Normandie, Juni 1944 – Die Gejagten

»Scharfschützen waren, soweit ich weiß, schon immer als legitime Form der Kriegsführung anerkannt. Und trotzdem war da etwas Verstohlenes, das das amerikanische Gefühl für Fairneß verärgerte. Ich hatte das noch nie so gefühlt, bis wir in Frankreich landeten und die Deutschen zurückdrängten. Wir hatten Scharfschützen früher vor uns gehabt, in der Bizerte und am Cassino und an vielen anderen Orten, aber immer in kleinem Rahmen. Hier in der Normandie begannen die Deutschen Scharfschützen im großen Rahmen einzusetzen. Überall waren Scharfschützen: in Bäumen, Häusern, Schutthügeln, im Gras. Aber hauptsächlich waren sie in den buschbewachsenen Wällen, welche als Umzäunung der Felder in der Normandie und entlang jedes Weges, jeder Straße zu finden sind. Es war perfekter Jagdgrund für Scharfschützen. Ein Mann konnte sich in dem dicken Heckengestrüpp mit Rationen für einige Tage verschanzen, und es war, als suche man eine Nadel im Heuhaufen. Jede Meile, die wir vorstießen, ließ Dutzende von Scharfschützen in unserem Rücken zurück. Sie schnappten unsere Soldaten, einen nach dem anderen, wenn sie über die Felder gingen, oder an den Straßen. Es war nicht sicher, sich zum Biwak niederzulassen, bevor die Gegend nicht von Scharfschützen gesäubert war. Im ersten Biwak, in dem ich war, flogen die Kugeln für einen ganzen Tag nur so umher, bis man auch den letzten der versteckten Banditen erwischt hatte. Es gab mir das gleiche unheimliche Gefühl, das ich kriege, wenn ich an einem Platz bin, wo Verminungsverdacht besteht.

Unsere Soldaten sprechen mit Verachtung und Widerwillen von den gelegentlichen Scharfschützen, wenn von vergangenen Feldzügen die Rede ist. Aber in Frankreich wurden Scharfschützen wichtiger, und Vorsichtsmaßnahmen dagegen waren etwas, was wir lernen mußten, und zwar schnell. Einer meiner Offiziersfreunde sagte zu mir: ›Einzelne Soldaten sind auch früher schon Scharfschützen-klug geworden, aber jetzt haben unsere Einheiten als Ganzes ein Scharfschützen-Bewußtsein.‹

Scharfschützen töteten so viele Amerikaner wie sie nur konnten, und dann, wenn ihre Nahrung oder Munition ausgang, ergaben sie sich. Unsere Männer fanden das nicht gerade ethisch. Der durchschnittliche amerikanische Soldat hatte wenig Verständnis für den durchschnittlichen deutschen Soldaten, der einen offenen Kampf kämpfte und verlor. Aber seine Gefühle gegenüber den hinterhältigen Scharfschützen kann man kaum drucken. Er lernte die Scharfschützen töten, bevor sie sich ergeben konnten.«

». . . seinen Vierten hielt er für einen Japaner, als er ihn tötete. In den ersten Tagen der Invasion glaubten viele unserer Soldaten, daß sie gegen Japaner kämpften, die unter den deutschen Truppen waren. Sie waren in Wahrheit mongolische Russen, mit starken orientalischen Gesichtszügen, welche die Amerikaner an Japaner erinnerten . . .«

Aus: Ernie Pyle, »Brave Men«, New York 1944

Getarnter Scharfschütze am Atlantikwall, 1944. (Bundesarchiv)

Links: Darstellung des »Scharfschützen-Übels« während der Invasion in einem zeitgenössischen engl. Journal. Ein deutscher Baumschütze hatte sich mit Fallschirmjäger-Gurten in einer Baumkrone postiert.

Rechts: Sherman-Panzer beim Vorstoß. Mit Bren-MGs werden die Baumkronen vorsorglich „behandelt".

Russische Scharfschützen im Zweiten Weltkrieg

Die Entwicklung der sowjetischen Scharfschützen wurde angeregt durch zwei völlig unterschiedliche Faktoren: Zum einen unterhielt die deutsche Reichswehr in den zwanziger Jahren ein Ausbildungs- und Beratungsprogramm, zusammen mit der Roten Armee, in dem auch die deutschen Erfahrungen im Hinblick auf die taktische Verwendung von Scharfschützen »weitergereicht« wurde. Die Weimarer Republik und die Sowjetunion waren die Parias der damaligen Welt. Gemieden und isoliert von den übrigen Nationen, entwickelten sich so besondere Beziehungen, die auch der Verbesserung der russischen Waffentechnik halfen. Nachdem die Rote Armee der durch Inflation und mangelnder Auftragslage angeschlagenen deutschen Optik-Industrie ganze Jahresproduktionen von Zielfernrohren, Feldgläsern und anderen Optiken abgenommen hatte, kam es auch zum Ankauf einer ganzen Fabrikeinrichtung zur Herstellung optischer Einrichtungen. Maschinen, Fertigungspläne und technisches Know-how wurden von der Firma Zeiss an die Sowjetunion geliefert. Deutsche Optikermeister überwachten die Aufstellung und führten ihre russischen Kollegen in den Gebrauch und die Feinheiten der gelieferten Technologie ein. Ein Ergebnis dieser deutsch-russischen Kooperation war das vierfache »PE«-Zielfernrohr, mit einer lichtstarken Optik mit einem 30-mm-⌀-Ausblick und einer inneren Verstellmöglichkeit des Absehens nach Entfernung und Seitendrift.
Die zweite Motivation sollte durch den finnisch-russischen Krieg erfolgen. Die finnischen Skitruppen, Meister der Tarnung und Geländeausnutzung, brachten den zahlenmäßig weit überlegenen sowjetischen Streitkräften empfindliche Verluste bei. Sie überfielen Vor- und Nachhut der vorrückenden Russen, griffen an und zogen sich blitzschnell zurück. Sie waren lautlos und kaum zu fassen. Setzten die Russen nach, wurden sie von gut getarnten Scharfschützen unter Feuer genommen, die den Rückzug deckten. Angriffe blieben stekken, weil die mit der Jagd aufgewachsenen Finnen bevorzugt Führungskräfte ins Visier nahmen. Die schmählichen Niederlagen gaben der russischen Heeresführung zu denken und beeinflußten die Ausbildung der kommenden Jahre.
Auf nationaler Ebene wurde ein Vorbereitungsprogramm zur Landesverteidigung eingeführt, zu dem auch verstärkt die Förderung von Schießübungen zählte. Vehikel dieser vormilitärischen Ausbildung war die »Osaviachim« (die Gesellschaft zur Förderung der Ver-

teidigung), die sich besonders auf der Basis der Parteiverbände und der Komsomol-Jugend bewegte.
Mit dem Beginn des Unternehmens Barbarossa bekamen die Deutschen zu spüren, wie gut ihre früheren Schüler die Lehren in die Tat umgesetzt hatten. Offiziere, Unteroffiziere, Bedienungsmannschaften und MG-Schützen gehörten zu den bevorzugten Zielen russischer Scharfschützen, die sich oft bis zur sprichwörtlichen letzten Patrone der anstürmenden deutschen Militärmacht entgegenstemmten.
Für die sowjetische Heeresführung wurden die Scharfschützen bald zum Lieblingskind ihrer Propaganda, die auch auf die Verstärkung des eigenen Wehrwillens ausgerichtet war. Das Journal des Ober-

Das Zielfernrohr PE, rechte Ansicht, vereinfachte Kriegsversion mit breiter Montage. Die innere Verstellmöglichkeit des Absehens ging auf eine Entwicklung der Fa. Emil Busch, Rathenow, zurück.

sten Militärrates, »In der Verteidigung unseres Landes« veröffentlichte die täglichen Abschußquoten der einzelnen Scharfschützen-Abteilungen, publizierte Bilder von berühmten Schützen und stellte ihre Taten als beispielhaft für alle Sowjetmenschen hin.
Scharfschützen waren Parteimitglieder oder wurden in der Frontlinie zu solchen gemacht, eine »Bewegung der Scharfschützen« wurde von den politischen Sektionen der einzelnen Heeresverbände initiiert, Partei und Komsomol übernahmen Patenschaften, politische Sitzungen hatten als Tagesthemen die Förderung des Scharfschützenwesens und entsprechenden Erfahrungsaustausch.
Erfolgreiche Scharfschützen wurden zu Gastvorträgen bei anderen Armee-Einheiten herumgereicht oder sogar im Ausland vorgeführt. Das beste Beispiel hierfür war die Soldatin Tania Chernova, die nach der Schlacht von Stalingrad zu den in London stattfindenden Siegesfeierlichkeiten entsandt wurde. Tania entzückte die Zuhörer ihrer Vorträge in England mit besonders lebhaften Beschreibungen ihrer

Abschüsse, wobei sie ihre deutschen Opfer nie anders als mit »Stücke« bezeichnete.
Chernova wurde begleitet von einer anderen Scharfschützin – angeblich hatte die Rote Armee eine ganze Frauenkompanie von Eliteschützen – Ljudmila M. Pavlicenko, welche über 300 Abschüsse bestätigt bekommen hatte. Pavlicenko besuchte unter anderem auch die britischen Gewehrfabriken von Enfield und erhielt als Geschenk ein Scharfschützengewehr No. 4 Mark 1 (T), dessen Produktion gerade angelaufen war.
Die russischen Scharfschützen waren Meister in der Tarnung und Geländeausnutzung und selbst ihre deutschen Gegenüber bestätigten, daß sie im Schnitt die besseren Einzelkämpfer waren. An Geländeverhältnisse und Klimabedingungen von Kindesbeinen an gewöhnt, verstanden sie es, sich bis zur Unsichtbarkeit zu tarnen und auch bei extremen Außentemperaturen in ihren Stellungen zu verharren. Als Beispiel wurde dem Verfasser ein russischer Scharfschütze geschildert, der im tiefsten Winter tagelang vor einer deutschen Stellung gelegen und Opfer nach Opfer gefordert hatte, bis er – letztendlich nur durch Zufall – entdeckt und ausgeschaltet werden konnte. Der Russe hatte nicht nur den üblichen weißen Schneeumhang an, sondern Gesicht, Hände und Waffe weiß getarnt, um in der Schneewüste unterzutauchen. Seine Augen waren die einzigen dunklen Schlitze an seinem ganzen Äußeren gewesen. Es ist bezeichnend, daß sich sowohl im Ersten wie im Zweiten Weltkrieg die sibirischen Scharfschützen einen besonderen Ruf erworben hatten. Die Rekruten, die zu den sibirischen Regimentern und Divisionen eingezogen wurden, waren oft seit Kindesbeinen mit Gewehren vertraut. Während im zaristischen Rußland die Jagd nur dem Adel vorbehalten war und auch unter den Sowjets beschränkt blieb, gehörte die Jagd in Sibirien zum Lebensunterhalt. Die einzelnen Volksgruppen, wie Tataren, Kirgisen und Kalmücken, konnten auf eine jahrhundertlange Tradition des Fallenstellens und der gewerbsmäßig betriebenen Jagd auf Großwild zurückblicken. Den sibirischen Schützen, die im Herbst 1942 von der mandschurischen Front abgezogen und in das Ringen um Stalingrad geworfen wurden, fiel die Umstellung auf eine andere Sorte »Wild« leicht – sie waren an die kalten Witterungsverhältnisse gewöhnt, kannten das stundenlange Auf-der-Lauer-liegen und brachten das instinktive Jagdfieber mit, das die russischen Scharfschützen auszeichnete. In den sibirischen Divisionen vor Stalingrad, Teil der 62. Armee, erreichte die Scharfschützen-

Deutscher Scharfschütze im Tarnmantel mit dem russischen Moisin-Nagant Beutegewehr, Zielfernrohr PU. (Bundesarchiv)

bewegung ihren Höhepunkt. Ein militärischer Rat bildete die oberste Ebene für die von den politischen Sektionen der Einheiten geförderte Bewegung. Die Politruks (Kommissare) hatten strikte Anweisung, Einsätze der Scharfschützen anzuregen, ihre Entwicklung zu unterstützen und Erfolge sofort »nach oben« zu melden. Innerhalb kurzer Zeit konnten die ersten tausend Abschüsse gemeldet werden, und das Mitglied des Politischen Rates, Nikita S. Chruschtschow, be-

Das ZF PU.

dachte die Sibirier mit dem Ehrentitel »Jäger für zweibeinige Tiere«, eine Bezeichnung, die sich diese fast wie eine Medaille anhängten. Zur gleichen Art der Motivationsförderung zählte der Umstand, daß die deutschen Soldaten nur mit dem Ausdruck »Bestien« oder »Wölfe« bezeichnet wurden. Die politische Führung der Roten Armee benutzte jedes Mittel, um die Kampfkraft ihrer Soldaten durch Haßgefühle zu stärken.

In der Scharfschützenbewegung vor Stalingrad stach ein Name besonders hervor, der des Sibiriers Vasili Zaitsev von der 284. Infanterie-Division (Sib.). Zaitsev, dem vor Stalingrad über 300 Abschüsse angerechnet wurden und der später den Titel eines »Helden der Sowjetunion« erhielt, war der führende Mann in der Scharfschützenbewegung. Er hielt Instruktionskurse für Nachwuchskräfte ab, zusammen mit Victor Medvedev, dem zweitbesten Schützen vor Stalingrad. Diese Kurse gingen weit über den Rahmen der eigenen Division oder des Armeekorps hinaus. Ein geflügeltes Wort der Kämpfer vor Stalingrad bezog sich auf die Absolventen dieser Kurse: Zaitsevs Name war vom russischen »Hase« abgeleitet und Medvedev bedeutete »Bär«, so daß die Schüler der beiden oft auch als Hasen und Bären bezeichnet wurden.

Zaitsevs eigene Erfahrungen fanden weite Verbreitung während und nach dem Krieg. Bis in die jüngste Vergangenheit wurden Artikel von ihm in den sowjetischen Armeezeitschriften publiziert, um Anregungen für die Bekämpfung des »Klassenfeinds« zu geben. Immer wieder tritt dabei die Geschichte von dem Scharfschützenduell zwischen Zaitsev und dem Chef einer deutschen Scharfschützenschule – Major Koning – auf, die auch in den Memoiren von Vasili I. Tschuikow »The Beginnig of the Road« in Zaitsevs eigenen Worten berichtet wird.

Das Duell von Stalingrad

Selbst wenn diese Geschichte, wie nach dem Kriege vermutet wurde, nur eine Propaganda-Story wäre, müßte man sich mit ihr auseinandersetzen – sie enthält interessante Einzelheiten über die Arbeitsweise russischer Scharfschützen. Nun ist Zaitsev kein Phantasieprodukt sowjetischer Propaganda, und das Duell hat tatsächlich stattgefunden, wie ein Stalingradveteran dem Verfasser versicherte. Allerdings ist die Identität des deutschen Scharfschützen bisher

Deutsches Scharfschützen/Beobachter-Team in Rußland. Angehörige der Waffen-SS. (Bundesarchiv)

zweifelhaft. Nach russischen Angaben wird er als Major Koning bezeichnet, wobei ein Irrtum nicht ausgeschlossen werden kann. Zaitsev und sein Divisionskommandeur, Oberst Batyuk, erhielten die Nachricht über den Einsatz eines deutschen Scharfschützen-Schulleiters durch einen deutschen Gefangenen. Eine Verballhornung von »König« (Schützenkönig?) liegt nahe – nach einer anderen Quelle wurde der Deutsche als SS-Standartenführer Heinz Thorwald vom Lehrgangszentrum des Truppenübungsplatzes Zossen bei Berlin identifiziert.

Die nachfolgende, auszugsweise Schilderung des Duells entstammt einem Artikel der Oktober-Ausgabe 1972 der Sowjetischen Militärrundschau, einem Journal, das monatlich im Druckhaus des Verteidigungsministeriums, Krasnaya Zvezda (Roter Stern), erscheint. Der Artikel fand einen großen Widerhall und wurde in den verschiedensten Warschauer-Pakt-Staaten nachgedruckt. Zaitsev berichtet darin u. a. über seine Methode, feindliche Scharfschützen zu lokalisieren:

». . . Erfahrung sagte mir, daß ich nicht auf Erfolg hoffen konnte ohne die Hilfe meiner Freunde in den Gräben – Schützen, Maschinengewehrmänner, Pioniere und Nachrichtenleute. Normalerweise holte ich, nachdem ein Nazi-Scharfschütze entdeckt und seine Position festgestellt war, sagen wir einen MG-Schützen, gab ihm ein Fernglas und nahm selbst ein Graben-Periskop, zeigte ihm den auffälligsten Geländepunkt und führte dann die Augen des MG-Schützen von einem Referenzpunkt zum anderen. Und wenn der MG-Schütze dann den Nazi-Scharfschützen sah, und mitbekam wie kunstvoll er sich getarnt hatte, wurde er mein kompetenter Assistent. Zusätzlich, wenn ich vorgetäuschte Stellungen aufbaute und eine Puppe tarnte, beobachtete ich jeden Soldaten, um zu sehen, zu was er fähig war. Manchmal kann ein Mann Initiative entwickeln und tapfer im Gefecht sein, aber er wird kein Assistent für dich sein: Er ist zu hastig, wird entflammen und dann abkühlen. So ein Mann ist in einem langgezogenen Kampf nicht verläßlich.

Die Charaktere der feindlichen Scharfschützen waren schwerer auszumachen. Es war mir klar, daß sie alle hartnäckige Männer waren. Und ich fand meine eigene Methode für sie: Ich würde eine gute Puppe vorbereiten, sie unbemerkt aufstellen und sie dann bewegen. Eine Puppe muß wie ein Mann die Stellung verändern. Neben der Puppe ist deine eigene gut getarnte Stellung. Der feindliche Scharfschütze schießt auf die Puppe, aber die bleibt »leben«, und dann beginnt die Hartnäckigkeit, sich zu zeigen. Der Scharfschütze schießt ein zweites Mal, bereitet sich zum dritten Mal vor, aber in der Regel ist er selbst in deinem Visier bevor er schießen kann.

Erfahrene Feinde kamen in ihre Stellungen unter Deckungsfeuer und waren von zwei oder drei Helfern begleitet. Einem solchen »Wolf« gegenüber würde ich vorgeben ein Neuling oder ein einfacher Soldat zu sein und so seine Wachsamkeit einlullen, oder ich würde ihn einfach verulken: Nach jedem abgegebenen Schuß zeigte ich ihm sein Ergebnis durch die schießstandüblichen Zeichen, wie auf dem Schießplatz. Der Nazi-Scharfschütze würde sich sehr schnell auf den Trick einstellen und meinem Ziel keine Bedeutung beimessen. Und sobald er seine Aufmerksamkeit anderen Zielen zuwendete würde ich sofort die Stelle des Zieles übernehmen. Dafür brauchte ich nur ein paar Sekunden. Ich würde die Zielpuppe wegwerfen und des Nazis Kopf im Fadenkreuz meines Zielfernrohres haben.

Ich hatte das Auffinden eines Zieles im feindlichen Lager in zwei Phasen unterteilt. Die erste Phase begann mit der Analyse der feindlichen Verteidigung. Dann unterrichtete ich mich, wo wann und unter welchen Umständen unsere Kämpfer verwundet worden waren. Die Sanitäter halfen mir dabei viel. Sie sagten, wo ein Verwundeter aufgefunden wurde. Dann ging ich dorthin, suchte Augenzeugen, erhielt von ihnen alle Einzelheiten der Verwundung, und auf diese Weise fand ich das Feuer-Schema des Feindes. Dies beinhaltete ich in dem ersten Stadium, feststellen, wo ich nach einem Ziel zu suchen hatte.

Die zweite Phase nenne ich die Suche nach dem Ziel. Um nicht selbst in das Visier des Nazi-Scharfschützen zu geraten, beobachtete ich das Gelände mit Hilfe eines Graben-Periscops oder dem Scherenfernrohr eines Batterieführers. Die Zieloptik eines Scharfschützengewehrs oder Feldstechers eignen sich einfach nicht für diese Aufgabe. Die Erfahrung zeigte, daß dort ein erfahrener Jäger lag, wo der Feind vorher munter war und sich jetzt keine einzige unnütze Bewegung entdecken ließ. Das war, was ich meinen Kollegen immer wieder erzählte: Haut nicht auf den Busch, bevor ihr nicht die Situation studiert und mit den Männern gesprochen habt. Als Scharfschütze muß man nach dem volkstümlichen Spruch leben, sieh hin bevor du springst! Und wirklich, um einen sauberen Schuß vorzubereiten, muß man sehr viel Mühe und Einfallsreichtum investieren, den feindlichen Charakter und seine Stärken studieren, seine schwachen Punkte herausfinden und sich erst nach alldem anschicken, den Auftrag mit einem Schuß zu lösen.
Der Erfolg der Beobachtung kann nur durch praktisches Training direkt im Gelände erreicht werden. Es ist nicht einfach, diese Fähigkeit in einer Gefechtssituation zu erhalten. Das Einnehmen einer Position muß durch strikte Tarnung gesichert sein. Ein Scharfschütze der nicht aus seinem Versteck beobachten kann ist kein Scharfschütze, sondern lediglich eine Zielscheibe für den Feind. Sobald du zur Hauptkampflinie kommst, verstecke dich, lieg wie ein Stein, und beobachte, studiere das Terrain, stelle eine Karte zusammen und lege darauf hervorragende Geländepunkte fest. Bedenke, daß wenn du beim Prozeß des Beobachtens durch eine unvorsichtige Bewegung des Kopfes deine Gegenwart dem Feind verrätst und dich nicht rechtzeitig verstecken kannst, du einen Fehler gemacht hast und dafür eine Kugel durch den Kopf bekommen wirst. So ist das Leben eines Scharfschützen. Deshalb gab ich persönlich in der Ausbildung dem Tarnen und Verstecken höchste Bedeutung.
Jeder Scharfschütze hat seine eigenen Taktiken, seine eigene Technik, Erfindung und Einfallsreichtum. Aber sowohl Anfänger wie erfahrene Scharfschützen sollten sich immer vergegenwärtigen, daß sie einem taktisch reifen, einfallsreichen, fleißigen und treffsicheren Schützen gegenüberstehen. Er muß ausgetrickst, in einen schwierigen Kampf und so an seine Stellung gefesselt werden. Wie kann man das erreichen? Du mußt Täuschungsmanöver ausdenken, die feindliche Aufmerksamkeit ablenken, ihn durch verwickelte Bewegungen verärgern, seine Augen ermüden und ihn verwirren. Ich bin gegen

die Einrichtung permanenter Scharfschützenstellungen, selbst nicht in einer anhaltenden Verteidigungsituation. Ein Scharfschütze ist ein Umherstreifender, er erscheint plötzlich, wo der Feind ihn nicht erwartet. Die Feuer-Initiative muß erkämpft und gewonnen werden! Nur die durch den Feind aufgegebenen Rätsel zu lösen wird keine Resultate erbringen, wenn du nicht Vertrauen in deine Fähigkeiten hast, diese Tricks mit sicherem Schuß, schnell und resolut zurückzuzahlen . . .«

Soweit die Ausführungen Zaitsevs zum Thema Scharfschützen-Verhalten und Taktik. Der Stil des Artikels verrät, daß hier von dem »Helden der Sowjetunion« mehr als nur ein nostalgischer Rückblick auf die Jahre des »Großen Vaterländischen Krieges« beabsichtigt war. Die berühmte Geschichte von Zaitsevs Duell mit dem Super-Scharfschützen aus Berlin dient hier nur als Aufhänger, um die gesammelten Lehren des Zweiten Weltkrieges darzustellen – und so liest sich Zaitsevs streckenweise wie ein Handbuch der hohen Schule der Scharfschützen. Auch die eigentliche Schilderung des Duells dient hier nur dazu, das Vorhergesagte nochmals zu unterstreichen und plastisch zu veranschaulichen:

». . . eines Tages zerschoß ein Scharfschütze das Zielfernrohr meines Freundes Morozov und verwundete Shaikin. Beide, Morozov und Shaikin, waren erfahrene Scharfschützen und hatten regelmäßig die schwersten und komplexesten Gefechte gewonnen. Jetzt gab es keinen Zweifel mehr – sie waren dem Nazi-Super-Scharfschützen über den Weg gelaufen, nach dem ich suchte. In der Dämmerung ging ich mit Nikolai Kulikow zu der Stellung in der unsere Genossen am Tag vorher gewesen waren. Die HKL des Feindes war mir sehr gut bekannt, ich hatte sie tagelang studiert. Ich sah nichts neues. Der Tag endete. Aber plötzlich hob sich ein Helm über den feindlichen Grabenrand und bewegte sich langsam entlang des Grabens. Sollte ich schießen? Nein, das war ein Trick. Der Helm schwang so unnatürlich. Er wurde augenscheinlich von dem Helfer des Scharfschützen getragen, während er selbst darauf wartete, daß ich mich durch einen Schuß verriet. Wir warteten vergeblich bis zur Dämmerung. ›Wo kann sich der Bastard versteckt halten?‹ fragte Kulikow, als wir den Hinterhalt unter dem Schutz der Nacht verließen. ›Das ist die Frage‹, warf ich zurück. ›Und wenn er nicht hier ist? Vielleicht ist er schon lange abgehauen?› zweifelte Kulikow. Aber durch die Geduld, die unser Feind dadurch bewies, daß er sich den ganzen Tag lang nicht gezeigt hatte, wurde mir klar, daß der Berliner Scharfschütze da war. Dies erforderte eine ganz besondere Wachsamkeit. Ein weiterer Tag ging vorüber. Wessen Nerven würden stärker sein, wer würde wen austricksen? Nikolai Kulikow, mein guter Kampfgenosse, wurde auch durch dieses Duell eingefangen. Jetzt zweifelte er nicht mehr daran, daß der Feind uns gegenüberlag, und er war siegessicher.

Der Morgen begann wie gewöhnlich: Die Dunkelheit der Nacht schmolz dahin und die feindlichen Stellungen waren mit jeder Minute klarer zu erkennen. Eine Schlacht begann in der Nähe, Granaten pfiffen durch die Luft, aber unsere Augen klebten an unseren optischen Instrumenten und beobachteten ununterbrochen, was vor uns passierte.

›Da ist er, ich zeige ihn euch!‹ rief plötzlich ein Kommissar, der mit uns in die Stellung gekommen war. Er erhob sich für einen Sekundenbruchteil hinter der Brustwehr, aber das war genug. Glücklicherweise verletzte die Kugel den Politruk nur. Natürlich konnte nur ein erfahrener Scharfschütze so schießen. Ich prüfte die Feindstellungen eine lange Zeit, konnte aber nicht sein Nest finden. Während vieler Tage hatte ich die feindliche HKL so gut studiert, daß ich sofort jeden neuen Granattrichter, und jede neue Brustwehr bemerkte. Jetzt konnte ich nichts Neues oder Verdächtiges erkennen. Aber nach der Schnelligkeit, mit der der Schuß abgegeben worden war, folgerte ich, daß der Scharfschütze irgendwo vor uns war. Ich setzte meine Observation fort. Rechts war ein abgeschossener Panzer und links ein Betonbunker. War der Nazi im Panzer? Nein, ein erfahrener Mann würde nicht so Deckung nehmen. Dann vielleicht in dem Bunker? Wieder nein – die Schießscharte war fest verschlossen.

Zwischen dem Panzer und dem Bunker, auf einer geraden Fläche vor der Grabenlinie der Nazis lag ein großes Eisenblech und ein kleiner Haufen Ziegel. Das war seit langer Zeit dort und ich hatte mich daran gewöhnt. Ich versetzte mich in die Lage des Feindes und fragte mich: Wo war der beste Platz für eine Scharfschützenstellung? Warum nicht ein Schützenloch unter dem Blech graben? Dann einen Verbindungsgraben bei Nacht herstellen ... Am wahrscheinlichsten, daß er dort war, unter dem Eisenblech im Niemandsland.

Ich entschied mich, dies auszuprobieren. Ich steckte meinen Handschuh auf ein kleines Brett und hob es. Sehr gut. Der Nazi hatte den Köder angenommen! Vorsichtig nahm ich das Brett wieder zurück in den Graben, im gleichen Winkel wie ich es herausgehoben hatte, dann untersuchte ich das Schußloch. Es gab keine Schräge, der

Treffer war gerade gekommen! Das hieß, daß ich recht hatte – der Nazi war unter dem Blech. Nun bestand die Aufgabe darin, ihn darunter vorzulocken. Ich mußte wenigstens den Rand seines Kopfes zu sehen bekommen. Es hatte auch keinen Sinn, das sofort zu tun.
Im Laufe der Nacht rüsteten wir uns eine Stellung aus und nahmen unsere Positionen bei Morgengrauen ein. Die Nazis schossen sporadisch. Feindliche Granatwerfer zielten auf die Wolga-Fähren. Leuchtkugeln zischten in die Luft. Dann eröffnete unsere Artillerie, und die Nazi-Werfer verstummten. Deutsche Bomber erschienen. Die Sonne ging auf. Kulikow schoß aufs Geradewohl, um die Aufmerksamkeit des Scharfschützen auf sich zu ziehen. Wir entschieden uns, die erste Tageshälfte abzuwarten, da das Blinken der Optiken uns verraten könnte. Am Nachmittag waren unsere Gewehre im Schatten, während direkte Sonnenstrahlen in die Stellung des Nazi einfielen. Irgend etwas blinkte am Rande des Bleches. War es ein zufälliger Glassplitter oder ein Zielfernrohr? Kulikow begann langsam einen Helm anzuheben, wie es nur ein Experte unter den Scharfschützen tun würde. Der Nazi schoß, Kulikow erhob sich für einen Moment, stieß einen lauten Schrei aus und fiel . . .
Der Deutsche mußte geglaubt haben, daß zu guter Letzt der sowjetische Schütze, der »Chefhase«, den er vier Tage lang gejagt hatte, getötet war, und er schob eine Kopfhälfte unter seinem Blech hervor. Ich schoß. Der Kopf des Nazis sank herunter, aber das Zielfernrohr seines Gewehres glänzte noch lange in der Sonne. Sobald es dunkel wurde, begannen unsere Truppen an diesem Sektor einen Vorstoß. Während des Höhepunktes des Gefechtes zogen Kulikow und ich den getöteten Nazi-Major unter seinem Blech hervor, nahmen ihm die Papiere ab und lieferten sie beim Divisionskommandeur ab.«

Russische Scharfschützengewehre

Die Standardwaffe der russischen Infanterie durch zwei Weltkriege ging auf das 1891 eingeführte Moisin-Nagant-Gewehr zurück, das seit der Zarenzeit nur unwesentlich verändert wurde. Als ZF-Gewehr mußte das mit veränderter Visierung eingeführte 1891/30 Modell herhalten, bei dem lediglich der Kammerstengel verändert wurde. Die in der russischen Waffentechnik seit langem übliche Schäftung aus laminiertem Schichtholz entsprach den Anforderungen und war witterungsunempfindlicher als Massivschäfte.

Das Zielfernrohr PE mit kurzer Montage.

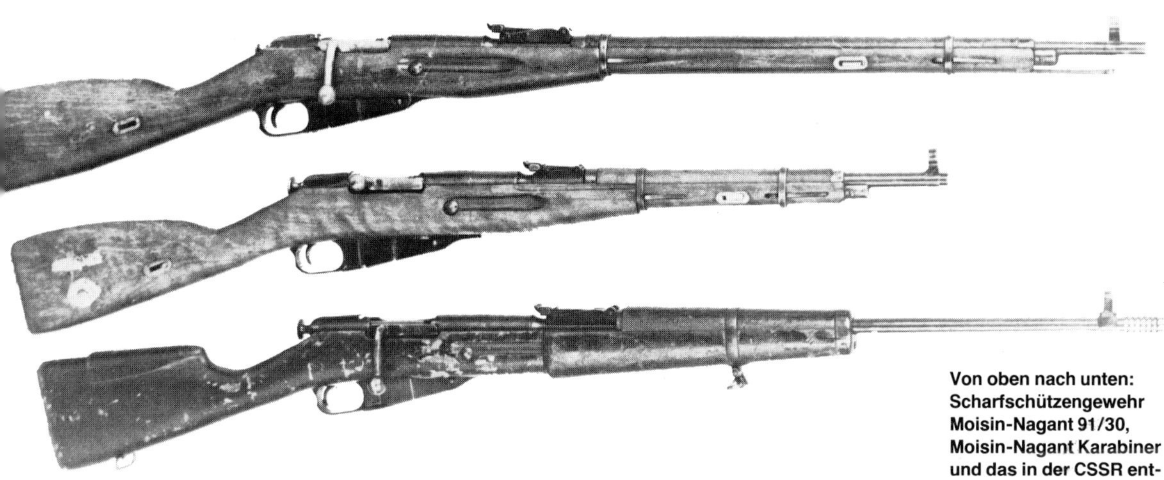

Von oben nach unten: Scharfschützengewehr Moisin-Nagant 91/30, Moisin-Nagant Karabiner und das in der CSSR entwickelte Modell 54, welches eine Weiterentwicklung des Moisin-Nagant darstellt.

Die breite Montage für das PE am Moisin-Nagant 91/30.

Mit dem Zielfernrohr PE wog das Moisin-Nagant 4,6 kg und war 123 cm lang. Es verschoß die sogenannte »Dreilinien-Patrone« 7,62 mm mit Rand, die auch heute noch bei den Truppen des Warschauer Paktes zur Verwendung kommt. Als zweites ZF kam das 3,5fache PU in die russische Armee, das einfacher und leichter als das PE war (Gesamtgewicht: 4,27 kg). Beide Modelle wurden zeitlich nebeneinander produziert und geführt. Russische Beutewaffen, die der Wehrmacht in die Hände fielen, fanden als Gewehr 254 (r) Eingang in den Truppengebrauch.
1938 wurde das erste Selbstladegewehr von Fjodor W. Tokarev von der Roten Armee angenommen, eine etwas verbesserte Version erschien 1940 als SVT 40; es hatte seitlich der Verschlußhülse Aussparungen zur Aufnahme des PU-Zielfernrohrs mit einer veränderten Montage. Diese Waffe fand weite Verbreitung, erwies sich jedoch als störanfällig bei schlechter Munition oder bei zu großer Kälte. Auch sie verschoß die übliche 7,62-mm-Munition, deren geränderte Hülsen in dem einreihigen, separaten 10-Schuß-Magazin immer wieder zu Hemmungen führten. Gegen Kriegsende wurden die Tokarev-Selbstlader ausgemustert.
Die Moisin-Nagant SSGs traten in den Nachkriegsjahren an vielen Kriegsschauplätzen der Dritten Welt auf. Die CSSR produzierte mit dem Modell 1954 eine etwas abgeänderte Version, die speziell für den Gebrauch als ZF-Gewehr entwickelt worden war.
Gegen 1967 wurden ausländische Beobachter zum ersten Mal auf ein neues Selbstladegewehr in den Streitkräften des Warschauer Paktes aufmerksam: Das Dragunov (SVD) ist eine Gewehrentwicklung, die, basierend auf dem Kalshnikow-Verschluß, speziell als SSG entwickelt wurde — 4,31 kg schwer, mit einem 10-Schuß-Magazin, einer Gesamtlänge von 122,5 cm und einem vierfachen Zielfernrohr. Das ZF PSO-1 ist eine Weiterentwicklung russischer Zieloptiken, wie sie auch an dem RPG 7 V, der russ. Panzerfaust, angebracht ist: eine kleine Batterie im Montagefuß speist die Elektrizität für eine Beleuchtung des Absehens, so daß das ZF auch nachts als Zieloptik (mit beiden Augen geöffnet) geschossen werden kann.
Die Entwicklung dieser Waffe, die heute in jedem Zug der Mot.-Schützen-Divisionen auftritt, zeigt, welche Bedeutung die sowjetische Heeresführung dem Scharfschützeneinsatz auch heute — im Zeitalter des NBC-Krieges — beimißt.

SVT 40 mit PU Zielfernrohr.

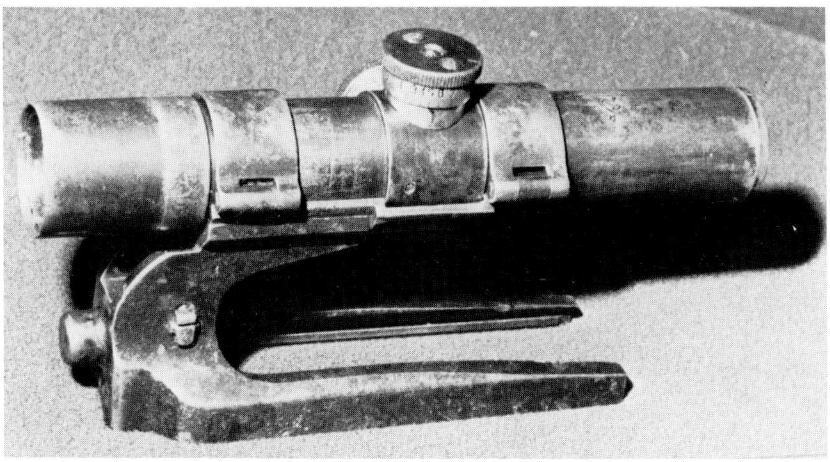

Das PU mit seiner Montage für den Tokarev Selbstlader.
Das Verschlußgehäuse des SVT 40 hatte zwei seitliche Ausfräsungen zur Aufnahme des Montagefußes.

Das Dragunov Scharfschützengewehr, SVD, mit aufgepflanztem AKM Bajonett. Der Holzschaft ist in seinem Zentrum zur Gewichtsverminderung ausgehöhlt.

Britische Scharfschützengewehre im II. Weltkrieg

Wie in fast allen europäischen Staaten setzte auch in Großbritannien eine Art Mäßigung in der waffentechnischen und taktischen Entwicklung nach dem Ersten Weltkrieg ein. An einen neuen europäischen Krieg wollte man auf der Insel nicht glauben, und als er schließlich vor der Tür stand, war die britische Landstreitkraft – die ohnehin immer zugunsten der Marine und Luftwaffe zurückgestellt wurde – immer noch auf einem ähnlichen waffentechnischen Stand wie 1920. Nach der Niederlage bei Dünkirchen setzte eine hektische Aufrüstung ein, mit der man die Versäumnisse der Zwischenkriegszeit aufzuholen hoffte.

Im Scharfschützenwesen war man noch völlig auf die Erfahrungen des Grabenkrieges ausgerichtet, wie das Handbuch »Fieldcraft, Sniping an Intelligence« von Oberstlt. N.A.D. Armstrong bewies, das 1942 in Aldershot erschien. Scharfschützen und Beobachter wurden wieder, wie 14/18, auf der Ebene der Nachrichten/Aufklärungssektionen bei Brigade und Bataillon gehalten. Als Waffe diente, wie beim vorigen Kriegsende, »Rifle No. 3 Mark I (T), Calibre .303«. Hinter dieser Bezeichnung verbarg sich das Pattern-1914-Gewehr, eine ursprünglich in den USA gefertigte Mauservariation mit einem integralen Fünf-Schuß-Kastenmagazin im Mittelschaft, das bereits ab 1917 als Zielfernrohrgewehr (Codebezeichnung (T) = Telescope) Verwendung gefunden hatte. Das herkömmliche britische Lee-Enfield-Standardgewehr mit seiner bis zur Mündung reichenden Schäftung, »Rifle No. 1, Mark III« schoß aufgrund der ungünstigen Lauflage zu ungenau, um es für Scharfschützenzwecke zu modifizieren. Zwei verschiedene Zielfernrohr-Varianten existierten für das Pattern 14, das Pattern-1918-Telescope mit seiner Einhakmontage, die direkt über dem Verschluß vorn auf der Laufhülse und hinten, seitlich an der Verschlußhülse eingehakt wurde, und das »Aldis Offset Telescopic Sight«, das seitlich an der Verschlußhülse (versetzt zur Lauflinie) permanent befestigt war. Beide Zielfernrohre hatten eine dreifache Vergrößerung und 7½ Grad Ausblick.

Diese Waffen dienten als Standard-Scharfschützenausrüstung und zur Ausbildung seit 1940, als man auf dem traditionellen Bisley-Schießstand eine erste Scharfschützenschule wiedererrichtete. Infanteriestandardwaffe war und blieb das etwas modifizierte Lee-Enfield-Mark III, bis bei der Aufrüstung nach Dünkirchen das No. 4

Englischer Scharfschütze bei der Ausbildung mit dem SMLE No. 1 Mark III.

Australischer Scharfschütze in Burma in einer Baumposition.

Mark 1 allgemein Eingang fand. Dieses neue, in Lauflagerung, Verschlußsystem und Visierung verbesserte Enfield-Gewehr war bereits um 1931 entwickelt und 1939 versuchsweise an die Truppe ausgeliefert worden. Es wurde die Standardwaffe der britischen Infanterie im II. Weltkrieg, während Reserve- und Kolonialeinheiten (wie die Australier und Neuseeländer) weiter mit dem alten Mark III kämpften. Mit der Einführung des No. 4 ging man auch an eine Modifizierung dieses Waffentyps, um eine Zielfernrohrversion zu erstellen. Im Dezember 1941 wurden die ersten Gewehre dieser Art versuchsweise an Scharfschützen des 3. Commando, einer Spezialeinheit des Combined Operations Branch unter Lord Mountbatten ausgegeben. Bei ihren Überfällen auf Inseln und Stützpunkte der von den Deutschen besetzten Atlantikküste wurden diese Versuchsmodelle zum ersten Mal eingesetzt und bewährten sich. Am 12. 2. 42 wurde das neue Scharfschützengewehr No. 4 Mark 1 (T) offiziell eingeführt.

Die Version wurde von der Londoner Nobelfirma (nun kriegsverpflichtet) Holland & Holland in einer Produktionshöhe von insgesamt 25 000 Stück gefertigt und als Set ausgeliefert. Das Gewehr, dessen Schaft mit einer aufgeschraubten Backe versehen war, lag unverrückbar in einem Waffenkoffer, der neben Reinigungszeug, Schußbild, Gebrauchsanleitung und anderem Zubehör auch den Zielfernrohr-Behälter enthielt. Die Optik, dreifach mit neungradigem Ausblick, war ursprünglich als MG-Zieloptik entwickelt und als »Telescop Sight No. 32 Mark I« für das leichte Bren-MG im März 1940 eingeführt worden. Es war mit dem Gewehr durch eine seitliche Montage an der Verschlußhülse verbunden und wurde durch zwei Schraubknöpfe festgestellt. Die Entfernung war von 1–1000 Yards einstellbar, wobei jeder »click« der »drum« die Treffpunktlage entsprechend weiterer 50 Yards verstellte.

Zielfernrohrbehälter und Waffenschaft trugen die Herstellungsnummer des Gewehres, um die Zusammengehörigkeit der Elemente zu kennzeichnen.

Das No. 4 Mark 1 (T) war mit nur geringen Veränderungen am Zielfernrohr (April 1943: Einführung Mark II und Oktober 44: Mark III) bis in die sechziger Jahre im Gebrauch. Obwohl die britische Armee im Zuge ihrer NATO-Einbindung von dem ohnehin problematischen Kaliber .303 auf das Kaliber 7,62 × 51 mm NATO (.308) umrüstete, blieb das No. 4 als Scharfschützenwaffe im Gebrauch.

Mit dem verstärkten Auftauchen von IRA-Heckenschützen in den Provinzen Nordirlands tauchte auch das Problem des polizeiartigen

Das Pattern 14, wie es bereits im Ersten Weltkrieg zur Anwendung gekommen war.

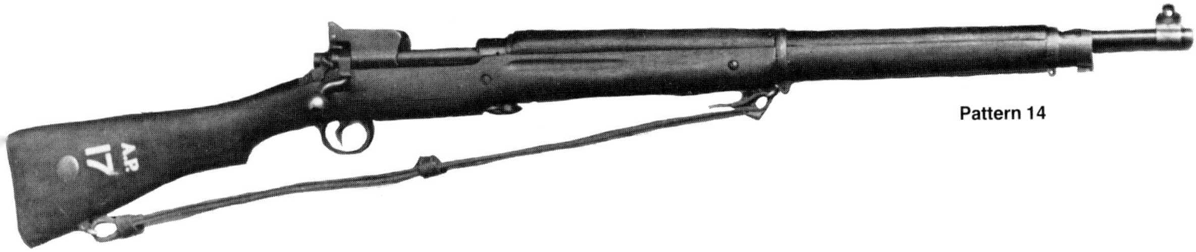

Pattern 14

Das Dioptervisier des Pattern 14.

Auch ein Dioptervisier am SMLE No. 1 Mark III – wie bei dieser Wettkampf-Version konnte nicht darüber hinwegtäuschen, daß dieses Gewehr ungenügende Trefferergebnisse lieferte.

Counter-Sniper-Einsatzes für die Armee auf. Ein Crash-Programm erhöhte die Anzahl von Zielfernrohr-Schützen bei den Bataillonen. Gleichzeitig wurden die wettkampfmäßigen Veränderungen an den alten Lee-Enfields für die Schaffung einer 7,62-mm-Scharfschützenwaffe benutzt. Das jetzt bei den britischen Heeresverbänden verwendete L 42A1 hat einen verstärkten .308 Lauf, einen gekürzten Vorderschaft und einige Veränderungen am Verschlußkasten, um ein neues, für die kürzere NATO-Patrone geschaffenes Kastenmagazin aufzunehmen. Die Grundelemente des No. 4 Mark I wie Kolbenform, Verschluß und Zielfernrohr (T Mark III mit wasserfesten, gebläuten Gläsern) wurden beibehalten.

Die Königinmutter und Prinzessin Elizabeth bei der Besichtigung einer Infanterieschule. Im Gespräch mit einem Scharfschützen, dessen Boilersuite mit Sackleinenfetzen getarnt ist.

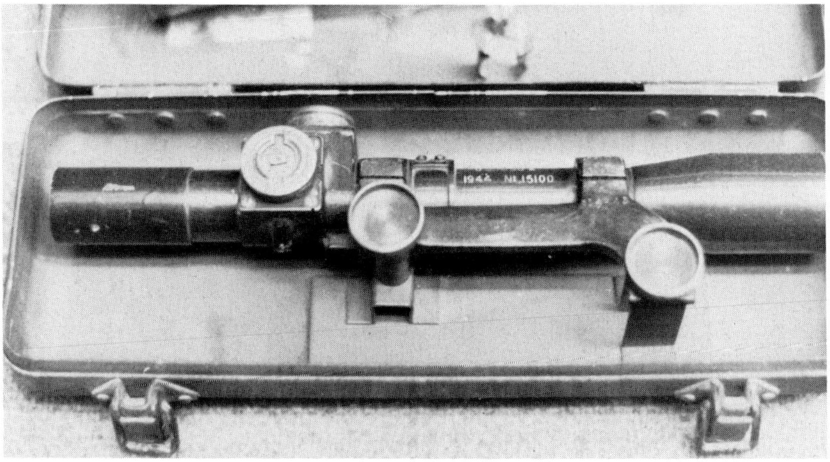

Das Zielfernrohr No. 4 Mark II in seinem Behälter.

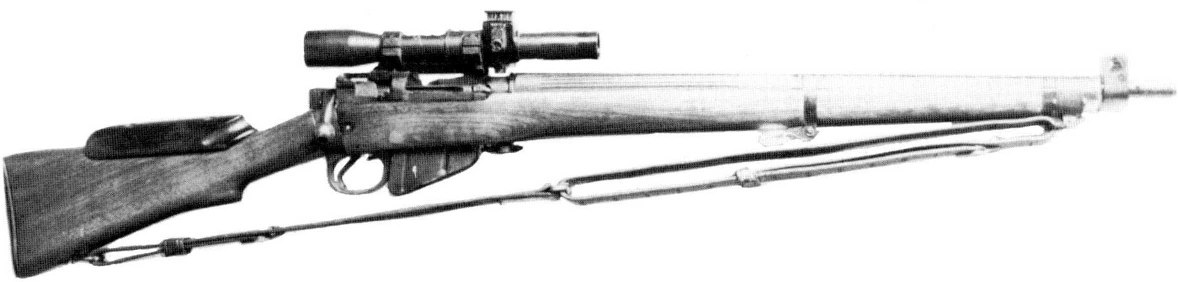

Das No. 4 Mark I (T).

ZF aufgesetzt. Zwei große Rändelschrauben verbinden die Montage mit dem Verschlußgehäuse.

Folgende Seite:

Australischer Scharfschütze mit Pattern 14, No. 3 Mark I (T) in Neu-Kaledonien, Mai 1942. (U.S. Army Photogr. Div.)

„Mit großem Kaliber gegen kleine Ziele“

Zu fast allen Zeiten hat man im Rahmen der stationären Verteidigung bei der Bekämpfung von wichtigen Einzelzielen zu Sonderwaffen gegriffen, deren Kalibergröße weit über das Maß des Notwendigen hinausgingen. Aus den Hakenbüchsen der ausgehenden Ritterzeit entwickelten sich so die Wallbüchsen und Falconets (langläufige, geschützartige Lafettenwaffen) deren Gedanke in den Gra-

Wallbüchsen mit Luntenzündung im Schloß von Sigmaringen.

bengewehren und Panzerbüchsen weiterzuleben schien. Zumeist gegen Feldstellungen und Fahrzeuge eingesetzt, kamen diese Waffen nicht selten auch zum Schuß auf Menschen, wobei das große Kaliber beim Getroffenen eher einen „Overkill"-Effekt hatte. Zur Bedienung dieser schweren Waffen aber kamen seit altersher besonders gute Schützen in Frage, und bereits in der Geschichte der Stadt Düren wird erwähnt, daß während einer Belagerung 1543

Eine französische Kammerladungsbüchse, Kaliber 19 mm, wie sie Mitte des 19. Jahrhunderts und bis zum Krieg von 70/71 zur französischen Festungsbewaffnung gehörte.

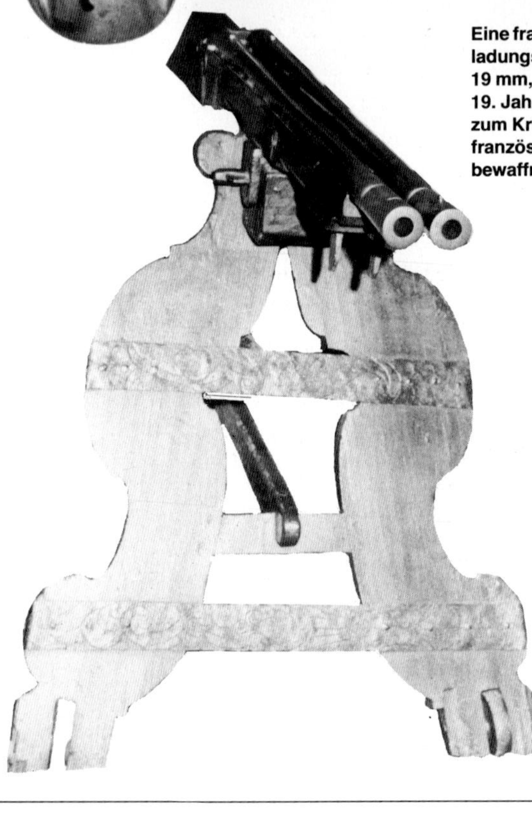

Links: Eine doppelläufige Wallbüchse, die auch mit Haken auf den Wall gelegt wurde. Hier auf einem Gestell. (Museum Hansestadt Hamburg).

Rechts: Das schwere Browning MG, M2HB, .50 calibre auf Infanterie-Dreibein. Ursprünglich 1918 als Ballonabwehrwaffe entworfen, zeigte sich bald die hohe Wirksamkeit der 14,5-mm-Patrone gegen Schutzschilder, Fahrzeuge und entfernte Einzelziele sowie bei der Flugabwehr. Die Waffe hat eine selektive Feuereinrichtung und kann in der Dauerfeuer-Art eine Rate von 550–600 Schuß/min. erreichen.

im Krieg um Geldern der Schützenkönig Servatius Bünnangel vom Wall der Stadt aus zwei Offiziere beim Erkundungsritt beobachtete. Er erschoß den besser Bekleideten, in der Annahme hier den Heerführer vor sich zu haben, mit seiner Wallbüchse. So starb der Prinz von Savoyen, enger Vertrauter des deutschen Kaisers Karl V., während der Kaiser, der mit dem Prinz für diese Erkundung die Uniformmäntel getauscht hatte, ungeschoren davonkam . . .

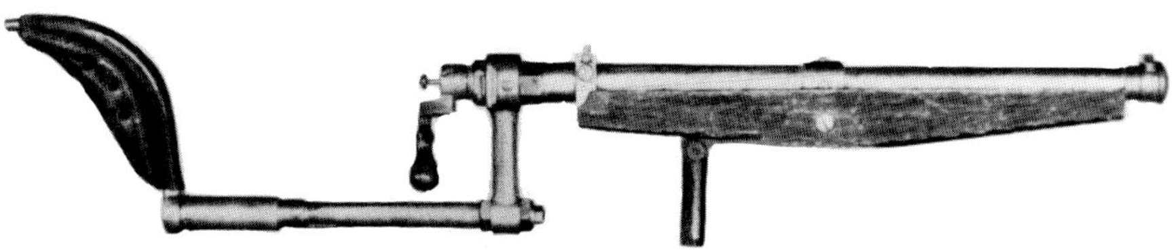

Zündnadelwallbüchse, Preußisches Modell 1865, von Nikolaus von Dreyse entwickelt, Kaliber 23.5 mm, Gewicht: 30 kg. Obwohl mit Modell 1865 bezeichnet, wurde diese Waffe bereits im Krieg von 1864 gegen Dänemark geführt.

Das Anti-Tankgewehr M 1918, Kaliber 13 mm, Gewicht: 16,5 kg. Schießen mit diesem „Mauser-Monster" war eine äußerst unangenehme Sache. In beiden Weltkriegen wurden Panzerbüchsen, die gegen Panzer nur bedingt wirkten, gegen Schießscharten Grabenschilder und MG-Schutzschilder mit großem Erfolg eingesetzt.

Die Ära der begrenzten Kriege

Der Zweite Weltkrieg, »der Krieg, der alle Kriege beenden sollte«, war nur der Beginn einer neuen Konfliktsituation, deren Umrisse sich bereits 1944–45 abzuzeichnen begannen. Der Zerfall der alten Großmächte und Kolonialherren brachte eine Kette von nationalen Befreiungsbewegungen auf den Plan, die durch das Machtvakuum im Vorfeld der beiden Supermächte und des globalen Patts an Spielraum gewannen.

Die Nachkriegszeit war gekennzeichnet durch eine Fülle neuer Konflikte kleinerer und größerer Art, in dem die USA und ihre ehemaligen Westalliierten auf irgendeine Weise immer beteiligt blieben. In der Dominikanischen Republik, im Libanon und am Suez-Kanal landeten westliche Armeeverbände zu begrenzten Feldzügen, die mit Polizeiaktionen umschrieben wurden.

In Korea wurde zum ersten und – so umfassend – zum letzten Mal das Sicherheitsbündnis der UNO mobilisiert, um eine drohende Gefährdung des Weltfriedens abzuwenden.

In den darauffolgenden Jahrzehnten verlagerte sich das Konfliktpotential der sich gegenseitig ausschließenden Ost-West-Gesellschaftssysteme auf die Staaten der Dritten Welt, deren kriegerische Handlungen immer mehr den Charakter von Stellvertreter-Kriegen annahmen: Übungsplätze, auf denen neue Waffensysteme und Taktiken erprobt wurden, wie einst im Spanischen Bürgerkrieg. Auch in den Dutzenden von schwelenden Grenzkonflikten und Bürgerkriegssituationen der zweiten Hälfte des 20. Jahrhunderts zeigte sich die militärische Entwicklung.

Linke Seite:

Ein Scharfschütze der 2nd US Infantery Division deckt das Vorgehen einer Streife. Kumgansan, Korea, Januar 1952. Der Schütze ist mit einem besonderen Tarnmantel und einer M1D ausgerüstet. (US Army Photography Div.).

Im Bereich des Scharfschützenwesens spannte sich das Spektrum von den Marines am 38. Breitengrad über die Duelle am Suez-Kanal bis zu den Heckenschützen der IRA in Londonderry. Aus der Vielzahl der verschiedenen Anwendungsfälle wurden hier einige Entwicklungen und Vorgänge ausgesucht, um streiflichtartig das Bild abzurunden, das von den Jägern des 18. Jahrhunderts, den Grabenduellen des Weltkrieges und den Scharfschützen der Ostfront gezeichnet wurde. Trotz Fortschritt der Waffentechnik, trotz Nachtsichtgeräte und Schalldämpfer, sind die Grundzüge und -probleme des Scharfschützen-Einsatzes die gleichen geblieben: Jäger und Gejagte.

Am 38. Breitengrad

Die Kampfhandlungen im Koreakrieg konnte man unter dem Slogan »Einmal Jalu hin und zurück!« zusammenfassen. Nachdem nordkoreanische Verbände am 25. Juni 1950 die Demarkationslinie zur Republik Korea (Süd-) überschritten hatten und die südkoreanische Polizeitruppe zu Paaren getrieben wurde, stießen UNO-Truppen nach der Landung bei Pusan über den 38. Breitengrad bis fast zur Grenze Rotchinas vor. Erst der Kriegseintritt rotchinesischer »Freiwilliger« erzwingt einen Rückzug der von amerikanischen Truppen geführten UNO-Streitmacht. Die Lage konsolidiert sich an der »38. Parallel«, einer geographischen Trennungslinie, die sich quer über die Koreanische Halbinsel durch Reisfelder und Gebirgszüge zieht. Erst im Juli 1953 tritt ein Waffenstillstand zwischen Nord- und Südkorea in Kraft, dem aber vom April 1951 an ein erbitterter Stellungskrieg vorangegangen war. In den oft steinhart gefrorenen Boden eingegraben, liefern amerikanische, britische, kanadische und andere nationale UNO-Verbände den ständig vorstoßenden nordkoreanischen und chinesischen Truppen heftige Abwehrschlachten. Es geht um einzelne Hügelstellungen, um die Beherrschung des unübersichtlichen Niemandslandes und um Erdbunker, mühsam instandgehaltene Gräben und Vorpostenlöcher. Die mit russischen Waffen ausgerüsteten Kommunisten setzen alle Tricks der modernen Kriegsführung ein und halten ihre Gegner durch kleine Patrouillen, psychologische Kriegsführung und Scharfschützen in Atem. Russische Berater hatten Chinesen wie Nordkoreaner ihre Erfahrungen vermittelt.
Die Waffen beider Seiten sind noch die gleichen wie im Zweiten

Weltkrieg. Die chinesischen Scharfschützen, die sich bis auf einhundert Meter an die UNO-Grabenstellungen vorarbeiten, um unvorsichtige Posten auszuschalten, Patrouillenvorstöße vorzubereiten oder nur einfach Unruhe zu stiften, schießen mit dem Moisin-Nagant 91/30 mit PE- oder PU-Zielfernrohr.
Auf amerikanischer Seite kommen folgende Gewehre zum Einsatz: Das Springfield M 1903 – A 4 mit dem No. 330 Weaver-Zielfernrohr mit 2½facher Vergrößerung und das Garand MIC mit dem M 82-Zielfernrohr – unverändert seit dem Zweiten Weltkrieg in Gebrauch. Sowohl Armee wie Marine-Corps verwenden beide Waffentypen, wobei wieder die Unzulänglichkeit der zu schwachen und anfälligen Optiken bewiesen wird. Das Marine-Corps setzt außerdem das Springfield 1903 – A 1 mit einer Unertl Optik mit achtfacher Verstärkung ein, eine Waffen-Zielfernrohr-Kombination, die den Anforderungen in Korea ungleich näher kommt. Gerade die für Korea so typischen Hügelketten mit den dazwischenliegenden Reisfeldern verlangen eine optische Kapazität für weite Schußentfernungen. Zudem sind Chinesen wie Koreaner hervorragende Meister der Tarnung und stehen den japanischen Soldaten der Inselkämpfe in keiner Weise nach. Auch sie verstehen es, die Geländegegebenheiten vorzüglich auszunutzen; ihre Kleidung, graue Wattejacken für den Wintereinsatz, passen sich der Umgebung an.
Der Einsatz der amerikanischen Scharfschützen in Korea entsprach in etwa dem des vorangegangenen Weltkrieges. Eingebunden in den übrigen Kampfverband lieferte der Scharfschütze zusammen mit den schwereren Waffen der Kompanie Feuerschutz oder sorgte für die Deckung des operierenden Verbandes. Mögliche Aktionen auf Eigeninitiative wurden durch diese gefechtsmäßige Bindung fast gänzlich ausgeschlossen. Bei der Abwehr feindlicher Scharfschützen während der Stellungskämpfe wirkten die Scharfschützen der Armee oder die Marines in den meisten Fällen reagierend, d. h., sie versuchten den Gegner auszuschalten, unternahmen aber keine eigenen Scharfschützeneinsätze gegen normale Feindsoldaten, da sie durch die zurückhaltende Politik der UNO-Verbände zur Mäßigung gezwungen, vor jeder »Provokation« Abstand nehmen sollten.
Auch die Marines der Scout-Sniper-Patrouillen konnten ihre taktischen Möglichkeiten nicht ausnutzen. Im übrigen galt, was auch schon in früheren Kriegen aufgefallen war: Es gab viel zu wenig Scharfschützen pro Bataillon.

Das einzige zur Anwendung gekommene Zielfernrohr der US Army im Ersten Weltkrieg, (Modell 1913 Warner & Swassey Co., Cleveland/Ohio) das auf das Modell 1903 Springfield aufgesetzt wurde.

Eine experimentelle Version des 1903 Springfield für Scharfschützen. Der Visierträger ist am Verschlußende untergebracht, ein Abzug herkömmlicher Art fehlt. Ausgelöst wurde mit Daumendruck auf einen im Kolbenhals befindlichen Drücker (Pfeil).

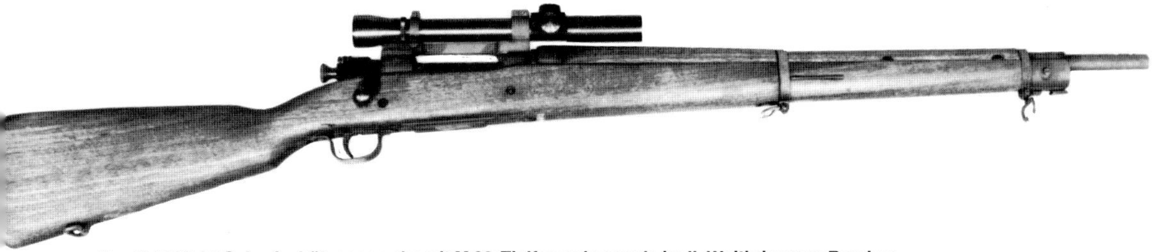

Das M 1903 A4 Scharfschützengewehr mit M 82-Zielfernrohr wurde im II. Weltkrieg von Remington gefertigt. (West Point Coll.).

M 1903/A1 Springfield mit achtfachem Unertl-Zielfernrohr, das 1941 als Scharfschützenwaffe im Marine Corps eingeführt wurde. Die Unertl-Optiken fanden noch im Vietnam-Krieg auf Winchester und Remington-Gewehren Verwendung.

Die Scharfschützenversion des Garand, Standardwaffe bei Armee und Marine Corps, wurde noch bis 1967 in Vietnam geführt. Es wurden verschiedene Zielfernrohre benützt. Hier das M 84. Mit diesem ZF wurden zu Beginn des Korea-Krieges ausgesuchte Garand M1 versehen. Die so gefertigten Waffen erhielten die Bezeichnung M1D, wobei sich ‚D' auf die mit besonderer Sorgfalt hergestellten Läufe bezog.
Die Zielfernrohre wurden seitlich vom Verschluß angesetzt, um ein weiteres Laden mit dem Garandtypischen 8-Schuß-Ladestreifen zu ermöglichen.

Was aber taten die übrigen GIs, die, von chinesischen Heckenschützen geplagt, in ihren Gräben saßen und zu denen die auf Bataillonsebene festgehaltenen Scharfschützen nicht gelangten? Sie halfen sich so gut es ging mit provisorischen Mitteln. Martin Russ, Jahrgang 1931, war von 1952 an dabei und erlebte die Stellungskämpfe am 38er als Unteroffizier in der traditionsreichen 1. Marinedivision. In seinem Tagebuch, das später unter dem Titel »The last Parallel« erschien, beschreibt er das Ausschalten eines chinesischen Scharfschützen, »Chief« * genannt, der die von Russ befehligte Bunkerstellung tagelang belästigt hatte:

»BAR * und Feldstecher mitnehmend, ging ich zur B-1 und fing an, eine einfache Sandsackstellung innerhalb des Bunkers aufzubauen. Das BAR wurde dann so plaziert, daß sein Schaft von den Sandsäkken gestützt war und die Mündung in etwa auf Chiefs Loch zeigte, wobei die Mündung in der Beuge zweier Sandsäcke ruhte. Das Magazin enthielt nur eine Patrone. Nachdem ich das Ding auf Chiefs Loch gerichtet hatte, und das Ziel durch das Fernglas lokalisierte, drückte ich einmal ab und beobachtete den Einschlag der Kugel. Sie landete zwei oder drei Fuß links vom Ziel und ließ etwas Sand aufstäuben. Beim nächsten Schuß, auch wieder vom einschüssigen Magazin, kratzte das Geschoß den rechten Rand des Loches. Wie ich schon früher erwähnte, ist das Loch nicht genau zu sehen, nur die Örtlichkeit. Mit dieser Methode des Einschießens war ich innerhalb von vier Schüssen im Ziel. Um es näher zu erklären: Die letzte Kugel hatte den vorderen Grabenrand angekratzt und lag einige Inch über der Stelle, an der der Chief bei mehreren Gelegenheiten erschienen war.

Dieser letzte Schuß endete in der kleinen Sanddüne, die hinter dem Loch des Chiefs war, wäre er in diesem Moment an seinem üblichen Platz gewesen, so wäre er durch die Brust geschossen worden. Die Absicht war, ihn in dieser Nacht zum Erscheinen zu bringen. Das BAR würde auf ihn gezielt bleiben.

Wir waren nicht absolut sicher, daß er in jeder Nacht dort auf Wache stand. Jedoch bei den beiden Malen, wo wir ihn sahen, stand er immer an der gleichen Stelle. Ohne die feste Ziellinie zu verändern, entnahm ich das Magazin von unten, lud es mit einer Leuchtspur-Patrone und steckte es langsam wieder in die Waffe. Ich ließ es in diesem Zustand.

* »Häuptling«

* BAR: Browning Automatic Rifle, das vollautomatische magazingeladene leichte Maschinengewehr der US Armee in den vierziger und fünfziger Jahren.

Pugnacci nahm an, daß der Chief seine Stellung genau so besetzte wie wir es mit Burgund-Eins taten, das heißt, nur nachts und manchmal einige Minuten nach der Dämmerung. Wenn es so war, hatte Chief möglicherweise nichts vom Einschießen bemerkt.
In der Abenddämmerung besetzten Barefield und ich B-1. Wir pfiffen nicht und machten auch sonst keinen Lärm. Die Nacht war kalt und windstill. Einige Zeit nach Mitternacht ging der Mond auf. Darauf hatten wir gewartet. Der Mond schien auf das weite weiße Terrain, warf gezackte Schatten, und wir wußten, daß unser Bunker für Chief sichtbar war. Barefield wußte vom BAR und sah sich vor, dessen Lage nicht zu verändern. Gegen zwei Uhr kroch Barefield nach draußen und legte sich neben den Bunker. Ich saß drinnen, neben dem BAR und steckte meinen Finger durch den Abzugsbügel. Barefield kratzte am harten Boden mit seinem Schanzwerkzeug und machte

Scharfschütze der Marineinfanterie in Korea mit Garand M 1 C, das Mitte 1944 eingeführt wurde. Das Zielfernrohr, mil. Bezeichnung „M 82", wurde von der Fa. Lyman, Middlefield/ Conn. gefertigt; es hatte eine 2 1/2-fache Vergrößerung. (US Marine Corps Photo).

M 1 C Garand, mit M 82 ZF, M2-Mündungsfeuerdämpfer und der Lederschaftbacke T4. (Photo West Point Museum).

Links: Mai 1951 Korea. Ein Scharfschütze/Scout der 1st Marinediv. mit dem M 1903, Kaliber .30 (7.62x,63 mm auch bekannt als 30–06) mit Unertl-ZF. Das spärlich bewaldete Gebirgsterrain, wie hier in Zentralkorea, bestimmte die weitläufigen Operationen und eignete sich hervorragend für den Einsatz von Scharfschützen. (USMC Photo).

Sergeant der Marines mit Springfield 03 und Unertl-ZF. Die Aufnahme ist offensichtlich gestellt. Das martialisch aufgepflanzte Bajonett würde bei jedem Gewehr die Trefferlage unkontrollierbar verschieben, da der Lauf durch diese Belastung beim Abschuß anders schwingt. (USMC Photo).

einen deutlichen Lärm. Wir spielten, entweder würde Chief Barefield sehen und auf ihn schießen, oder er würde wieder die Granatwerfer ranholen. In jeder Hinsicht waren wir beide bereit, den Verbindungsgraben zu Gun-One zurückzulaufen. Barefield setzte auf die schlechten Schießkünste des Chiefs.
Chief wartete nicht lange. Er schoß eine Kugel, die ein ›Tsing!‹ machte, als sie rüberpfiff. Barefields Ohren klingelten. Als Chief zum zweiten Mal schoß, drückte ich auf den Abzug. Die Waffe ruckte und hustete einmal und wir sahen zu, wie das leuchtendrote Projektil über den 75 Yard Zwischenraum flitzte und in einem der Schatten zwischen den Dünen verschwand. Ich hörte Barefield sagen: ›Gung ho, du armer Bastard!‹ Er kroch wieder herein und wir saßen den Rest der Nacht ruhig. Wir haben seither nichts mehr vom Chief gehört und zweifeln ob irgendjemand noch je von ihm hören wird . . .«

Nahost – ein halbes Jahrhundert Krieg

»Eine Reservisteneinheit war gerade am Kanal angekommen und sollte von uns einen Frontabschnitt übernehmen. Sie stiegen von ihren LKWs ab, da traf es einen ihrer Offiziere, Lungendurchschuß. Wenige Minuten später den Zweiten, beim Eingraben. Wir schossen aus allen Rohren zurück, nur um endlich Ruhe zu haben, aber genützt hat es wenig. Später stellten wir überall Scharfschützen-Warntafeln auf, um den Neuen die Stellen mit Feindeinsicht zu markieren . . .«

Augenzeugenbericht, Dez. 73

Scharfschützen im israelisch-arabischen Konflikt? In den ersten Jahrzehnten der israelisch-arabischen Auseinandersetzung, lange vor der eigentlichen Staatsgründung Israels, wurde der Kampf auf einer viel primitiveren Ebene geführt, um die Entwicklung eines eigenständigen Scharfschützenwesens auf einer Seite zu gestatten. Zwar gehörten Heckenschützen-Überfälle im Palästina der dreißiger Jahre zum Alltäglichen, aber der spezifische Einsatz von mit Zielfernrohren ausgerüsteten Elitesoldaten sollte einem viel späteren Zeitpunkt vorbehalten sein. Erst in den Stellungskämpfen um Jerusalem, die im ersten israelisch-arabischen Krieg von 1948/49 begannen, tauchten auf beiden Seiten ZF-Gewehre auf. Großbritannien hatte die transjordanische Arabische Legion ausgebildet und ausgerüstet, und Großbritannien hatte auch jüdische Polizeitruppen in Palästina ge-

Israelischer Scharfschütze in einer Baumstellung mit No. 4 Mark I (T), Jerusalem, 1949.

Juni 1967, Jerusalem. Ein israelischer Fallschirm-springer deckt den Angriff seiner Kampfgruppe. Sein Ziel: Eines der vielen Scharfschützennester im Gassengewirr der Altstadt.

bildet – wen wundert es, daß auf beiden Seiten auch mit dem .303 Lee-Enfield No. 4 Mark I (T) geschossen wurde? Gelegenheiten dafür boten sich genug, auch nach dem Krieg. Die Waffenstillstandslinie, die sich quer durch Jerusalem zog, war auf beiden Seiten mit ausgebauten Schützenstellungen versehen. Die Jordanier saßen zwischen den meterdicken Zinnen und an den Schießscharten der aus der Türkenzeit stammenden Altstadtmauern, die Israelis in den bald zu Ruinen zerschossenen Häusern der Neustadt. Immer wieder flammten kurze Grenzgefechte oder Scharfschützenduelle entlang der Demarkationslinie auf. Über die Jahre hinweg wurden die Stellungen weiter ausgebaut und befestigt; sie waren auch 1967 Angelpunkte der Kämpfe, als die Israelis zum Sturm auf die Altstadt ansetzten. Entlang der Waffenstillstandslinie konnte man israelischerseits die jordanischen Scharfschützen noch einigermaßen schnell ausschalten. Die angreifenden Fallschirmjäger und Infanteristen waren von Sherman-Panzern begleitet, deren Geschütze im Direktbeschuß auf erkannte Stellungen eingesetzt wurden. Erst in den winkeligen Gassen der Altstadt, in deren verschachtelten Häusern die Beduinensoldaten Husseins erbitterte Rückzugsgefechte lieferten, forderten die jordanischen Schützen wieder ihren Blutzoll für jeden Meter. Noch an der Klagemauer, zu der die jüdischen Soldaten sofort ihre Schritte lenkten, sobald die Stadt einigermaßen gesichert war, kam es zu Verlusten. In den emotionsgeladenen Momenten dieses historischen Augenblicks vergaßen manche jede Vorsicht. In den Gassen, die zur Mauer (dem letzten Rest des alten jüdischen Tempels) führten, konnte man die Sanitäter und Soldaten knien sehen, deren Kameraden mit Kopfschüssen niedergestreckt worden waren. In den Folgejahren maß die israelische Armee der Fortentwicklung ihrer Panzer- und Luftwaffe zu viel Bedeutung bei, die infanteristischen Kampfmittel wurden vernachlässigt und die schießtechnischen Möglichkeiten nicht genutzt. Zwar gab es einen Kurs für Zielfernrohrgewehre und -schützen, aber eine entsprechende Verwendung erfolgte höchstens in Spezialeinheiten. Die normalen Infanterieeinheiten, wie Panzergrenadiere und Golani-Brigade, mußten im Yom Kippur-Krieg vom Oktober 1973 erkennen, wie sehr ihnen Zielfernrohrschützen fehlten. Sie fehlten im Sinai bei der Bekämpfung von ägyptischen Bazooka-Teams und Panzerabwehrraketen-Bedienungen. Sie fehlten in den Monaten am Kanal, als eine ständige Abnützungsschlacht geschlagen wurde – die Israelis saßen auf der ägyptischen, die Ägypter auf der israelischen Kanalseite –, die Entfer-

Das österreichische SSG von Steyr, Kaliber 7.62x51 mm (NATO), fünfschüssiges Mittelschaftsmagazin; hier die Holzschaft-Ausführung. Besonders beachtenswert ist der im Kalthämmer-Verfahren hergestellte Lauf. Das ZF ist ein variables (2 1/2 – 10-fach) Schmidt & Bender, das eine sehr gute Dämmerungsleistung hat. Es ist mit einer Klemmschienenmontage auf dem Verschlußgehäuße befestigt. Rechts vom Sandsack das eigentümliche Magazin des SSG aus Plastik, in dem die Patronen halbkreisförmig angeordnet sind.

nungen waren bekannt und mancher Unvorsichtige mußte seine Neugier mit dem Leben bezahlen, wenn er über die Sanddeiche blicken wollte. Beide Seiten vermieden es möglichst, den Verlockungen des klaren blauen Kanalwassers nachzugeben und darin zu baden. Bei einhundertachtzig Meter Schußentfernung kam man kaum dazu, sich auch nur die Schuhe auszuziehen.
Am schmerzlichsten aber wurden die Golani-Brigade mit den tak-

Scharfschütze der israelischen Grenzpolizei mit dem SSG, Ausführung mit Plastikschaft.

tischen Möglichkeiten des Scharfschützeneinsatzes konfrontiert, als sie sich im Morgengrauen des 22. Oktobers anschickte, den Hermon-Gebirgszug zurückzuerobern. Bereits bei früheren Vorstößen hatten syrische Scharfschützen die Besatzungen der oben offenen White »Half-Tracks« (Halbkettenfahrzeuge) aufs Korn genommen. Kopfschüsse rafften kommandierende Offiziere und MG-Schützen weg. Beim Angriff am 22. wiederholte sich dieser Vorgang. Nur diesmal ging die Golani-Infanterie zu Fuß gegen den vegetationsarmen, mit Felsklüften und Höhlen übersäten Bergzug vor. Dutzende fielen den guttrainierten syrischen Kommandos zum Opfer, die sich zwischen den Felsen verschanzt hatten und es wohl verstanden, ihre neugelieferten Dragunov-Gewehre einzusetzen. Die Syrer zogen sich nur langsam zurück und mußten sprichwörtlich aus ihren Schützenlöchern herausgetrieben werden. Mit den normalen FN-Gewehren und MGs der Golani war es fast unmöglich, auf dreihundert Meter das winzige Ziel zu treffen, das ein syrischer Scharfschütze bot. Es fehlte an »Counter-Snipers« auf israelischer Seite, und viele der Verluste hätten vielleicht vermieden werden können. So versuchte man die Syrer mit MG-Feuer festzupinnen, sie kriechend zu umgehen oder sich mit Handgranaten oder Gewehrraketen an die Stellungen heranzuarbeiten.

Schließlich gelang die Erstürmung der Befestigungen am Berggipfel, aber unter welchen Verlusten!

Auf beiden Seiten zog man aus dem 73er-Krieg Lehren. Es war bezeichnend, daß es 1975 in Österreich zu einem Skandal um den dortigen Verteidigungsminister kam: Die Presse hatte in Erfahrung gebracht, daß Österreich sowohl syrischen als auch israelischen Wünschen um Lieferung des von Steyr-Daimler-Puch gefertigten SSG 69 entsprochen hatte. Das widersprach den staatlichen Ausfuhrbeschränkungen für Krisengebiete, zeigte aber auch, daß man auf beiden Seiten daranging aufzurüsten.

1974 erschien auch ein vielbeachtetes Buch in Tel Aviv mit dem Titel »Zurückkommen und treffen lernen!« das sich mit der Verbesserung der allgemeinen militärischen Schießleistung auseinandersetzte und auch auf das Scharfschützenwesen einging.

25 Dollar Abschußprämie
Perfidie eines Bürgerkrieges

»Früher schoß ich immer zuerst den Mann an, wenn ich ein Paar im Visier hatte – dann lernte ich, daß es sehr viel besser war, zuerst die Frau abzuschießen, der Mann würde normalerweise bei der Gefallenen stehenbleiben und sich um sie kümmern. Ich hatte so genug Zeit auch ihn aufs Korn zu nehmen ...«
Libanon, 1975–76, das war die unbeschreibliche Grausamkeit eines bis zur letzten Patrone geführten Bürgerkrieges, in dem sich politisch-ideologische und religiöse Motive mit reiner Rach- oder Gewinnsucht zu einem Inferno vereinten. Fronten führten mitten durch Wohn- und Geschäftsviertel Beiruts und jede der beteiligten Parteien, ob Christen, Moslems, Linke oder Rechte, Palästinenser und Syrer, sahen die dazwischenliegenden Straßen und Plätze als »Free-fire«-Zonen an. Einen Unterschied zwischen Bewaffneten und Unbewaffneten, zwischen Kombattanten oder Zivilisten gab es nicht. Opfer konnte jeder werden. Der notwendige Gang zum Bäcker wurde in manchen Vierteln Beiruts zu einem gefährlicheren Unterfangen als eine Patrouille durch vietcongverseuchten Dschungel.
Zu den fast alltäglich gewordenen Gefahren der Granat- und Raketwerfer-Überfällen, zu den Entführungen und wechselseitigen Miliz-Attacken kam bald ein neuer Faktor hinzu: Heckenschützen. Zielfernrohrgewehre wurden sehr schnell ein überaus begehrter Posten in dem blühenden Waffenschwarzmarkt des Libanon. Der Besitz einer solchen Waffe konnte den relativ ungefährlichen Weg zum Wohlstand des Käufers bedeuten. Scharfschützen waren gefragt im Libanon. Jede der Milizen unterhielt ihr eigenes Söldnerwesen, und bald meldeten sich Anwärter aus aller Herren Länder. Da waren die zahlreichen Libyer, Iraker, Eriträer und Syrer, die genauso bei den verschiedenen Palästinensergruppen im Sold standen wie deutsche Terroristen, türkische und japanische »Revolutionäre« und amerikanische Black Panthers. Da waren die französischen »Freiwilligen« mit der entsprechenden Vergangenheit, die vom Kongo bis zur Fremdenlegion reichte, die ex-GIs, die nach Vietnam nicht mehr den Absprung geschafft hatten, und jener Bodensatz an Glücksrittern ohne Identität, die man an fast jedem Kriegsschauplatz trifft; jene, die sich dem Meistbietenden verdingen. Und gezahlt wurde im Libanon. Spezialisten – und zu denen zählten die Heckenschützen mit ihren Zielfernrohrgewehren – konnten hohe Monatsgagen fordern,

Ein Posten des französischen UN-Kontingentes im Libanon bei der Absicherung einer Straßensperre mit dem FR 1. Ein hervorragendes Beispiel für den präventiven Einsatz von Scharfschützen bei Sicherungsaufgaben.

Rechte Seite: M 16 mit einer zivilen Zielfernrohr/Montage wie es von einem Scharfschützen der Phalange (Kataib)-Miliz benutzt wurde.

Unten: In klarer Überschätzung der ballistischen Eigenschaften der russischen Kurzpatrone 7.62 mm M 43 rüsteten viele PLO-Scharfschützen die halbautomatischen Simonov (SKS)-Karabiner mit Zielfernrohren aus. Die Montageschiene dieser Waffe liegt oberhalb des Verschlusses (Pfeil).

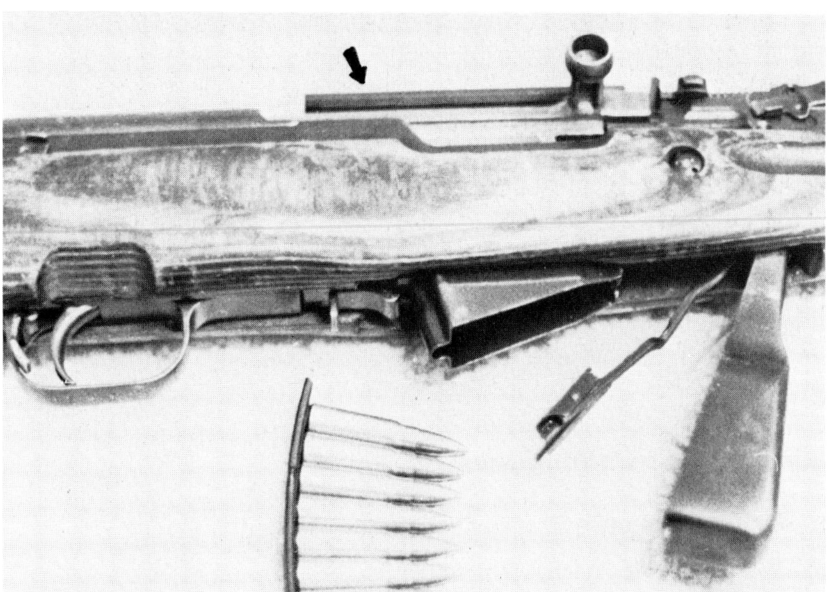

andere wurden pro Abschuß bezahlt, und die üblichen 25-Dollar-Prämien galten für Opfer jeder Art: Männer, Frauen, Kinder, Bewaffnete, Unbewaffnete, Feuerwehrleute und Sanitäter. Überall konnte einem das Schicksal in Form einer Heckenschützenkugel ereilen: beim Einkaufen, beim Überqueren einer Straße oder auf jedem berühmten Ring, der Stadtautobahn Beiruts, die zum berüchtigten Übungsplatz der Killer wurde.
Einzelne Schützen erlangten traurige Berühmtheit, wie der Franzose Francois, der im Sold der maronitischen Phalange stand oder die weiblichen Milizionäre, die sich auf palästinensischer Seite mit ihren SKS photographieren ließen, das Gesicht mit der rot-weißen Keffiyah verhüllt, das Auge am Zielfernrohr, auf dem Schaft einen Aufkleber der PFLP.
Die Heckenschützen trugen eine Hauptschuld an der Eskalation der Grausamkeiten im libanesischen Konflikt. Immer wieder waren es ihre Schüsse, abgegeben aus einem jener verwüsteten Hochhäuser im Hotelviertel, die jeden Waffenstillstand vereitelten. Stellungen gab es genug, Ziele auch, und bei entsprechender Skrupellosigkeit konnte ein Schütze schnellen Reichtum erlangen. Stellvertretend für die Absurdität des ganzen Krieges schilderte ein Time-Journalist den Dialog zwischen einem Neffen und dem Onkel, den dieser auf einem Dach liegend angetroffen hatte. Was er dort mache, fragte der Jugendliche.
»Ich bin ein Scharfschütze«, sagte der alte Mann stolz. »Sie geben mir 25 Dollar für jede Person, die ich töte. Heute morgen habe ich schon 100 Dollar verdient!« — »Aber, Onkel«, fragte der Jugendliche, »wie wissen sie, daß du die Wahrheit über die Zahl deiner Jagdbeute sagst?« Der alte Mann antwortete entrüstet: »Bin ich nicht ein Mann von Ehrlichkeit?«
Libanon zeigte die unbeschreibliche Grausamkeit der zu Kopfjägern degradierten Scharfschützen.

Vietnam, Phoenix-Programm

Irgendwer, irgendwann zwischen 1968—1971:

»Mein Auftrag bestand in der Liquidierung eines führenden politischen Kaders der örtlichen Vietcong-Gruppe. In der Nacht hatte ich mich in das vom Feind als sicher betrachtete Gebiet eingeschlichen und eine Stellung auf einem Hügel eingenommen, die das Dorf und das Versteck des Kader überblickte. Neben der Hütte des Politkommissars war ein tiefer Graben in dem ich die Mündungen russischer 82-mm-Granatwerfer sehen konnte. Bereits im Morgengrauen waren einige Charlies damit beschäftigt die Dinger zu putzen. Klar, die ganze Nachtfeuchtigkeit setzte sich auf dem kalten Metall ab. Mir paßte das nicht, ich konnte mir denken was kommen würde. So gegen sieben, mein Politkommissar gehörte nicht zu den frühen Aufstehern, trat er dann vor die Tür. Ich konnte beobachten, wie er sich reckte und dehnte – ich hatte ihn zu dem Zeitpunkt ja längst im Fadenkreuz. Als er sich zum Frühstück an einen Tisch vor dem Haus setzte, zog ich langsam durch. Ich sah noch wie er rückwärts mit seinem Stuhl umkippte, dann packte ich ein. Die Charlies waren sofort in den Graben gesprungen und begannen ihre Röhre zu stopfen! Es regnete Mörsergranaten und ich machte, daß ich meinen Arsch in Sicherheit brachte ...«

Im asiatischen Sumpf

Mit dem schrittweise steigenden amerikanischen Engagement in Vietnam wurden amerikanische Infanterieeinheiten zum ersten Mal mit der Kampfweise asiatischer Guerillaverbände konfrontiert. Wäre es nach der Gruppe um Präsident John F. Kennedy gegangen, so wären die USA nie wieder (nach Korea) in einen asiatischen Landkrieg verwickelt worden. Für Probleme wie in Vietnam sah die von Kennedy und seinen Beratern Rostow und Taylor entwickelte strategische Doktrin eine ebenbürtige Antwort vor: Anstelle der Entsendung von Interventionstruppen, wie es zur Zeit der Krisen in der Dominikanischen Republik und Libanon getan worden war, standen jetzt besonders geschulte Teams bereit. Die »Special Forces« sollten den durch Castro, Guevara und Mao inspirierten Guerillas auf der gleichen Ebene begegenen. Die als »Green Berets« bekannt gewordenen, als Einzelkämpfer geschulten Offiziere und Unteroffiziere sollten als Berater die jeweiligen Regierungstruppen unterstützen oder partisanenähnlich in entlegenen Gebieten operieren. Mit der Entsendung der ersten Marineinfanterie-Bataillone wurde aber eine Eskalation durch Präsident Lyndon B. Johnson eingeleitet, die zur völligen Amerikanisierung des Krieges in Vietnam führte.

NVA-Soldaten der nordvietnamesischen Streitkräfte im Angriff mit T 34-Panzer. Vietcongs und NVA waren Meister der Tarnung, typisch die hier gezeigten an Rucksack und Gurt befestigten Zweige und Blätter, die im Liegen den ganzen Rücken und Kopf deckten.

Binnen weniger Jahre stieg die Anzahl amerikanischer Soldaten in Südvietnam von wenigen tausend auf eine halbe Million.
Spätestens 1966 machte sich der Mangel an totaler Guerillakriegserfahrung bei den Amerikanern bemerkbar. Ganze Kompanien wanderten in Vietcong-Hinterhalte oder wurden tagelang von einzelnen Partisanen unter Beschuß genommen, ohne daß auch nur ein Feind gesehen wurde. Der Unwegsamkeit des Geländes versuchte die US Armee die Mobilität der mit Hubschraubern ausgerüsteten Luft-

Das M-16-Gewehr im Kaliber .233 (5.56x45 mm). Hier mit Zweibein und Bajonett.

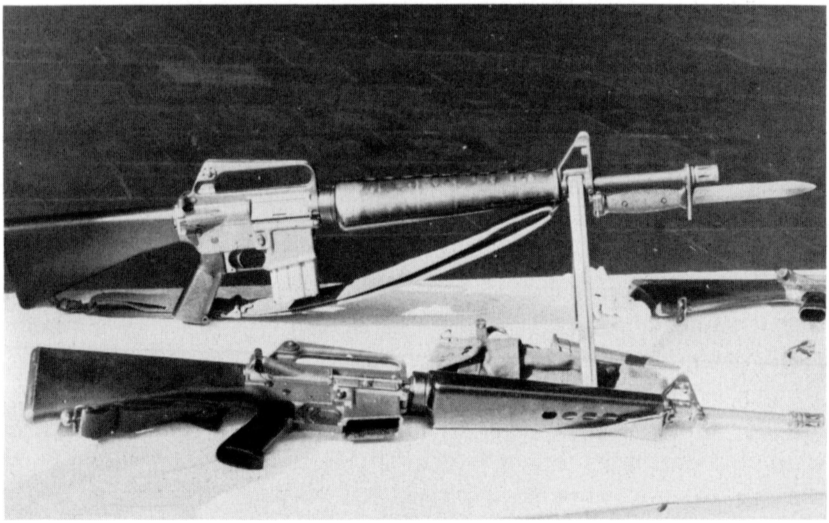

kavallerie entgegenzusetzen. Mit der zunehmenden Truppenzahl wuchs der »Logistikschwanz«. Aus festen Stützpunkten und Nachschublagern wurden riesige maulwurfartige Basen, aus denen sich die Kompanien nur noch stoßtruppartig bewegten. Großangelegte »search & destroy«-Operationen verliefen im Sand. Bezeichnend für die US Kriegsführung wurden Slogans wie »Die Nacht gehört dem Vietcong« und »Free-Fire Zones«, die ein Eingeständnis der konservativen militärischen Führung in ihre eigene Unfähigkeit darstellte. Nach Korea war die Entwicklung von Scharfschützen vernachlässigt worden; hier in Vietnam fehlten sie. Patrouillen und Konvois kamen ständig unter den Beschuß vietnamesischer Scharfschützen, die oft genug selbst keine besondere Ausbildung genossen hatten, jedoch beherzt Gelände- und Tarnmöglichkeiten ausnutzten, um den ortsfremden Amerikanern und ihren südvietnamesischen Hilfstruppen einzuheizen. Der Scharfschütze des Vietcong glich schlechte Ausrüstung, mangelnde eigene Ausbildung und physische Schwächen* durch seine hervorragende Geländekenntnis und Anpassung aus. »Victor Charlie« war ein Meister in der Tarnung und – wie schon japanische Scharfschützen vor ihm – bediente er sich unterirdischer Höhlen und Gänge, um nahe genug zum Schuß zu kommen und sich der gegnerischen Antwort zu entziehen. Der Dschungel erlaubte vielfältigste Tarnmöglichkeiten; der Feind bot eine Vielzahl leicht erkennbarer Ziele. Die Besatzungen amerikanischer Panzerfahrzeuge lernten sehr bald, daß es auch bei Tage sehr nützlich war, sich durch Schwärzen der ungedeckten Hautpartien mehr den Fahrzeugen anzupassen. Wie bereits britische Offiziere im amerikanischen Unabhängigkeitskrieg, so entfernten US-Offiziere ihre Rangabzeichen und hielten sich ungern in der Nähe ihrer Funker auf, deren Radioantennen weithin sichtbar ein lohnendes Ziel signalisierten.
Einzelne Schüsse konnten eine ganze Patrouille verwirren, der eigenen Einheit Zeit zum Verschwinden oder zur Vorbereitung von Gegenaktionen geben, zumal selbst bei geringen Ausfällen der weitere Aktionsverlauf für amerikanische Truppenteile in den Maßnahmen zur Evakuierung ihrer Verwundeten bestand: Hubschrauber wurden herbeigerufen, eine Landezone mußte abgesichert werden usw.
Erfolge konnten sich für die amerikanischen Streitkräfte nur dort abzeichnen, wo sich die Vietcongs (oder in einer späteren Phase die

* Viele Vietcongs litten aufgrund der einseitigen Ernährung, des Mangels an Vitaminen und Nährstoffen, an Sehstörungen.

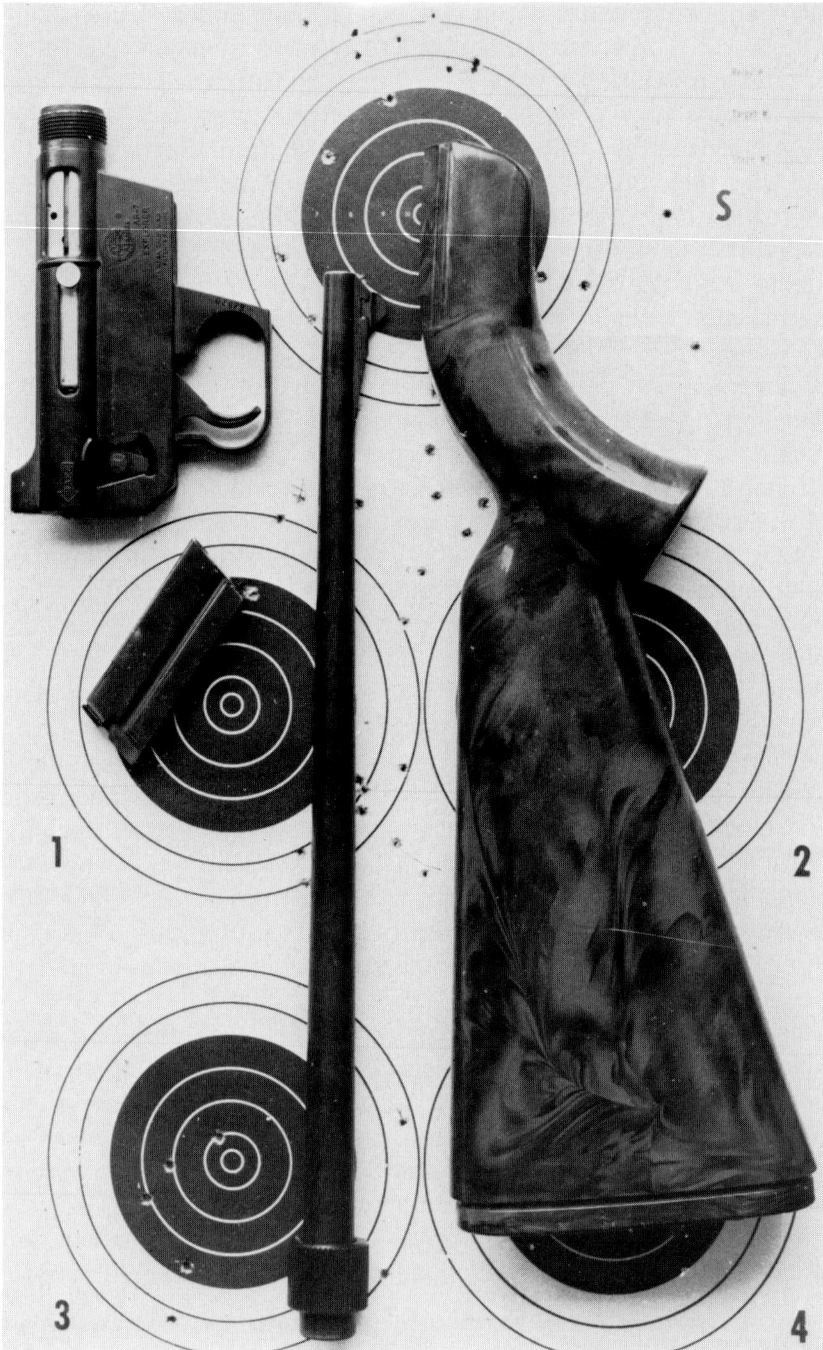

Waffen des zivilen Marktes, wie dieses .22 l.r. AR 7, ein auseinandernehmbarer Selbstlader mit 7-Schuß-Magazin (die Teile finden Aufnahme im Plastikschaft) wurden auch für Attentate der Special Forces oder anderer CIA-Trupps benutzt. Eine schallgedämpfte und mit ZF versehene Version des AR 7 existiert.

Das 3x20 Zielfernrohr für das M 16, wie es von der Fa. Colt geliefert wird.

Verbände der nordvietnamesischen Armee) zur offenen Feldschlacht stellten oder wo sich die eigene Kampfführung der des Gegners anpaßte. Im Bereich der Taktik hieß das: kleine und kleinste operative Verbände, die sich subversiver Methoden bei der Verfolgung des so schwer zu fassenden Gegners bediente; aggressive nächtliche Patrouillen- und Hinterhalttätigkeit, und dazu gehörte auch der Einsatz eigener Scharfschützen.
Guerillabekämpfung, das konnte nur heißen: Kleinarbeit auf unterster Ebene, Fußarbeit, infanteristische »Handarbeit«.
Weil ein solcher Einsatz aber nur unter hohem personellem Aufwand und mit beträchtlichen Eigenverlusten geführt werden konnte, weil

Dieses selbstgebaute Gewehr, dem französischen MAS nachempfunden, wurde bei einem Vietcong-Scharfschützen gefunden! Es verfügt lediglich über ein grobes Standvisier.

man in der amerikanischen Führung das ohnehin unpopuläre Vietnam-Engagement nicht noch durch einen dramatischen Anstieg der Verlustziffern unpopulärer machen wollte, versuchte man Technik und rücksichtslosen Einsatz von Massenvernichtungswaffen anstelle der selektiven Counterinsurgency zu setzen. Der Ausgang ist bekannt.

Die konventionellen Streitkräfte der USA standen in Vietnam vor einem Dilemma, sie besaßen ein Potential an Feuerkraft und gepanzerter Mobilität, das in den Dschungeln, Reisfeldern und bewaldeten Hochflächen kaum zur Geltung kommen konnte. Nach einer sehr bekannten statistischen Aufstellung der amerikanischen Heeresführung in Südvietnam wurden im Schnitt eine Munitionsmenge von 50 000 Schuß benötigt, um einen Vietcong zu »besiegen«. Diese fast unglaubliche Menge ergab sich aus der Verbrauchsberechnung für Infanteriemunition, die durch den massenweisen Einsatz von automatischen Waffen astronomische Höhen hatte. Völlig anders lag dieses Verhältnis bei den Special Forces und den als Einzelkämpfer eingesetzten Scharfschützen von Armee und Marine-Corps.

Spezialeinheiten waren in Vietnam bereits Jahre vor dem eigentlichen amerikanischen Kriegseintritt * im Einsatz. Offiziell als Berater getarnt, haben diese Männer Aufgaben, die eher im Bereich des OSS-Nachfolgers Central Intelligence Agency (CIA) lagen: Green Berets rekrutierten Bergstämme, mit denen sie Vietcong-Nachschubwege angriffen. Agententrupps aus Rangern, Halo-Fallschirmjägern ** und den SEAL-Commandos der Navy operierten in Laos, Thailand und Nordvietnam, griffen Installationen an oder liquidierten politische und militärische Schlüsselfiguren. Unter Tarnbezeichnungen wie »Plan 34 A« oder »Phoenix-Programm« lief eine Vielzahl unterschiedlichster Aktionsprogramme der psychologischen Kriegsführung, bei denen auch in verstärktem Maße Scharfschützen zur Liquidierung politischer Gegner des südvietnamesischen Regimes, Ausbildungsoffiziere der NVA und Vietcong-Chefs eingesetzt wurden. Aktionen dieser Art liefen vielfach unter extremsten Bedingungen ab: Ein kleiner Spezialistentrupp – oft auch nur ein oder zwei Mann – bewegten sich tagelang in Gebieten, die der Gegner für sicher hielt, in denen die Bevölkerung der Regierung in Saigon abgeneigt gegenüberstand, wo oft genug Vietcong oder NVA-Trup-

* Als offizieller Eintritt der USA wird allgemein die Tongking-Affäre vom August 1964 gesehen, die als Vorwand für die Bombardierung Nordvietnams diente. Ab März 1965 wurden Bodentruppen (zuerst Marines) nach Südvietnam verlegt.

** High Alitude/Low opening = Freifallspringer.

pen ihre Basen und Ausbildungslager hatten. Unter Verwendung von Tarnung pirschten sich diese Experten an ihr Opfer heran, beobachteten seine Lebensgewohnheiten und legten sich auf die Lauer. Im geeigneten Augenblick führten sie ihren Auftrag aus, der in der Fachsprache mit »eliminate with extreme prejudice« bezeichnet wurde. Neben schallgedämpften Pistolen und MPs kamen dabei in zunehmendem Maße auch schallgedämpfte Gewehre mit Zielfernrohren zur Anwendung.

»Make the first shot count!«

Die Entwicklung der speziellen CIA-Scharfschützengewehre entsprach natürlich nicht den Anforderungen, die für den Feldgebrauch einer normalen Infanterie-Einheit maßgeblich waren. Armee und Marine-Corps mußten bei ihrem jeweiligen Eintritt in den Vietnam-Krieg ihre eigenen Waffen entwickeln und konnten nur sehr begrenzt auf das Arsenal der CIA-Trupps zurückgreifen. Ihnen kamen natürlich das bereits angeregte Interesse an Nachtsichtgeräten und Schalldämpfern zugute, aber diese Instrumente mußten den zu diesem Zweck modifizierten Dienstwaffen M 14 und M 16 angepaßt werden. Die Marines, die seit März 1965 in Vietnam waren, merkten sehr bald, daß ihr Standardgewehr M 14 in dieser Form nicht der selektiven Kampfführung eines Scharfschützen genügen konnte. Die alten Springfieldgewehre kamen für den erneuten Gebrauch in Vietnam nicht in Frage, da die Logistik auf das Kaliber 7,62×51 mm Nato beschränkt war. In der Not griff man auf den zivilen Sektor zurück und kaufte eine Anzahl Repetiergewehre der Firmen Winchester und Remington an und rüstete diese mit den verschiedensten Zielfernrohren aus. Bei den jährlich abgehaltenen »National Match«-Wettkämpfen für Gewehrschützen im traditionsreichen Camp Perry waren die Vertreter des Marine-Corps seit 1953 mit den Scheibenschützenmodellen des Modells 70 der Firma Winchester angetreten. Diese und andere Gewehre des Marines-Wettkampfteams wurden Ende 1965 nach Vietnam geschickt, um der dort eingesetzten 3. Division bei der Aufstellung der ersten Scout/Sniper-Teams auszuhelfen. Fast alle dieser ersten SSGs waren mit dem 8 × Unertl ausgerüstet, das seine Anfälligkeit und Grenzen bereits im Korea-Krieg gezeigt hatte.
Folgerichtig wurde in der Hauptbasis der Marines, Quantico in Vir-

ginia, bei der dortigen Waffenbeschaffungsabteilung herkömmliche Repetiergewehre der zivilen Herstellerfirmen getestet, um möglichst schnell eine brauchbare Waffe/Zielfernrohr-Kombination für die Marines in Vietnam zu finden. Bei den im Frühjahr 1966 stattgefundenen Vergleichsschießen schnitt das Modell 700 von Remington mit dem Redfield 3 x-9 x Accu-Range am besten ab. Am 7. 4. 66 wurde dieses Remington-Gewehr offiziell zur Scharfschützenwaffe des Marine-Corps unter der Bezeichnung »M 40« eingeführt. Diese Waffe ist bis zum heutigen Tag in fast unveränderter Form im Einsatz. Von dem auf dem zivilen Markt erhältlichen Gewehr unterscheidet sich die Marines-Version lediglich im Finish: der schwere Lauf (56 cm Länge), Schloß und alle anderen Metallteile wurden mit der parkerisierten, nichtglänzenden Oberfläche versehen. Der geölte Schaft war so ausgelegt, daß der Lauf freischwebte. Zu einem späteren Zeitpunkt, als sich auch diese Anordnung noch als ungenügend erwiesen hatte, erhielten alle Waffen eine glassfiber-beschichtete Einbettung von Verschlußkasten und Lauf.

Vietnam/September 1968. Unteroffizier White von der 3rd Marine division mit dem Remington 700 und dem Redfield 3–9x Accu-Range. Das M 40 im Kaliber 7.62x51 mm NATO war auch auf Entfernungen über 800 Meter noch treffgenau. Wiederholt gelang den Marines „Kills" auf Entfernungen von 1000 Metern! (US MC Photo).

Bei einer Gesamtlänge von 105,5 cm und einem Gewicht von 3,1 kg entsprach das M 40 den Anforderungen an eine handliche Infanteriewaffe. Die Patronen wurden einzeln in das fünfschüssige Mittelschaftsmagazin eingeführt, da die Zielfernrohrmontage vom Typ Redfield Jr. den Gebrauch von Ladestreifen verhinderte. Ursprünglich bestand keine Möglichkeit, die Waffe mit einer Nachtsichtoptik zu versehen, offene Visierung fehlte und das Einsatzspektrum war entsprechend begrenzt. In den Folgejahren aber wurden Aufschubmontagen für Restlichtaufheller geschaffen, die denen des Armeemodells XM 21 glichen. Das Redfield-Zielfernrohr hatte eine Länge von 38,7 cm, ein Gewicht von 355 Gramm, Absehen 6 mit zwei horizontalen Linien zur Entfernungsmessung, die mit einer Scala kombiniert waren.

Vietnam, 1966. In den frühen Stadien des Vietnam-Krieges testete das Marine Corps das 7.62 mm Winchester M 70 »Bull Barrel« in Verbindung mit dem Unertl 1–8-x-Zielfernrohr. (US MC Photo).

Die verbesserte Version des M 40, die ab 1970 zum Einsatz kam, war mit dem an anderer Stelle beschriebenen ART und einem Leichtmetall-Zweibein ausgerüstet, das besonders die Verwendung der Waffe mit den schweren Restlichtaufhellern erleichtern sollte. Eine weitere Veränderung an der Waffe war die serienmäßige Ausrüstung mit Läufen aus rostfreiem Stahl und, gegen Feuchtigkeit, spezialimprägniertem Schaft.

Diese Veränderungen gingen auf eine ganze Reihe von Fehlern zurück, die sich im Feldgebrauch in Vietnam eingestellt hatten. Die extremen Probleme, die der Monsunregen und das allgemein subtro-

pische Klima des asiatischen Kriegsschauplatzes mit sich brachten, blieben auch nicht auf das M 40-Gewehr ohne Auswirkungen. Schäfte quollen auf und verzogen sich, Lauf und Verschlußteile rosteten, die Linsendeckel funktionierten nach einigen Wochen nicht mehr und der eingebaute Entfernungsmesser streikte sobald das Zielfernrohr der Sonne ausgesetzt war, da Plastikteile sich bei direktem Sonneneinfall in das Rohr verzogen.
Das Remington 700, das bei mäßigem, zivilem Gebrauch als Scheibenwaffe eine fast unbegrenzte Lebensdauer hatte, war den Anforderungen des Infanteriekampfes nicht gewachsen, Ausfallquoten waren extrem hoch. Nach drei Jahren Gebrauch des M 40 waren nur noch etwas mehr als 12 Prozent der ursprünglich gelieferten Waffen im Einsatz.
Trotzdem war der Einsatz der Marine-Corps-Scharfschützen ein voller Erfolg, sieht man die Verlustraten des Gegners. Im Schnitt brachten es die Scharfschützen, – die auf Divisionsebene geschult wurden, teils bei den Stammeinheiten in den USA, teils bei den Divisionsschulen in Vietnam –, auf eine »Kill-Ratio« von 1,3–1,7 bestätigte Abschüsse zu Munitionsverbrauch, d. h., auf drei Schuß kamen im Schnitt zwei tote Vietcong!

Die Armee geht ihren eigenen Weg

Für jemanden, der nicht mit der amerikanischen Streitkräfteaufgliederung vertraut ist, mag die unterschiedliche Waffenentwicklung zwischen US Armee und US Marine-Corps seltsam und fragwürdig erscheinen, aber es handelt sich hier um zwei völlig unterschiedliche Teilstreitkräfte, die nach Bewaffnung, Ausbildung und Logistik unabhängig nebeneinander existieren.
Die Armee, die de jure zwar bereits vor 1965 mit den Special Forces in Vietnam vertreten war, ging mit ihrer Scharfschützenentwicklung einen eigenen Weg, als ihre ersten konventionellen Verbände in Form der 173. Luftlandebrigade Mitte 1965 in das Kampfgeschehen eingriffen.
Die amerikanische Infanterie war zu jener Zeit noch mit dem halbautomatischen Sturmgewehr M 14 im Kaliber .308 (7,62×51 mm) ausgerüstet, erlebte aber die Einführung des Colt M 16 mit seiner hochrasanten .223 (5,56×45 mm) Patrone. Beide Waffen waren parallel in Gebrauch und die Scharfschützenausrüstung verlief glei-

chermaßen zweigleisig. Das M 16 besaß eine Art Tragebügel, in dem das normale Diopterivisier untergebracht war und das eine Lochbohrung serienmäßig erhielt, die sich zur Aufnahme einer optischen Zieleinrichtung eignete. Die Firma Colt bot ein kleines Zielfernrohr von 3×20 Vergrößerung an, das sich mit zwei Handgriffen auf der Waffe anbringen ließ.

Diese M 16 Kombination war nur ein ungenügender Ersatz für ein Scharfschützengewehr, das auch für mittlere und lange Schußweiten brauchbar sein sollte. Die Aufmerksamkeit konzentrierte sich daher auf das M 14, welches in den Jahren vor dem Vietnam-Krieg bereits als Schützenwaffe für Divisions- und Armeemeisterschaften herhalten mußte. Die 1957 offiziell in den Heeresdienst eingeführte Waffe hatte zwar auf der linken Verschlußgehäuseseite eine Aussparung für die Aufnahme von Zielfernrohr-Montagen, aber eine entsprechende Entwicklung ließ bis 1966 auf sich warten. Erste Versuche in dieser Richtung verliefen unter Verwendung besonders ausgesuchter »akkuratisierter« M 14 (National Match Grade) und dem alten M 84 Zielfernrohr. In Verwendung mit der M 118 National Match Munition ließen sich Schußgenauigkeiten erreichen, die denen des feldmäßigen Scharfschützeneinsatzes entsprachen. Mit einer Ausnahme: Das M 84 Zielfernrohr hatte seine Unbrauchbarkeit bereits in vorangegangenen Einsätzen erwiesen. Während man bei den Waffenbeschaffungsbehörden in der Streitkräfte-Hierarchie noch auf der Suche nach einem geeigneten Ersatz war, entwickelten die in Vietnam befindlichen Brigaden und Divisionen erstaunliche Eigeninitiative. Zielfernrohre wurden durch das allgegenwärtige PX-System von privaten Herstellerfirmen bezogen, Waffen wurden von den Waffenmeistereien der Verbände in Eigenarbeit für den Scharfschützengebrauch hergerichtet. Als außerordentlich fördernd erwies sich das bereits beim M 40 angesprochne »glass-fiber-bedding«, welches zur Ruhelage von Verschluß und Lauf beitrug. Abzugswiderstände wurden vermindert, ausgesuchte Läufe wurden eingepaßt und Montagen aus Leichtmetall gefräst.

Die Ausbildung der Scharfschützen fand in den eigenen Divisionsschulen oder sogar auf Brigadeebene statt und war von Einheit zu Einheit verschieden. Trotz dieser sehr provisorischen Verhältnisse zeigten die Abschußergebnisse und der plötzlich ansteigende »Body-count«, daß man im Prinzip auf dem richtigen Weg war. Was fehlte, war eine umfassende, alle Einheiten berührende Trainingsanweisung der oberen Führungsebenen und ein standardisiertes

Ausrüstungssystem, denn die bis dahin eingeführten Waffen und Trainingselemente gingen nur auf den Enthusiasmus jeweiliger Brigade- und Divisionsoffiziere zurück und waren bei dem in Vietnam eingesetzten Personalrotationssystem natürlich ständigem Wandel unterworfen.
Das Auf und Ab dieser Entwicklung wurde durch das Erscheinen des XM 21 unterbrochen und die bereits gemachten taktischen Erfahrungen sowie die Ausrüstungsanweisungen im Ausbildungshandbuch TC 23-14 »Sniper Training and Employment« zusammengefaßt, das am 27. 10. 1969 vom Hauptquartier, Department of the Army, Washington D. C., herausgegeben wurde. Dieses Handbuch berührte sämtliche Aspekte von Ausrüstung, Ausbildung, Einsatz, Schußstellungen, Geländekunde usw. und gab eingehende Anweisungen, wie Waffe und Zielfernrohr sowie die Nachtsichtgeräte zu behandeln waren. Die Einführung des »Experimental Models (XM)« 21 setzte auch den eigenständigen Experimenten unterer Führungsebenen ein Ende und verhalf den Infanterieeinheiten zu einem brauchbaren Gerätesystem, das Tages- und Nachtaufgaben des Scharfschützen abdeckte.

Linke Seite: Oktober 1969, Lai Khe, Südvietnam. Zwei Scharfschützen der 1st US-Infantry Division ausgerüstet mit M 14-Variationen. Zur Verwendung kam noch das M 84 ZF aus Korea-Kriegsbeständen! (US Army Photo).

Das M 21 Scharfschützengewehr der U.S. Army

Die Entwicklung des M 21 fand in einer jener seltsamen, fast autonomen Forschungseinrichtungen der Aberdeen Proving Grounds statt, die durch die vielschichtige Befehls- und Verwaltungshierarchie der US Streitkräfte in einem gewissen kräftefreien Raum existieren, in welchem sie nicht den üblichen bürokratischen Hemmnissen unterworfen waren: Das Labor für begrenzte Kriegsführung (Limited Warfare Laboratory, LWL) war ein Ableger der großen Waffenversuchsanstalt, die sich in dem kleinen Ort Aberdeen/Maryland, an der Ostküste der Vereinigten Staaten, angesiedelt hatte. Hier entstand im Zeitraum 1965–1968 die Gewehr/Zielfernrohr-Kombination, die zuerst als Versuchsmodell (XM) und dann als Standardwaffe zur Verwendung kam.
Als Geburtshelfer assistierten die Infanterieschule von Fort Benning/Georgia und deren Fortbildungskader für Scharfschützen (Advanced Marksmanship Unit, AMU), sowie die bereits in Vietnam operierende 9. Infanteriedivision, die das erste umfassende Scharfschützenprogramm erstellte, das später als Vorlage für die gesamte US Army diente.

Drehpunkt der M 21-Entwicklung war das Zielfernrohr eines jungen texanischen Leutnants, Jim Leatherwood, der seine Erfindung in höchst unbürokratischer Weise der US Armee zur Verfügung stellte. Das später als »Adjustable Ranging Telescope, ART« bekanntgewordene Zielfernrohr ersetzte die bisher dem Erfolg des Scharfschützen so abträgliche Schätzung von Entfernungen, welche – da mehr Ratespiel als Einschätzung – zu so manchem Fehlschuß geführt hat, was zwar, aus der Sicht des Schützen gesehen, recht ärgerlich ist, aber aus der Perspektive des Betroffenen, oder besser gesagt Verfehlten, recht positive Aspekte aufweist! Nun, das ART sollte dafür sorgen, daß die ohnehin geringen Überlebenschancen eines Indivi-

Das XM 21 mit ART und ART-Koppelbehälter.

duums, dessen irdischer Körper ins Fadenkreuz eines ausgebildeten Scharfschützen geriet, noch geringer als zuvor wurden. Es kombinierte die Eigenschaften eines variablen Zielfernrohres: Leatherwood wählte als Grundlage seines Prototyps das bereits beschriebene Redfield 3-9 Accu-Range, mit einem sogenannten »Power-Cam-Ring«. Dieser ringförmige Zusatz, dessen Aufbau der zur Verwendung kommenden Patronenart entsprach, erlaubte es, zusammen mit der Einstellung der optischen Stärke, auch das Absehen entsprechend der Entfernung anzuheben. D. h., der Schütze nahm nur noch sein Zielobjekt in die beiden feststehenden »Stadia«-Linien, »zog« es unter Verstellen der zoomartigen 3x-9x Variabel heran, bis es in die Linien paßte, und schoß! Der »Power-Cam-Ring« hatte gleichzeitig mit der Stärkeverstellung das Absehen entsprechend der Entfernung und ballistischen Seitendrift ausgeglichen. Das »drüber oder drunter«-Halten entfiel, der Scharfschütze brauchte auch

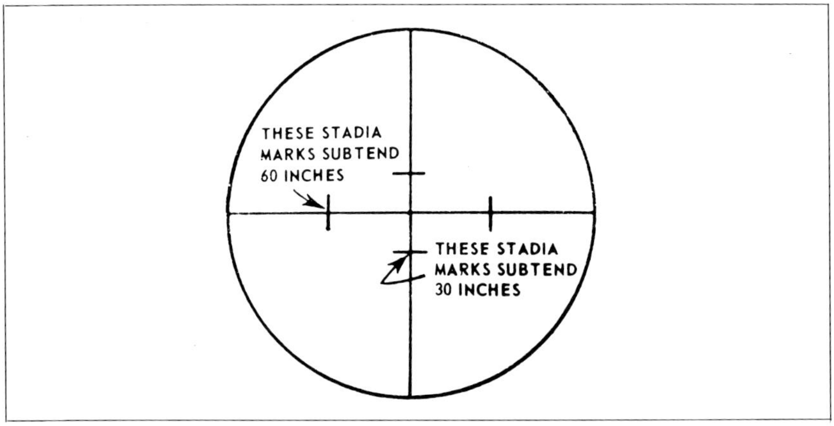

Das Absehen des ART mit den Markierungen, die zum Erfassen der Zielgröße und dem damit verbundenen Einstellen der Entfernung dienen.

kein Experte in den Berechnungen ballistischer Flugbahnen zu sein. Diese Aufgaben erledigte das ART.
Leatherwoods Idee wurde im LWL von Aberdeen unter der Leitung und dank des Improvisationsreichtums der dort Beschäftigten verwirklicht. Einige Verbesserungen wurden im Laufe der Versuche zur äußeren Stabilität des Instruments durchgeführt, aber im Prinzip ist das jetzt von der Firma Leatherwood (die dieser nach seinem Dienstende gegründet hatte) angebotene ART, das gleiche, wie das 1965 in Aberdeen aus der Taufe gehobene.
Auch die Zielfernrohrmontage erfuhr mehrere grundlegende Veränderungen, bis eine Vorrichtung gefunden war, die den Besonderheiten des ART entsprach und der vertikalen Bewegung des hinteren Teiles freien Raum ließ, Eine Montage für das M 14 National Match

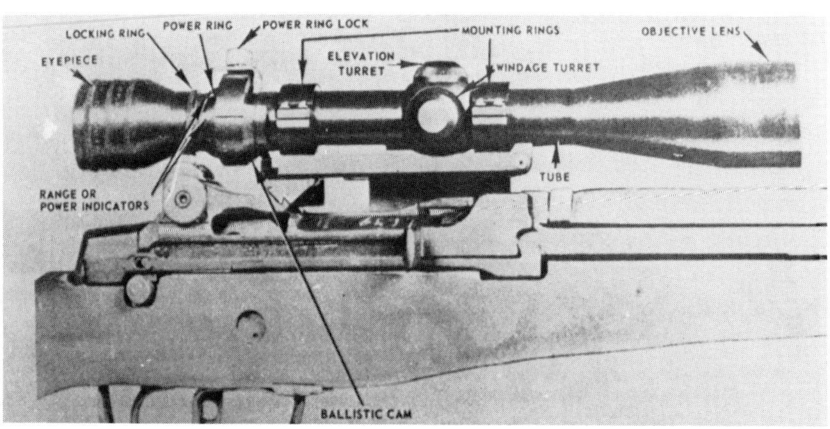

Aus der Dienstanweisung zum ART: die Bedienungselemente.

und eine zweite Variation für das schwere .50 Browning Maschinengewehr ging in Produktion. Mit der MG-Variation wurde ein uralter Gedanke wiederaufgenommen, die hervorragenden ballistischen Leistungen der .50 Patrone zu verwenden, um sichere Schüsse auf Einzelobjekte – Fahrzeuge, schwere Waffen und Mannschaften – auf Entfernungen über 1 000 Meter zu verwirklichen.
Nach einem Versuchsstadium, in dem sich die Vorzüge der Verbindung von akkuratisierten M 14, dem ART und der M 118 Match Grade-Munition erwiesen hatte, wurde das M 21 zur Scharfschützenwaffe aller in Vietnam eingesetzten Heeresverbände. Auch die Navy, die für ihre triphibischen SEAL-Commandos eine geeignete Waffe suchte, übernahm dieses Gewehr. Vergleichsschießen mit dem M 40 der Marines bezeugten die Überlegenheit des M 21-Systems, obwohl es sich hier bei einem Vergleich zwischen dem für präziser eingestuften Repetier- und einem Gasdruckladesystem handelte.

»Beating Charlie at his own game« – Scharfschützen in Vietnam

Das konservative Konzept für den Scharfschützeneinsatz sieht nur die unterstützende Rolle dieser Waffe: Der Scharfschütze soll – oft im Verband mit den MG-Schützen der Kampfgruppe – Deckungsfeuer für die vorgehende Einheit liefern. Er soll seine optische Ausrüstung zur Zielselektion benützen und Schlüsselfiguren des Gegners ausschalten; nach Einbruch der Dunkelheit übernimmt der mit einer Nachtsichtoptik ausgerüstete Schütze besondere Sicherungsaufgaben im Perimeter der Einheit.
Ähnlich war auch der erste Ansatz in der Einsatzkonzeption für die Zielfernrohr-Gewehre bei Marine-Corps und Heer, aber sehr schnell zeigte sich, daß die besondere Ausbildung und Fähigkeiten in einer verbandsbegleitenden Rolle vergeudet waren. Nur selten kamen amerikanische Scharfschützen, die Infanteriepatrouillen begleiteten, zum wirksamen Einsatz gegen den Vietcong – lediglich als reaktives Element zur Abwehr feindlicher Heckenschützen oder zum Abschuß entfernt auftauchender Ziele, in dieser Form wurden die Möglichkeiten des Scharfschützen nicht einmal teilweise genutzt.
Neue Wege mußten gefunden werden, die herkömmlichen Streif-Patrouillen und »search and destroy«-Operationen waren zu schwerfällig und zu sehr auf das Feuervolumen des Gesamtverbandes und

seiner Luft- und Bodenunterstützung ausgerichtet, um der dem Scharfschützen eigenen Flexibilität und Eigeninitiative zu entsprechen.

Die Ausbildung für Scharfschützen lief bei US Marines und US Army unterschiedlich an. Die Marines begannen im zweiten Halbjahr 1965 mit einem gezielten Ausbildungsrhythmus auf Divisionsebene, zu dem jedes Regiment 50 Mann zu entsenden hatte, die sich bereits bei den herkömmlichen Schießqualifikationen hervorragend bewährt haben mußten. Der Schwerpunkt der Ausbildung lag bei der Zusammenarbeit von vier Mann in einem Team, die mit je zwei Gewehren für den Zielfernrohrgebrauch, je zwei Feldstechern und oft zusätzlich mit einem oder zwei Beobachtungsgläsern M 49 (20fache Vergrößerung) ausgerüstet waren. Die Rolle des eigentlichen Scharfschützen war vertauschbar innerhalb des Teams, wobei die jeweiligen Partner Beobachter- und Sicherungsfunktionen ausübten. Als »back-up« wurden in jedem Team zwei andere Gewehre, zuerst die üblichen M 14, dann ab 1967 die leichteren M 16 mitgeführt.

Die Vier-Mann-Teams entsprachen der geplanten Konzeption des Scharfschützeneinsatzes auf Kompanieebene, erwiesen sich aber sehr schnell als wenig praktikabel. Das herkömmliche Zweier-Team, auch aus den früheren Kriegen gebräuchlich, bewährte sich wieder. Zu einer der ersten Kampfhandlungen, bei denen sich Marine-Scharfschützen auszeichneten, kam es bei Operationen im Gebiet von Phu Bei am 23. November 1965. Ein Zweier-Team verzeichnete zwei getötete und einen verwundeten Vietcong, wobei es zu einer Schußentfernung von 1000 Metern kam.

Nach einer Serie von Versuchen mit dem ART, im Laufe des Jahres 1967, ging die 9. Heeresdivision (Infanterie) unter dem Kommando von General Julian J. Ewell gegen Ende des Jahres daran, ihr eigenes Scharfschützenprogramm zu entwickeln. Lehrkader stammten aus der bereits erwähnten AMU von Ft. Benning: Major Powell, acht Ausbildungsunteroffiziere und ein Waffenmeister, der sich in der Folgezeit um die Weiterentwicklung der Scharfschützenwaffen verdient machen sollte. Im Juni 1968 begannen die ersten Kurse mit einer Durchfallrate von rund 50 Prozent. Die Ausbildung dauerte 18 Tage und umfaßte so wesentliche Punkte wie Verhalten im Gelände, Ballistik, Tarnung u. a. mehr, schloß mit einem Testschießen ab, bei dem wenigstens 320 von 360 möglichen Punkten erreicht werden mußten. Ab Anfang 1969 wurden auch Versuche mit Schalldämpfern für das XM 21 durchgeführt. Ihr Einsatz eröffnete völlig neue Möglichkeiten und förderte das weitere Ansteigen der Abschußraten, da Vietcong oder NVA-Gruppen größerer Ordnung angegriffen werden konnten. Die Schalldämpfer sicherten das Schützenteam vor Entdeckung und ermöglichten »unerkanntes Eingreifen«. Schoß man bei einer Kolonne immer den letzten Mann ab, so konnte man oft genug mehrere Gegner ausschalten, bevor irgend jemand etwas merkte. Die Verbindung von Schalldämpfer und Restlichtaufheller führte zu einer völligen Veränderung des Einsatzturnus – mit dem Aufhellen der Nacht war eine neue Dimension erschlossen.

Man ging sehr schnell davon ab, den Einsatz der Teams an einen größeren Verband zu binden – ursprünglich waren die Scharfschützen der Bataillonsaufklärung untergeordnet und sollten mit bataillonsstarken Verbänden als zusätzliches Element der auffangenden Blöcke in den »search & destroy«-Aktionen agieren. Dann wurden die Teams bei den Kompanien eingesetzt, die im Dschungel in wochenlangen Wanderungen den Vietcong verunsichern sollten. Hier zeigte sich nun der wirkliche Wert und die Möglichkeiten der Scharfschützen. Als Sicherungselement im Kordon der Vorposten um eine Nachtstätte der Kompanie war das Sniper-Team vergeudet, ließ man aber diesen Männern »ihren eigenen Kopf« und erlaubte ihnen das Verlassen der näheren Umgebung, so wurden sofort Resultate sichtbar: Das Scharfschützenteam machte sich unter Hinzuziehung einer kleineren Sicherungsgruppe von vier bis acht Mann selbständig, bezog Lauerstellungen an Wegkreuzungen, auf Hügeln mit gutem Sicht- und Schußfeld oder kehrte zu Dörfern zurück, die von der Patrouille gerade durchstreift worden waren. Da die Nacht dem Vietcong gehörte, mußte daraus gefolgert werden, daß die Mehrzahl aller Bewegungen von Charlie nachts durchgeführt wurden, und die Statistiken bewiesen, daß die Stunden vor Mitternacht zur besten »Jagdzeit« gehörten. Eine feste Unterstellung der Teams auf Kompanieebene erwies sich als äußerst fragwürdig, da die Einheitskommandeure versuchten, sich die besonderen Geländekenntnisse der Scharfschützen als Streifenführer zugute kommen zu lassen. So wurden diese Spezialisten auf Bataillons- und Brigadeebene gehalten, waren dem S-3 Stabsoffizier für Feindaufklärung unterstellt und wurden an die Kompanien ausgeliehen, die gerade in einem erfolgversprechenden Gebiet operierten.

In der ersten Jahreshälfte 1969 wurden so (bis zum 24. 7.) 1245 Vietcong oder Angehörige der NVA »aus dem Verkehr« gezogen. Bei

dieser Statistik, die sich aus den bestätigten Abschüssen aller in Vietnam eingesetzten Heeresdivisionen ergibt, kamen 1,39 Schuß auf je einen getöteten Feind. Einige Scharfschützen erlangten durch ihre Erfolge eine besondere Berühmtheit, die auch dem Vietcong nicht entging. Feldwebel Waldron vom 3. Bataillon, 60. Inf.Rgt., 9. Division, der den Spitznamen »Daniel Boone« bekam, konnte in seiner fünfmonatigen Dienstzeit in Vietnam 113 bestätigte »Kills« und zehn weitere unbestätigte Abschüsse (bei denen nur Blutspuren gefunden wurden) verzeichnen. Die Armee verlieh ihm für außerordentliche Tapferkeit vor dem Feind das Distinguished Service Cross, zwei Silver Stars und eine Handvoll (5) Bronze Stars – der Vietcong setzte einen Preis auf seinen Kopf aus, was zur sofortigen Versetzung von Waldron führte.
Mit dem von den US Streitkräften benutzten Restlichtaufhellern AN/PVS-2 wurden Abschüsse auf Entfernungen bis zu 600 Meter registriert, mit der Kombination SLS/Schalldämpfer wurden mehrfach ganze VC-Kampfgruppen von fünf bis sieben Mitgliedern ausgeschaltet. Fakten, die für sich sprechen und Zweifel an den modernen Gefechtskonzepten von Feuervolumen versus Feuerqualität aufkommen lassen.

Der »flüsternde Tod«

Schallgedämpftes Schießen war nicht erst mit dem Vietnam-Krieg in den militärischen Anwendungsbereich eingedrungen; bereits die Windbüchsen der Tiroler Standschützen stellen einen Vorläufer jener Gewehre dar, die in Vietnam von den CIA-Killertrupps benutzt wurden. Bereits vor Ausbruch des Ersten Weltkrieges waren abnehmbare Schalldämpfer im Handel erhältlich, an ihrer Entwicklung war der auch durch andere waffentechnische Einführungen bekannte Hiram S. Maxim federführend beteiligt. Er meldete Patente für schalldämpfende Einrichtungen an der Mündung bereits in den Jahren 1908, 1910 und 1912 an. Seitdem hat sich am Grundprinzip des Schalldämpfers wenig verändert. Ein Rohr wird an der Mündung mit dem Waffenlauf verbunden (zumeist verschraubt), durch dieses Rohr muß das Projektil passieren, während die ausströmenden Gase in seitliche Kammern abgeleitet werden. Bei effektiver, entsprechend großer Konstruktion kann so der Mündungsknall gedämpft und der Mündungsblitz unterbunden werden.

Während des Ersten Weltkrieges waren auf beiden Frontseiten Vorrichtungen dieser Art zumindest versuchsweise im Truppengebrauch. J. David Truby, dessen Buch »Silencers, Snipers & Assassins« zur klassischen Lektüre über den Gebrauch aller Arten von schalldämpfenden Vorrichtungen gehört, berichtet über den Einsatz dieser ersten Modelle im Ersten Weltkrieg:
». . . ausgewählte Armee-Scharfschützen (US) erhielten das mit dem Moore-Schalldämpfer ausgerüstete Modell der 1903 Springfield, um es gegen feindliche Offiziere und hochgestellte Frontbesucher einzusetzen. Der Vorteil war offensichtlich. Der Scharfschütze wurde durch den Lärm seiner Waffe nicht verraten. Zusätzlich war die moralische Wirkung des ›flüsternden Todes‹, wie es ein deutscher Offizier taufte, bedeutend . . .« Auch die englischen Scharfschützen experimentierten mit den von Moore oder Maxim hergestellten Geräten.
Im Zweiten Weltkrieg kam die Idee der schallgedämpften Waffen erneut auf – jedoch weniger im Hinblick auf die Verwendung durch Scharfschützen, als für Kommandos, Geheimdienstagenten oder zur Bekämpfung von Vorposten. Eine Vielzahl verschiedenster Pistolen und Maschinenpistolen wurde mit Schalldämpfern ausgerüstet und haben sich mehr oder weniger im praktischen Einsatz bewährt. Die Verwendung von schallgedämpften Scharfschützen-Gewehren erfuhr einen Dornröschenschlaf, bis die russischen Militärs diese Idee mit besonderer Blickrichtung auf die Partisanenkriegführung aufgriffen. Der Erfolg mußte durchschlagend gewesen sein, denn die ersten derart ausgerüsteten erbeuteten Moisin-Nagant-Gewehre gingen sofort per Kurier nach Berlin, wo sich deutsche Waffenspezialisten anschickten, diese Schalldämpfer zu kopieren und für den Karabiner 98 k verwendbar zu machen. Das russische Beutegerät war ca. 24 cm lang und hatte einen Durchmesser von 2,5 cm. Die Gase wurden durch zwei oder mehr Gummischeiben abgefangen, die sich natürlich mit zunehmender Schußfolge aufbrauchten. Die Waffen wurden nur in Zusammenhang mit einer Spezialpatrone benutzt, deren Pulverladung weit unter der der Normalpatrone 7,62 mm lag. Im Prinzip war nichts Neues an diesem russischen Gerät. Seit Einführung der ersten Gewehrschalldämpfer war die Unzulänglichkeit dieser Geräte erwiesen. Die hochrasanten Gewehrpatronen erzeugten nicht nur einen Mündungsknall, sondern ihre weit über der Schallgeschwindigkeit fliegenden Geschosse lieferten den ihnen eigenen Geschoßknall. Dieser physikalische Vorgang einfachster Art ließ sich nur

umgehen, wenn man eine Patrone mit einer Mündungsgeschwindigkeit unter der Schallgrenze benutzte, die dann aber nicht mehr die weitreichenden ballistischen Eigenschaften der üblichen Gewehrpatrone aufweisen konnte.
Dieser Umstand verhinderte eine Weiterentwicklung der Gewehr-Schalldämpfer und führte dazu, daß man sich von seiten der Militärs und Geheimdienste fortan auf die ursprünglichen Waffen für den Nahbereich besann. Auch die russische und die später aus ihr entwickelte deutsche »Nahpatrone« waren lediglich bis auf 100 Meter treffergenau.
Schallgedämpfte Waffen waren hauptsächlich im Bereich der Kommandounternehmungen angesiedelt. Auf deutscher Seite wurden Pistolen dieser Art von den Männern Skorzenys benutzt. Ein Photo der Fallschirmjäger, die unter Skorzenys Führung Benito Mussolini befreiten, weist einen Schützen auf, der mit einem Karabiner 98 k ausgerüstet war, auf dessen Mündung ein solcher Schalldämpfer sitzt. Ähnliche Gewehre wurden von Waffen SS-Scharfschützen an der Ostfront eingesetzt und dienten dort unter anderem auch zur Partisanenbekämpfung. Hier sei auch noch einmal die Division der »Brandenburger« erwähnt, sowie andere Spezialisten der Abwehr, welche schallgedämpfte Zielfernrohrgewehre bei den verschiedensten Aufgaben, vornehmlich bei Operationen hinter den feindlichen Linien, verwendeten. Bei mehr als einem Unternehmen, das die Brandenburger oder Spionagetrupps der Abwehr hinter die russischen Linien führte, kamen so mit Schalldämpfern ausgerüstete 98 k zur Geltung und dienten zur »Ausschaltung« von Posten, hochgestellten Offizieren und Bedienungspersonal von schwerem Gerät.
Nach Ende des Zweiten Weltkrieges nahm auch das allgemeine Interesse an diesen Kampfmitteln ab. Amerikanische Waffenexperten testeten die vielen Versuchsmodelle deutscher Herkunft, die den Alliierten als Beute in die Hände fielen. Mit dem Ausbruch des Koreakrieges wurden die Erfahrungen bei der Neuentwicklung schallgedämpfter Pistolen und Gewehre weiterverwertet. Die zeitliche Begrenzung der Kampfhandlungen in Korea aber sorgte dafür, daß nur wenige dieser Modelle über das Versuchsstadium hinaus kamen und tatsächlich zum Einsatz gelangten. Hinzu kam der anrüchige Charakter dieser Art von Waffen, der mehr als alles andere wohl dazu führte, daß sich nur wenige »Verrückte« mit deren Entwicklung beschäftigten, während Vorgesetzte ein Auge zudrückten. Kaum

eine amerikanische oder europäische Dienststelle gibt offen die Entwicklung oder Verwendung von schallgedämpften Waffen zu. Offensichtlich herrschen hier »moralische« Bedenken oder Komplexe, die desto absurder erscheinen, je mehr man sich mit den anderen konventionellen Massenvernichtungsmitteln, bis hin zur Neutronenbombe, auch ganz offiziell auseinandersetzt.

Mit dem Anstieg der amerikanischen Verwicklungen in Indochina wurden auch diese Kampfmittel wieder aus den sonst verschlossenen »Giftschränken« (»dirty-tricks-bag«) geholt. Sowohl Forschungsstätten, die direkt den amerikanischen Nachrichten- oder Heeresdienststellen unterstanden, wie auch angebliche Privatfirmen, die oft genug nur von CIA-Aufträgen lebten, wurden für die Weiterentwicklung von schallgedämpften Gewehren eingespannt. Im Rahmen der kommandoartigen Unternehmungen der Special Forces, der SEAL und Long Range Penetration Patrols kamen verstärkt Zielfernrohrgewehre zur Anwendung, die mit Schalldämpfern ausgerüstet waren. Unter anderem wurde eine Reihe von .22 l.r. Waffen getestet, die sich auf kurze Distanzen hervorragend bewährten, da der ohnehin geschwächte Knall der Kleinkaliberpatrone fast völlig absorbiert werden konnte. Oft wurden handelsübliche Gewehre, wie das Remington Nylon 66 oder Rugers 10/22 Karabiner, in Werkstätten umgerüstet.

Mit dem Einsatz »mehr regulärer« US Verbände wurden dann auch Schalldämpfer für die Standardgewehre M 14 und M 16 und für das M 40-Scharfschützenmodell der Marines erprobt. Diese Modelle, wobei sich bei der Verwendung die von den staatlichen Arsenalen und die von den privaten Firmen (z. B. Sionics oder Military Armament Corp.) erstellten Typen die Waage hielten, gelangten bis zur Serienreife.

Eine absolute Schalldämpfung wurde nicht erreicht, aber diese »Sound Suppressors« hatten die Eigenschaft, den Mündungsknall der Gewehrpatronen so zu verändern, daß es dem Feind unmöglich war, den Scharfschützen zu orten. Gleichzeitig verhinderten sie auch das verräterische Mündungsfeuer, das bei den in Verbindung mit Restlichtaufhellern oder IR-Optiken durchgeführten Nachtoperationen zum Verhängnis werden konnte.

An dieser Stelle sollte noch einmal mit den durch 007-Filme und -Romane aufgekommenen Vorstellungen aufgeräumt werden, die sich in bezug auf Schalldämpfer entwickeln konnten: Kaum ein Schalldämpfer kann das gesamte Ausmaß der Verschluß- und

Schußgeräusche einer Waffe völlig verhindern. Selbst bei den meisten .22 Waffen dieser Art entsteht immer noch ein vernehmbarer Knall. Das romanübliche »Pff-t!« ist als Ammenmärchen zu betrachten. Der Verfasser hat eine Vielzahl von schallgedämpften Pistolen und anderen Waffen getestet und bei keiner der verschiedenen Konstruktionen hat es »gepf...t«, sondern zumeist nicht unerheblich geknallt. Jedoch war immer das typische Schußgeräusch verändert. Die Intensität des Lärms war zu einem großen Teil herabgesetzt, zumeist wurde dadurch das Verschlußgeräusch (bei MPs z. B.) deutlich vernehmbar. Oft genug konnte man in einem Nebenzimmer schon nichts mehr vernehmen. Ein Schalldämpfer kann das Aufsehen vermeiden, das herkömmlicher Schußwaffengebrauch verursachen würde, er kann aber den eigentlichen Lärm nicht völlig unterdrücken. Bei Waffen der Kleinkalibergruppe ist der größtmögliche Dämpfungsgrad erreicht, jedoch sind diese Modelle aufgrund der der .22 Patrone eigenen geringen Leistungen nur begrenzt einsatzfähig. Bei den verschiedenen 9-mm-Pistolen oder MPs, die zumeist mit »abgebrochenen« Ladungen geschossen werden müssen, besteht ein vernehmbarer Lärm, der aber zumeist dem eigentlichen Verschlußgeräusch an Intensität gleichgesetzt ist.

Augen in der Nacht – Nachtzieloptiken

Bereits im Ersten Weltkrieg hatte sich die Notwendigkeit ergeben, Scharfschützen auch nachts einzusetzen. Sehr oft konnten erst bei einbrechender Dämmerung, in mondhellen Nächten oder in den Stunden vor Sonnenaufgang Ziele in großer Zahl erfaßt werden. Zum einen gab es da immer die Unvorsichtigen, die meinten, daß sie bei schlechten Sichtverhältnissen vor den Augen der tagsüber lauernden Scharfschützen sicher seien, zum andern aber verließen nachts die Aufklärungstrupps und Patrouillen die eigenen Gräben und streiften durch das Niemandsland.
Zielfernrohre boten hier allgemein Abhilfe. Wo das bloße Auge bei Dämmerung schon keine Einzelheiten erkennen konnte, war mit dem Glas – wenn es nur von ausreichender Qualität war – eine Zielerfassung und Unterscheidung noch möglich.
Auf deutscher Seite wurde auch mit Beginn des Grabenkrieges aufsetzbare Hilfsvisierungen mit Leuchtkörner ausgegeben, um den Grabenposten bessere Zielmöglichkeiten bei Nacht zu geben. 1917

produzierte die Firma Carl Zeiss, Jena, eine Optik, die einfach auf das Kurvenvisier des Gewehres 98 aufgesetzt wurde. Das Korn erhielt einen zweiten Aufsatz mit einer leuchtenden Dreiecksmarkierung. In der zielfernrohrartigen Optik war kein Absehen enthalten, der Schütze erfaßte nur das Ziel durch die Optik, wobei das Dreieck in der unteren Hälfte der bifocalen Linse erschien. Das Dreieck als Hilfskorn benützend, schoß der Schütze ohne dabei das linke Auge zu schließen. In Dämmerungsverhältnissen oder in sehr klaren Mondnächten war ein treffsicheres Schießen mit dieser Nachtoptik durchaus möglich, wobei die Entfernungen ohnehin unterhalb des Einhundert-Meter-Bereiches gelegen haben.

Während des Zweiten Weltkrieges produzierten die Amerikaner die ersten Nachtsichtgeräte, die wirksam infanteristisch eingesetzt werden konnten.

Im September 1944 fand das sogenannte T 3 Sniperscope Eingang in den Waffenkatalog der Heeresverbände. Das von der Truppe als Wortspiel oft bezeichnete »Snooperscope« (Schnüfflerglas) war mit dem Karabiner .30 M 1 oder M 2 kombiniert worden. Es bestand aus einem Infrarot-Projektor, der unterhalb des Vorderschaftes angebracht war, einem auf die Waffe aufgesetzten Spezialfernrohr T 120 und einem Batteriepack, der auf dem Rücken des Schützen getragen wurde. Der Projektor sandte infrarote Strahlen aus, die für das menschliche Auge unsichtbar bleiben. Die von dem scheinwerferähnlichen Strahler ausgesandten Strahlen werden von den angestrahlten Objekten reflektiert. Mit dem T 120-Glas, das eine Art Lichtumwandler enthielt, konnten diese IR-Strahlen für das menschliche Auge in ein etwas grünliches Abbild umgewandelt werden.

Linke Seite:

Korea, Juli 1954. Scharfschützen des 34. Infanterieregiments erhalten eine Einweisung für das M 2 mit Snooperscope. (US Army Photo).

Das Sniperscope war das erste praktisch anwendbare Nachtsicht und -zielgerät, das eine eigene Lichtquelle benutzte, um die Wärmeausstrahlung des Menschen auszunutzen. Es erlaubte eine Zielerfassung bis einhundert Meter und war unabhängig von Restlichtverhältnissen. Auf deutscher Seite gelang es erst wenige Monate vor Kriegsende eine ähnliche Optik zu erstellen. Das Zielgerät Vampir sollte Infitranten in der Frontlinie aufspüren und in Kombination mit der MP 43 oder dem STGW 44 vernichten. Es kam zu spät, um noch praktische Anwendung über das Versuchsstadium hinaus zu erleben. Wie bei anderen technischen Entwicklungen, so wurden auch die Versuche deutscher Fachleute auf dem Infrarotsektor bei Kriegsende von den Alliierten »gekapert«, denn während der infanteristische Gebrauch nur eine Art Abfallprodukt war, machte die In-

Britischer Scharfschütze mit dem Rank-SS-20-Restlichtaufheller auf dem Lee Enfield L 42 A1, der 7.62 mm-Nato-Version des No. 4 Mark I.

Französischer Scharfschütze mit MAS 35, IR-Optik, umgehängtem Batteriesatz und Schalldämpfer (z. Zeit des Algerienaufstandes).

frarot-Technik auf dem Gebiet der Luftfahrt und Luftphotographie große Fortschritte und blieb über Jahrzehnte hinaus der Zentralpunkt der Aufmerksamkeit.
Erst mit der zweiten Phase des Koreakrieges, als sich die amerikanischen und alliierten Verbände entlang des 38. Breitengrades wieder festgesetzt hatten, tauchte das Sniperscope wieder aus der Versenkung auf. Ähnlich wie im Ersten Weltkrieg war hier eine Art Stellungskampf entstanden, in dem Gräben, Streifpatrouillen und Überfälle eine größere Rolle spielten als Panzer und Feuerkraft. Die Erfahrungen in Korea und die Problematik des Guerillakrieges sorgten dafür, daß auch nach Abflauen der Kämpfe in Asien die Entwicklung der Infrarot-Zieloptiken fortschritt. Mit dem amerikanischen Eintritt in Vietnam kamen wieder derartige Geräte in den Einsatz und wurden auf M 14-Gewehre montiert. Die neue Generation der IR-Zielgeräte kennzeichnete sich durch stärkere Leistung, eine klarere Gefechtsfeldaufhellung und einer Verminderung des Eigengewichtes.
Das Hauptproblem der Infrarot-Geräte aber bleibt bis heute bestehen: Jeder Gegner, der ein IR-Gerät besitzt, kann sofort die Lichtquelle des anderen IR-Schützen aufspüren. Die taktische Einsatzmöglichkeiten sind also durch die Gefahr der frühzeitigen Erkennung extrem begrenzt, eine passive Form der Nachtsicht wurde gesucht. In der ersten Hälfte der sechziger Jahre wurde der entwicklungstechnische Grundstein für die passiven Nachtsichtoptiken gelegt. Das Starlight Scope, SLS abgekürzt, erreichte 1966 die technische Vollendung, die eine Feldverwendung zuließ. Im Zentrum dieser sogenannten Restlichtaufheller war eine batteriebetriebene Kernzelle, in deren Vakuum Elektronen mit 15 000 Volt bestückt wurden. Das durch die mit Glasfiberstäben versehene Optik eingefangene Restlicht (Mond, Sterne, reflektierende Wolkenbänke) wurde so vierzigtausendfach verstärkt und erschien dem Betrachter als ein grünlich-gelbes Bild. Das SLS brauchte eine geringe Menge an Restlicht, war daher in stockdunklen Nächten inoperabel. Es war außerdem sehr empfindlich gegen starken Lichteinfall. Scheinwerfer oder Lampen hinterließen in der Optik nur langsam verschwindende Blendpunkte oder -streifen. Die SLS-Optiken haben seit den sechziger Jahren die IR-Geräte verdrängt, obwohl in den verschiedenen Ländern und Paktsystemen oft noch beide Systeme nebeneinander gebraucht werden. Die Vorteile der passiven Restlichtaufheller scheinen zu überwiegen. Im Schnitt wiegen die verschiedenen Mo-

Mauser 66 SP mit Restlichtaufheller Hyper Miniscope Mod. 9823.

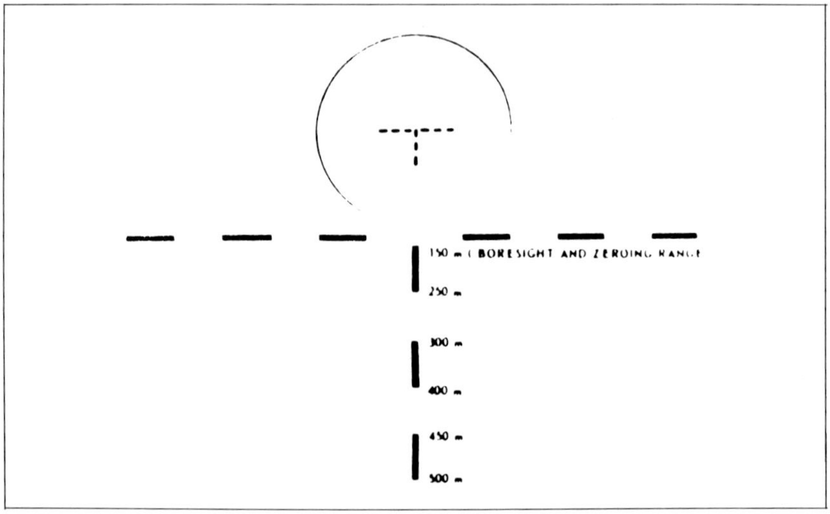

Absehen des Starlightscope mit Entfernungseinstellung. In Vietnam wurden „Kills" mit dem SLS bis auf 400 Meter erzielt.

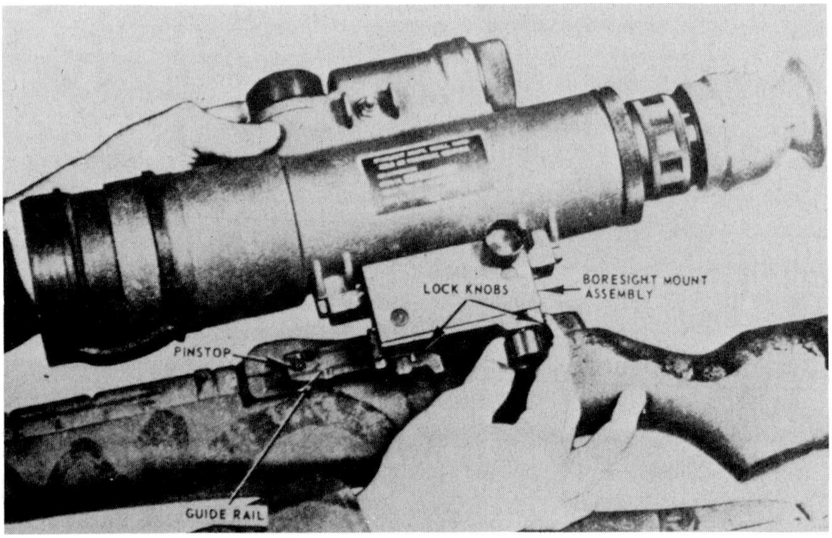

Aus der Dienstanweisung TC 23-14: Aufsetzen des SLS AN-PVS 2.

delle für den Gewehrgebrauch zwischen 2,5 bis 3 kg und haben einen praktischen Anwendungsbereich bis 500–600 Meter. Die ursprüngliche Empfindlichkeit gegenüber Transportschäden und Gegenlicht ist auf ein Minimum reduziert worden. In der taktischen Anwendung sind SLS-Modelle auf Gewehren und Maschinenwaffen der verschiedensten Arten zum Einsatz gekommen und haben sich bewährt, was nicht zuletzt an den jeweiligen »Abschußlisten« zu erkennen ist. Im Bereich der Terrorismus- und Infiltrantenbekämpfung sind Restlichtaufheller nicht mehr wegzudenken.

Das »U.S. Army Sniper Training Manual – TC23-14«

Nach Baker und Gumtau soll noch das amerikanische Handbuch für die Ausbildung und den Einsatz von Scharfschützen vorgestellt werden. Der technische Teil des Buches behandelt Gebrauch und Handhabung des M 21, des ART und der anderen Ausrüstungsteile für Scharfschützen. Gelände- und Kartenkunde werden entsprechend der allgemeinen Ausbildungsvorschriften für die US Army erklärt. Dieser Teil unterscheidet sich kaum von den Anweisungen für die normale Infanterie.

Lediglich im Bereich der Schießpositionen, der taktischen Einzelheiten und der Ausführungen zum Scharfschützen/Beobachter-Team ist der Schwerpunkt auf die Einzelkämpferrolle gesetzt. Am interessantesten aber ist das Einführungskapitel, welches kurz die militärische Geschichte des Scharfschützen schildert und – wahrscheinlich zur Motivierung – einige Grundsätze und Kernziele der nachfolgenden Ausbildungskapitel zusammenfaßt. TC 23-14 erschien im Oktober 1969, und fast vermutet man, daß der Schreiber dieses ersten Kapitels angewandte Psychologie betrieben hat, um dem Widerstand höherer Offiziere gegen die Einführung besonderer Scharfschützen-Abteilungen zu begegnen. Er wußte offenbar, daß die hohen Herren kaum die Zeit und Muße finden würden, um sich mit dem gesamten Handbuch auseinanderzusetzen, daß aber eine hohe Wahrscheinlichkeit besteht, daß wenigstens das erste, einleitende Kapitel gelesen würde. Und so reibt er ihnen einige schwerwiegende Fehler der Vergangenheit unter die Nase.

Nach einem kurzen historischen Rückblick auf Oberst Berdan und die britischen Schützen von Major Hesketh-Pritchard wird festge-

stellt »nach dem Kriege (I.WK) wurde ›Sniping‹ * zu einer verlorenen Kunst. Sniping-Schulen wurden geschlossen. Die einzige Nation, von der bekannt war, daß sie den Scharfschützen-Techniken zwischen dem Ersten und Zweiten Weltkrieg Beachtung schenkte, war Sowjet-Rußland. Um 1930 begann Rußland mit der Ausbildung und Ausrüstung von Scharfschützen, und bei Ausbruch des Zweiten Weltkrieges waren Scharfschützentaktiken sorgfältig in die taktische Allgemeindoktrin integriert – in einem solchen Ausmaß, daß ihre Scharfschützen wie eine gut geübte Fußballmannschaft operieren konnten; jeder Mann wußte, wohin er sich zu bewegen und was er in jedem Spiel zu tun hatte.
Eine Lektion des Ersten Weltkrieges wurde von der Armee der Vereinigten Staaten mit der Authorisierung für ein Scharfschützengewehr – das M 1903 Springfield mit Zielfernrohr – pro Kampfgruppe erkannt. Es war aber nur wenig oder keine theoretische Doktrin vorhanden und die Ausbildung betonte Schießen mit wenig Beachtung der Anforderungen an andere Fähigkeiten. Das Fehlen einer organisierten Bemühung war ein Grund für die begrenzte Schwerpunktlage des Scharfschützen-Einsatzes als taktisches Manöverelement.«
Der unbekannte Autor fährt fort, indem er kurz den Einsatz der amerikanischen Scharfschützen im Zweiten Weltkrieg erwähnt, aber einschränkt, daß »die Ergebnisse und Auswirkungen sich von Kommandeur zu Kommandeur und Einheit unterschieden. Eine spezifische Lektion in dem Einsatz von Scharfschützen zeigte auf, daß der Scharfschütze eine ›Waffe nach Möglichkeit‹ (je besser die Möglichkeiten, desto besser der Scharfschütze, Anm. d. A.), und daß ein einfacher Gewehrschütze nicht irgendwie die Aufgabe eines Scharfschützen übertragen bekommen kann. ›Jeder gute Schütze ist nicht gleich ein Scharfschütze, aber jeder Scharfschütze ist ein guter Schütze.‹ Die Doktrin und Taktik des Scharfschützeneinsatzes, da es an Ausbildungsschriften mangelt, kann nicht einfach dem Gutdünken des jeweiligen Kommandeurs überlassen werden; tatsächlich müssen Offiziere aller Ebenen der Möglichkeiten von Scharfschützen bewußt werden.«
Mit Akribie werden die Lehren des koreanischen Konflikts aufgezeigt, die schließlich dazu führten, daß eine Scharfschützenschule während der Jahre 1955–1956 entstehen konnte. Unter Verweis auf die mit der Einführung des M 14-Gewehres gleichzeitig wegfallende

* da es in der deutschen Sprache kein entsprechender Verb gibt, wird hier der Ausdruck »sniping« direkt übernommen.

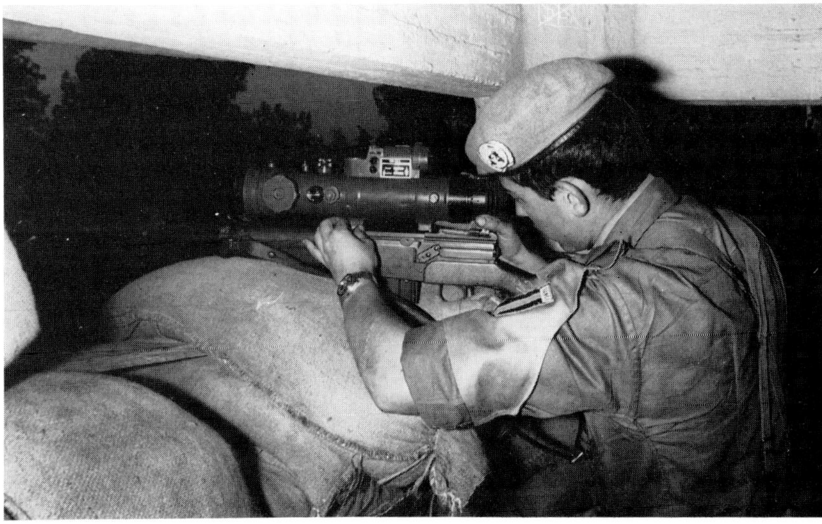

Französischer Soldat der UNIFIL-Truppe im Südlibanon, mit SLS auf dem Halbautomatischen MAS 49/56, Kaliber 7.5 mm. (Franz. Armee, Photogr. Abt.).

Einrichtung eines Scharfschützen pro Gruppe, bemerkt der Autor zur Scharfschützenschule von Camp Perry am Erie-See:
»Dieses Programm war kurzlebig aufgrund des fehlenden Verständnisses und fehlender Wertschätzung des Scharfschützen innerhalb der ganzen US Armee. Die bestehende militärische Meinung sah einen zukünftigen Konflikt nur als nuklear voraus, dessen Sieg oder Niederlage in Stunden entschieden wurde.« Mit Hinweis auf den Vietnam-Krieg und der dadurch hervorgerufenen Wiederbelebung

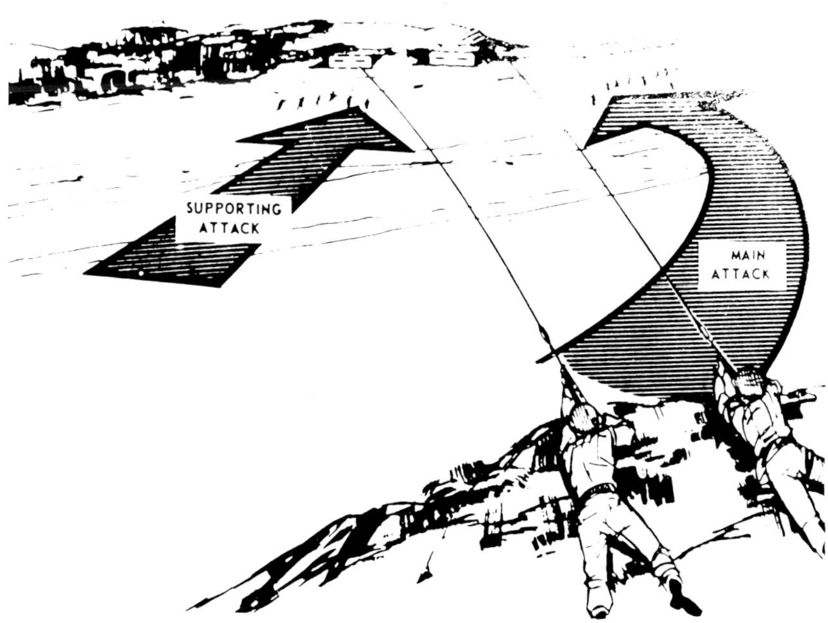

Aus dem TC 26/14. Einsatz von Scharfschützen zur Unterstützung von Angriffen größerer Verbände.

Der Scharfschütze als »Counter-Sniper« in einer Aufruhr- oder Bürgerkriegssituation bei der Unterstützung von Polizeimaßnahmen.

der Scharfschützen-Programme geht der Text des Handbuches jetzt auf die allgemeine Beschreibung des richtigen Einsatzes über. Die im vorherigen so oft erwähnte »Doktrin« wird hier ansatzweise entwickelt: »Der Wert des Scharfschützen-Spezialisten geht in viele Richtungen, weit über die primäre Aufgabe des Schießens hinaus, und es ist die Aufgabe des Kommandeurs, sie wirksam einzusetzen. Die Kunst des Sniping ist nicht zu schwer zu erlernen. Aber es muß gelehrt und gelernt werden; eine annähernde Perfektion muß erreicht sein, bevor der Scharfschütze seine Operation beginnt. Es gibt nur zwei Arten von Scharfschützen: Die SCHNELLEN und die TOTEN.«

Zum Thema Aufgabe (Mission) wird ausgeführt:

»a) Die primäre Mission des Scharfschützen im Kampf ist die Unterstützung der Gefechtsoperation durch die Abgabe von präzisem Gewehrfeuer gegen ausgewählte Ziele aus einer verdeckten Position heraus. Dies geschieht durch das Töten feindlichen Schlüssel-Personals und die dadurch erreichte Schwächung des feindlichen Widerstandes und seiner Moral.

b) Der Scharfschütze ist ebenso eine Informationsquelle für den Kommandeur.

c) Ein Scharfschütze, der gut ausgebildet wurde, verbunden mit der Genauigkeit seines Gewehres und der Muntion, etabliert sich selbst fest als eine der vielseitigen Unterstützungswaffen, die dem Infanteriekommandeur zur Verfügung stehen. Die Bedeutung eines

Scharfschützen kann nicht durch die Zahl der Verluste gemessen werden, die er dem Feind zufügt. Die Erkenntnis, daß ein Scharfschütze präsent ist, ruft Angst in den feindlichen Truppen hervor und beeinflußt deren Entscheidungen und Aktionen . . .«
TC 23-14 geht weiter auf die Auswahl von Anwärtern ein, auf ihre psychischen und physischen Voraussetzungen, auf die Integration von Scharfschützen-Trupps auf Bataillons- und Brigadeebene und auf die Schwerpunkte der Ausbildung. Zusammenfassend kann gesagt werden, daß diese amerikanische Schrift, die in ihren wesentlichen Elementen sich mit den Ausbildungsvorschriften in anderen Armeen deckt, so gut ist, wie irgendeine Ausbildungsvorschrift nur sein kann. Nur, auch sie wurde von zu wenigen »hohen Tieren« gelesen, einige der Grundsätze sollten als breites Spruchband in die Amtsstube jedes Infanteriekommandeurs gehängt werden.

Scharfschützen im polizeilichen Bereich – die Entwicklung der Präzisionsschützenidee

Niemand konnte später genau erklären warum er auf den Turm der Universität von Dallas geklettert war. Eine Ärztekommission hatte bei der Autopsie einen Tumor an seinem Gehirn festgestellt und eine entsprechende Theorie veröffentlicht, aber auch das ließ viele Fragen um den jugendlichen Heckenschützen ungeklärt. Er hatte sich ganz einfach in einem hochgelegenen Raum verbarrikadiert und mit einem Zielfernrohrgewehr auf die Menschen unter ihm geschossen. Innerhalb weniger Minuten hatte sich das sonnenbeschienene Universitätsgelände zum Abbild einer Dante – Hölle entwickelt. Sieben Menschen lagen blutend und schreiend auf Parkwegen und Rasenflächen, andere suchten verzweifelt Deckung hinter Fahrzeugen, Bäumen und Sitzbänken. Eintreffende Polizeifahrzeuge kamen sofort unter Feuer, Verwundete konnten nicht geborgen werden, da der Mann im Turm auf jede Bewegung hin schoß. Erst sehr viel später gelang es einigen todesmutigen Beamten, das Versteck des Heckenschützen zu finden, die Tür aufzubrechen und ihn zu erschießen. Er hatte sich bis zuletzt mit einem .38 Revolver zu Wehr setzen wollen . . .
Wenige Jahre später wurde Dallas wieder zum Spiegelbild amerikanischer Gewalt, als ein bis dahin unbekannter ehemaliger Marineinfanterist den amtierenden Präsidenten der Vereinigten Staaten

Die Scharfschützenversion von Heckler & Koch G 3 SG/1, Kaliber 7.62x51 mm NATO, mit variablem Zeiss-ZF 1,5–6-fach (Entfernungseinstellung bis 600 m). Im Vergleich zum Standard-G 3 besitzt das SG/1 Abzug mit Stecher, Schaftbacke und veränderten Vorderschaft mit integriertem Zweibein.

Modern

Das HK 33 SG/1 ist die verkleinerte Version des G 3, für das Kaliber 5.56x45 mm (.233). Es ist (ohne ZF) mit 4.08 kg rund 460 Gramm leichter als das G 3. Die Waffe hier mit Transportkoffer mit Zubehör.

Das französische SSG, Modell FR 1, Kaliber 7.5 mm. Gewicht der Waffe: 5.5 kg, Zehn-Schuß-Magazin, Repetiersystem nach Mauser-Art. Eingeführt im März 1965 ist die Waffe mit Mündungsfeuerdämpfer, integriertem Zweibein und mit dem ZF Modell 1953, Vergrößerung 3,85-fach, ausgerüstet. Das Repetiersystem entstand aus einer Weiterentwicklung des im MAS M 1936 verwendeten Verschlusses.
(Photo E.C.P. Armees, France).

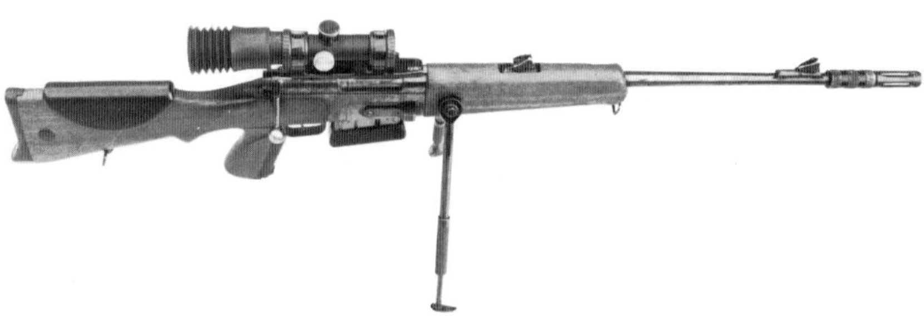

Scharfschützenwaffen

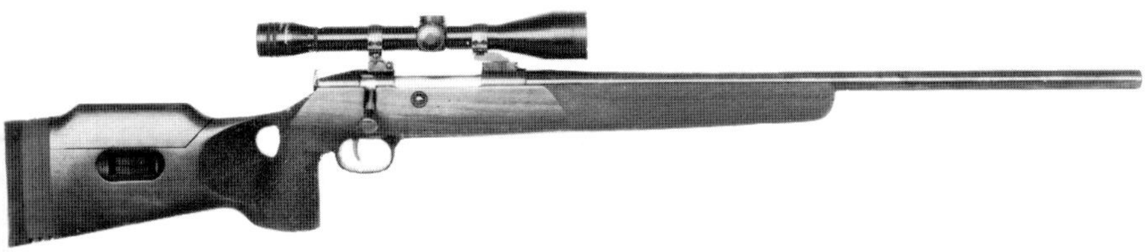

Das fünfschüssige Scharfschützengewehr der Fa. Walther/Ulm, mit Lochschaft und verstellbarer Schaftbacke entstand aus dem Wettkampfgewehr für das jagdliche Sportschießen. Kaliber .308 (7.62 mm Nato).

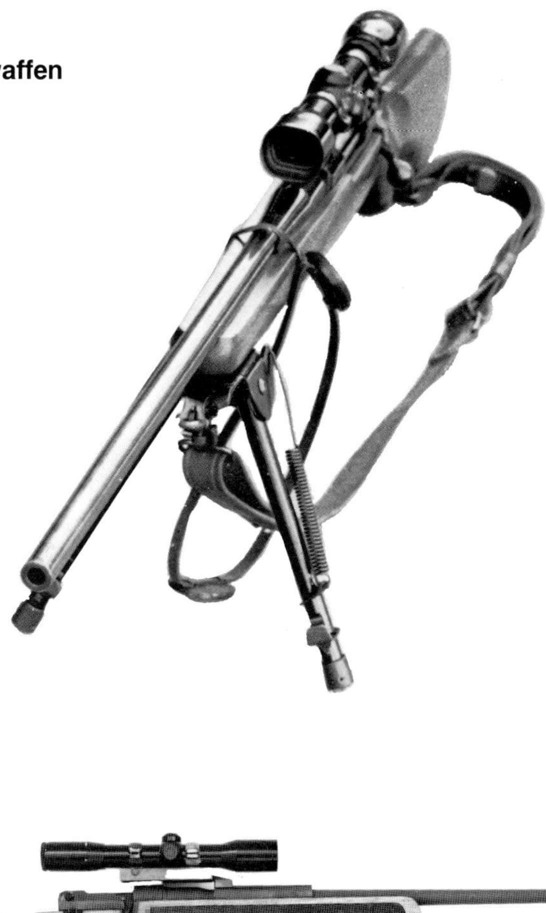

Ruger M 77 mit Mauserverschluß, variablem Redfield 3–9x Widefield ist in einer Vielzahl von Kalibern erhältlich und wird von einigen amerik. Polizeieinheiten als Counter-Sniper-Waffe benutzt. Besondere Beachtung verdient das abnehmbare Harris Zweibein, das sich international für Scharfschützenwaffen immer mehr durchsetzt.

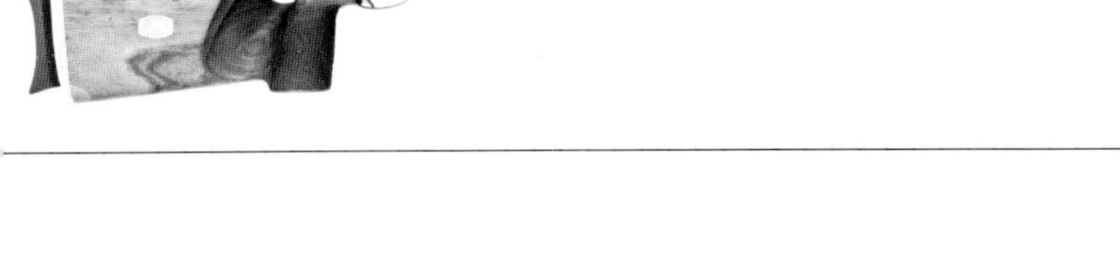

Mausers Modell 66 SP mit variablem Zeiss Diavari ZA (1,5–6-fach). Dieses Präzisionsgewehr entstand entsprechend der Forderungen nach einer extrem genau schießenden Waffe, die auch für den Polizeibereich Verwendung finden kann. Sie ist u. a. bei der Spezialeinheit des Bundesgrenzschutzes, GSG 9, eingeführt. Fünfschüssig im Kaliber 7.62x51 mm beträgt das Gesamtwaffengewicht mit ZF 6,2 kg, mit SLS 7,3 kg. Schulterstütze und Schaftbacke können auf die individuellen Körpermaße des Schützen verstellt werden. Abzugsweg und -gewicht sind variabel.

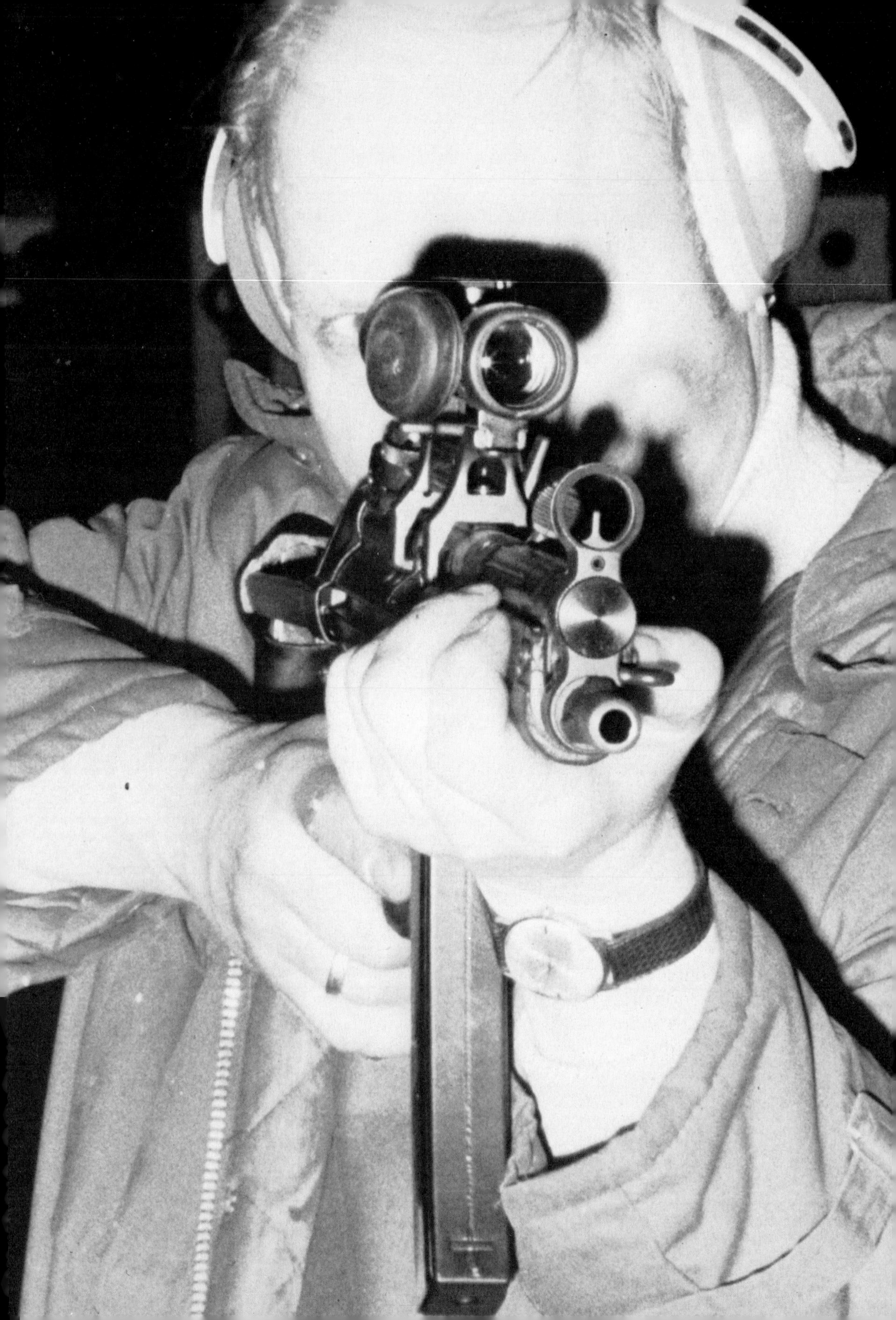

erschoß – oder besser: erschossen haben soll, denn weder Lee Harvey Oswald, der zu seiner Militärzeit ein lausiger Schütze war, noch die Tatwaffe, ein 6,5-mm-Carcano-Karabiner, lassen die offizielle Beschreibung des Tatherganges als logisch oder wahrscheinlich gelten. Es ist hier nicht der Platz, um die zahlreichen Argumente um die Ermordung J. F. Kennedys wieder aufzuwärmen, aber nur soviel sei gesagt: Weder den Scharfschützen des FBI, noch einer ausgesuchten Spezialistengruppe des N.R.A. war es möglich, drei gezielte Schüsse innerhalb von 1,8 Sekunden mit einem Carcano ins Ziel zu bringen! In diesem Zeitraum aber soll Oswald Präsident Kennedy und Gouverneur Connaliy, die sich in einem fahrenden Konvoi in über hundert Meter Entfernung befanden, getroffen haben. Nicht nur, daß der Mannlicher Carcano-Karabiner als eine Waffe verrufen war, mit der man auch in Kriegszeiten kaum einen Gegner treffen konnte und überhaupt keine Scharfschützenwaffe war . . . aber die FBI- und N.R.A.-Eliteschützen brauchten unter den besten Umständen mehr als viereinhalb Sekunden, um auf ein stationäres Ziel zu schießen!

Linke Seite:

Polizeilicher Präzisionsschütze, Deutschland 1979.

Während die Tatmotive bei den vorhergehenden Beispielen im Dunkeln blieben, ist die Ursache des folgenden Ereignisses, bei dem Namen und Ortsangaben mit Rücksicht auf lebende Personen verändert wurden, offensichtlich.

. . . er hatte den Hügel am späten Nachmittag erreicht und grub sich ein. Mit hastigen Bewegungen vertiefte er die Schützenmulde und bereitete sich auf den Angriff vor, von dem er wußte, daß er kommen würde. Während im Dickicht Vögel sangen und Grillen zirpten, legte er Magazine bereit, steckte ein Bajonett griffbereit neben sich in den Boden und lud das M 16-Sturmgewehr durch. Mit Vorsicht schob er die Waffe vor sich auf den aufgehäuften Sand, den er mit Grasschollen getarnt hatte. Nur wenig war von dem Dschungelhut und seinen Augen über der Deckung zu sehen. Das Schußfeld war gut, Seitensicherung war gegeben, seine Stellung ausgesucht. Wenige Minuten verstrichen bis er die ersten Umrisse des allgegenwärtigen Feindes im Unterholz wahrnahm. Nur nicht zu nah kommen lassen, ging es ihm durch den Kopf. John Davis, 23 Jahre, US Paratrooper, Sergeant, anderthalb Jahre Kampferfahrung in Vietnam, zog den Plastikschaft des M 16 in die Schulter, ließ den Sicherungsflügel mit dem Daumen auf ›Auto‹ schnippen und nahm langsam Druckpunkt. Er glaubte noch die Umrisse eines Kalashnikowlaufes zu sehen, dann zog er durch, der erste Feuerstoß war kurz und abgemessen,

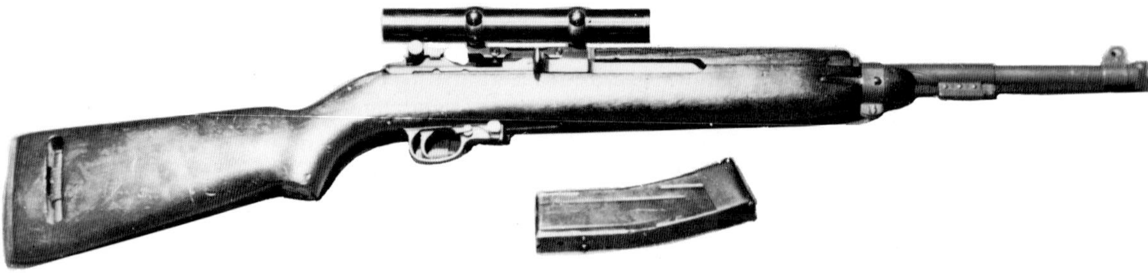

Eines der ersten „Scharfschützengewehre“ (das diesen Namen kaum verdient) der bundesdeutschen Länderbereitschaftspolizeien war dieser .30 M1-Karabiner.

Das 4x20 Oigee „Einblick“ mit seiner seitlichen Aufschubmontage.

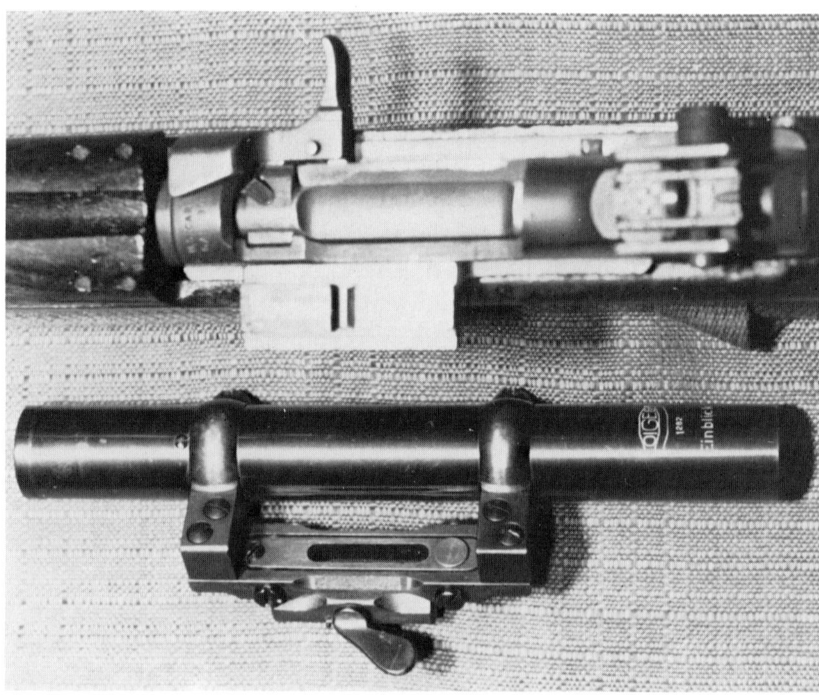

Zweige wurden vom Buschwerk gerissen, ein gellender Schrei zeigte ihm, daß er getroffen hatte. Davis ließ einen zweiten Feuerstoß folgen, um auf Nummer sicher zu gehen, die Hülsen blitzten in der tiefstehenden Sonne, dann nahm er ein zweites Ziel unter Feuer, das sich ihm am weiter abgelegenen Waldrand gezeigt hatte. Sollten sie nur kommen‹, er war bereit . . .
Für Marilyn Ross kam jede Hilfe zu spät. Die Projektile vom Kaliber 5,56×45 mm waren bekannt für die verheerenden Wirkungen, die sie beim Auftreffen auf einen Brustkorb verursachten. Ihr Freund konnte trotz Notoperation und ständigen Bluttransfusionen nicht am Leben gehalten werden. Die großen Gewebezerstörungen und der durch den hydrostatischen Effekt ausgelöste Schock machten jede Hoffnung zunichte. Andere Spaziergänger wurden auch durch Davis' Kugeln überrascht, der Hügel lag nicht in Vietnam, sondern im Stadtpark von Beautyville, Kalifornien. Der Vietcong-Angriff fand nur in der Phantasie des Heimkehrers statt, für Davis aber war er sehr reale Wirklichkeit, als er Feuerstoß auf Feuerstoß auf die schreienden und flüchtenden Parkbesucher abgab, auf Polizisten schoß, nur um wenig später mit einem Weinkrampf in seinem Schützenloch zusammenzusinken und sich widerstandslos festnehmen zu lassen. Vietnam, das er in wenigen Flugstunden hinter sich gelassen hatte, um als Veteran in einer nicht verständniswilligen, den Krieg ablehnenden Umwelt als Zivilist zu leben, hatte ihn eingeholt . . .
Der Fall von Davis ist symptomatisch für die Heckenschützen-Zwischenfälle, die das Vietnam-Trauma mit sich gebracht hat. Seit jenen Tagen in Dallas wiederholten sich die »Sniper«-Notrufe mit zunehmender Häufigkeit, erreichten einen ersten Höhepunkt in den Rassenunruhen Mitte der sechziger Jahre und stellten die Polizei vor kaum zu bewältigende Ausnahmesituationen. In dieser nun fast zwanzig Jahren andauernden, von Presseberichten ausgeschlachteten Entwicklung gehören die Schießereien in Detroit, in der Bronx und in Harlem fast schon zum Alltäglichen. Hier ist es Sitte unter den jugendlichen Banden geworden, Gebäude im Ghetto anzuzünden, um dann die eintreffenden Löschzüge unter Beschuß zu nehmen. Nachdem die ersten Gegenmaßnahmen der Polizei, der Einsatz von Panzerwagen, nur die Hilflosigkeit der Behörden dokumentierte, und das Neutralisieren der jeweiligen Attentäter dem Zufall sturm- und opferwilliger Polizeibeamter überlassen werden mußte, ging man zum Einsatz eigener Schützen über.
Die Anfänge waren von recht zweifelhafter und ungenügender Na-

tur. Noch in den sechziger Jahren setzte z. B. die New Yorker Winchester-Gewehre vom Modell 94 ein, andere – vor allem kleinere Departments – stöberten unter ihrer Ansammlung konfiszierter Waffen M 1-Karabiner, alte Mausergewehre oder andere Weltkriegswaffen auf, versahen sie mit einem Zielfernrohr und drückten sie den jeweilig streifenführenden Beamten in die Hand. Sowohl waffentechnisch wie auch von der Einsatzkonzeption wirkten diese – wenn auch gutgemeinten – Ansätze pathetisch.
Erst mit der im Gefolge der Rassenunruhen einsetzenden terroristischen Bandenkriminalität à la Weathermen Underground oder Symbionesische Befreiungsarmee und unter dem Eindruck des internationalen Terrors wurden brauchbare Einsatzkonzepte geschaffen und entsprechende Waffen angekauft. Ausbildungshilfe ergab sich zuerst aus den Publikationen der US Armee für Scharfschützentraining und des »Marksmanship training programs«, sehr bald aber wurden eigene Dienstvorschriften erstellt, da sehr schnell deutlich wurde, daß der militärische Scharfschütze ganz anderen Anforderungen unterliegt, als der im Polizeibereich einzusetzende Präzisionsschütze. Der letztgenannte Begriff hat sich zur Unterscheidung auch im deutschsprachigen Raum eingebürgert, während in den USA vom »counter-sniper« die Rede ist.
Hierbei handelt es sich nicht nur um eine rein sprachliche oder bürokratisch gezogene Linie, die Unterscheidung erscheint wesentlich, betrachtet man den Anwendungsbereich von Zielfernrohrgewehren und Schützen bei Armee und Polizei.
Während der militärische Scharfschütze in erster Linie ein Jäger ist, der sich seine Ziele nach Belieben aussuchen kann und für den es im Grunde unwesentlich ist, ob er sein Gegenüber tötet, verwundet oder verfehlt, ist der Einsatz des Polizeischützen ganz anderen Bedingungen unterworfen: Der Präzisionsschütze kommt nur als reagierendes Element polizeilicher Maßnahmen zum Einsatz, d. h., wesentliche Gewaltakte wie Geiselnahmen oder Attentate müssen sich bereits ereignet haben, um überhaupt die gesetzlichen Rahmenbedingungen für diese Form der »Anwendung des unmittelbaren Zwanges« zu erfüllen. Sein Einsatz gilt nicht dem Tod des Täters (im militärischen: der Schädigung der gegnerischen Kampfkraft), sondern der Abwendung einer unmittelbaren Gefahr. Die Rettung Dritter, seien sie nun Geisel, Politiker (bei Staatsbesuchen z. B.) oder andere Beamte im Sicherheitsbereich, steht im Vordergrund.
Die Einschätzung wann oder unter welchen Umständen er zum

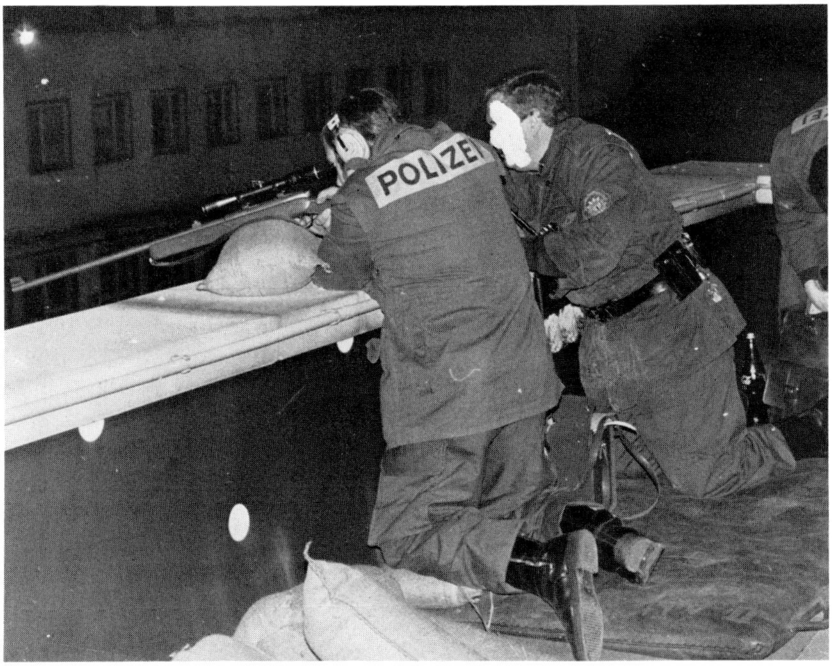

Ein Team des Berliner PSK bei der Sicherung eines V.I.P.-Staatsbesuches.

Heckler & Koch MP 5 mit vierfachem Zeiss-ZF und einschiebbarer Schulterstütze, Kaliber 9 mm Parabellum. Mit dieser Waffe/ZF Kombination ist von Polizeiführung und Hersteller eine völlig neue Konzeption für den Einsatz von Präzisionsschützen im Stadtbereich angegangen worden. Dieser Weg wurde erst durch das aufschießende System der HK-MP 5 mit Rollenverschluß möglich, welches auf dem Gebiet der Maschinenpistolen ein Novum darstellt. Gerade in den Großstädten mit ihren sehr begrenzten Schußdistanzen bietet sich das Kaliber 9 mm Parabellum (9x19 mm) beim Eingriff gegen Geiselnehmer an.

Schuß kommt, unterliegt auch nicht mehr dem einzelnen Schützen, sondern der Einsatzleitung, bei Zwischenfällen von größerem Ausmaße zumeist den jeweiligen Regierungsbehörden und -spitzen. Von der Präzision des Schusses hängt oft genug das Leben der Geisel ab, und die aus dieser Sicht gestellten waffentechnischen und ballistischen Anforderungen sind ungleich höher als beim militärischen Scharfschützeneinsatz. Auf der anderen Seite ist der Präzisionsschütze bei der Wahl seiner Waffe und Ausrüstung nicht den gewichts- und geländebezogenen Beschränkungen unterworfen, denen sich der Soldat gegenübersieht. Während in der ersten Phase polizeilicher Gewehrausrüstung noch an Plastikschäfte gedacht wurde, um eine Gewichtserleichterung zu erreichen, ist man heute bereits zu den schweren Holzschäften mit verstellbarer Backe und Schaftkappe zurückgegangen. Vorwiegend kommen auch nur die Repetiersysteme in Frage, da der polizeiliche Eingriff sich nicht auf Feuervolumen, sondern auf den gezielten Einzelschuß bezieht.
Bei der Einsatzkonzeption, die besonders in Europa durch das Fiasko von Fürstenfeldbruck bestimmt wurde, ging man zuerst davon aus, je zwei Schützen mit Beobachter auf einen Täter zu konzentrieren, um eine sofortige Neutralisierung zu garantieren. In der Zwischenzeit aber setzt sich international mehr und mehr die Meinung durch, zwei oder mehr solcher Teams, sofern vorhanden, gegen einen Geiselnehmer einzusetzen, um die Möglichkeit auszuschließen, daß dieser dem polizeilichen Zugriff durch geschicktes Manövrieren mit den Geiseln oder Deckungsmöglichkeiten entgeht.
Eine eigenständige technische Entwicklung wurde auch durch das Kommunikationsproblem mehrerer Schützenteams zur Einsatzleitung angeregt, die über Signalsysteme zu Gegensprechfunk geführt hat. Ähnlich optische Geräte, Nachtsicht- und Beobachtungsgeräte, aber auch Zielbildkameras zum Übungsschießen, den polizeilichen Notwendigkeiten angepaßt.
Bewußt gewordene terroristische Bedrohung hat dazu geführt, daß der Einsatz der Präzisionsschützenkommandos im Vorfeld der eigentlichen Kriminalität zum fast Alltäglichen geworden ist: Bei Staatsbesuchen, Paraden oder ähnlichen politischen Veranstaltungen wo die potentielle Möglichkeit eines Attentats besteht, wurden seit vier, fünf Jahren zunehmend Polizeischützen präventiv auf Dächern oder an Fenstern postiert. Diesen besonders in der Beobachtung und Ausnützung ihrer optischen Geräte geschulten Beamten entgeht kaum eine Veränderung ihrer Umwelt, und wenn sich

irgendwo plötzlich ein Fenster öffnet, dann wird das registriert. Es ist leider nicht feststellbar, wieviel terroristische Übergriffe durch solche oder ähnliche geartete Prävention abgeschreckt wurden, aber dieser Gedanke verdient mehr als nur eine flüchtige Überlegung.

Ein weiteres Moment der polizeilichen Präzisionsschützentätigkeit sollte hier – besonders unter dem Eindruck der »Todesschußdebatte« – nicht unbeachtet gelassen werden.

Anders als der militärische Scharfschütze, der bei Erkennen und Erfassen seines Zieles dieses sofort zu liquidieren sucht, ist der Polizeibeamte durch die besondere Situation, z. B. einer Geiselnahme, vor ein äußerst schwieriges psychologisches Problem gestellt. Abgesehen von den physischen Bedingungen des oft stundenlangen Wartens bis zur etwaigen polizeilichen Aktion ist der Präzisionsschütze gezwungen, sich sein Gegenüber stundenlang anzuschauen. Hierbei kann eine ungewollte Verbindung mit dem Täter, eine Art Kennenlernen erfolgen, die sich für die etwaige Durchführung des Auftrages fatal auswirken könnte. Durch das Okular eines Zielfernrohres 6–9fach vergrößert, läßt sich der Ablauf der Ereignisse im Cockpit eines Flugzeuges aus nächster Nähe verfolgen, selbst wenn die Schützenstellung mehr als einhundert Meter entfernt ist. Der Präzisionsschütze kann den Gesichtsausdruck seines möglichen Opfers verfolgen, eine Hemmschwelle kann durch Mitleid entstehen, es kann aber auch eine jähzornige Reaktion erregt werden, wenn der Beamte die oft bei Flugzeugentführungen so typischen Begleitumstände wie Pilotenmißhandlung oder Erschießung von Geiseln verfolgt.

In jeder Hinsicht aber bleibt der Einsatz von Präzisionsschützen äußerst problematisch und verlangt von den betroffenen Beamten eine fast übermenschliche Disziplin. Hinzu kommt die Gewißheit, daß er in den meisten Fällen eine Geisel nur retten kann, wenn der sogenannte »Rettungsschuß« auf die sofortige Todesfolge abgezielt ist: Nur der Schuß in das Kleinhirn eines Täters kann nach ärztlichem Ermessen jede weitere Bewegung, das instinktmäßige Betätigen eines Abzuges oder einer Handgranate verhindern. Bei dem jetzigen Grad ballistischer oder polizeiwaffenmäßiger Entwicklung ist in bestimmten Situationen keine andere Möglichkeit gegeben.

Unter gewissen Umständen kann aber die Einsatzleitung auch Risiken übernehmen, die im Nachhinein unglaublich erscheinen. So ergab sich im Frühjahr 1979 in Frankreich eine Situation, in der sich

der Geiselnehmer so bewegt hatte, daß die Tatwaffe nicht mehr auf das Opfer gerichtet war. Ein Präzisionsschütze schoß ihm in diesem Moment durch die Waffenhand, bei einer Entfernung von über 200 Metern! Der Täter wollte offenbar nicht aufgeben und langte nun mit der linken Hand nach der ihm entfallenen Pistole – ein weiterer Schuß setzte auch diese Hand außer Gefecht. Neben den hervorragenden Leistungen der französischen Beamten muß man hier auch das scheinbar grenzenlose Vertrauen der Einsatzleitung in die Schießleistungen ihrer Sicherheitskräfte bewundern.
Auf waffentechnischem Gebiet haben sich international zwei ballistische Gruppen gebildet. Sowohl in den Vereinigten Staaten als auch in Europa werden zunehmend im Nahbereich, d. i. bis zu 150 Meter, Gewehre vom Kaliber .223 (5,56 × 45 mm) eingesetzt. Auf größere Entfernungen herrschen Repetiergewehre für die Patrone .308 (7,62 × 51 mm) vor, während im Nahbereich auch Gasdruck- oder Rückstoßlader Verwendung finden. So sind bei verschiedenen amerikanischen Polizei-Departments und auch bei den SWAT-Teams des FBI Colt M 16 A1 oder Armalite 180 im Einsatz. Beide Waffen können serienmäßig mit optischen Geräten bestückt werden. In geringerem Ausmaße sind diese Waffen auch bei den speziellen Anti-Terror-Abteilungen der französischen und britischen Sicherheitskräfte im Einsatz, obwohl sie nicht zur Standardausrüstung der jeweiligen Länder gehören.

»Where do we go from here?« Scharfschützen in den siebziger Jahren

Die Frage, was nun gemacht wird, konnte man in den vergangenen Jahrzehnten nicht nur in Fachkreisen hören – sie klang auch immer wieder in den Diskussionen zum Lehrgangsabschluß der verschiedenen Scharfschützenschulen der unterschiedlichsten Länder an. Die Bundesrepublik, die USA, Frankreich und andere westliche Staaten haben nach einem gewissen Stillstand nach 1945 in den sechziger Jahren die Neuauflage des Scharfschützenwesens verstärkt aufgegriffen. Daran waren nicht nur lokale waffentechnische Entwicklungen gebunden, sondern ganz allgemein die Erfahrungen, die man kollektiv in der westlichen Welt aus den verschiedensten Kriegsschauplätzen wie Nahost, Afrika und Vietnam gezogen hat.
Allgemein zeichnet sich folgendes Bild ab: Kurse für Scharfschützen existieren in fast sämtlichen westlichen Armeen mit einer Zeitdauer von drei bis sechs Wochen. Oft ist noch eine Art Einzelkämpferkurs angegliedert oder es findet eine verstärkte Ausbildung in Geländekunde und -ausnutzung in einem anderen Rahmen statt.
Nur was sich daran anschließt, offenbart die Planlosigkeit westlicher Taktik-Konzeptionen. Im besten Fall ist ein Zielfernrohrgewehr-Schütze im Gruppenverband eingegliedert, er soll bei der Feuerunterstützung die vorgehende Gruppe decken und ist daher mit einem Sturmgewehr ausgerüstet, das zwar im Aufbau der Standardwaffe entspricht, aber durch ausgesuchte Läufe, einem Zielfernrohr, Stecher oder Triggerstop nachgerüstet ist. Sein Einsatz erfolgt herkömmlichen Grundzügen nach nur im Verband und ist entsprechend

beschränkt. Lediglich die französische Armee ist da einen anderen Weg gegangen und hat Scharfschützen/Beobachter-Teams den Kompanien zugeordnet. Wer den Einsatz der Fremdenlegion in Kolwezi beobachtet hat, mußte erkennen, wie wirksam die Scharfschützen der Legionsfallschirmjäger in der Vorhut des Angriffes waren: Sie ebneten geradezu den Weg für nachrückende Verbände, waren immer zur Stelle, wenn es galt gegnerische Heckenschützen niederzuhalten, Widerstandsnester zu neutralisieren oder selektives Feuer auf die zwischen europäischen Geiseln und unbeteiligten Zivilisten untergetauchten Rebellen zu geben. Ausgerüstet mit dem hervorragenen F 1, einer speziell für die »Tireur d'Elite« entwickelten Waffe, waren sie – nur locker an den Kompanieverband gebunden – in der Lage, allen Anforderungen gerecht zu werden – der der Feuerunterstützung, der aufklärenden Beobachtung und des spähtruppartigen Vorgehens auf Eigeninitiative.

Hier kam den Franzosen natürlich das in der Legion Etrangère noch vorhandene Berufssoldatentum zugute, das es erlaubt, mehr Verantwortung an einen erfahrenen Soldaten zu delegieren, als man es bei einem der üblichen »18-Monate-Wunder« von Wehrpflichtigen tun würde.

Hier offenbart sich ein typisches Problem westlicher Wehrpflichtigenheere (die britische Armee muß hier natürlich entschieden ausgenommen werden): Dem normalen Wehrpflichtigen ist die Umsicht und Erfahrung, die ein selbständig operierender Scharfschütze haben muß, einfach noch nicht zuzutrauen. Längerdienende Unteroffiziere aber werden dringend für Führungsaufgaben und zur Bedienung des technischen Geräts benötigt. So bleibt man bei dem »Zielfernrohrschützen« in der Kampfgruppe (und nur wenige Armeen verwirklichen auch nur dieses Konzept, da es oft an den hierzu notwendigen Waffen in großer Stückzahl fehlt). Allgemein herrscht auch in Führungsstäben eine gewisse Fehleinschätzung der Scharfschützen vor: das ist Kleinkram, nicht wert, wichtiges erfahrenes Personal zu vergeuden! Hinzu kommt die ohnehin in traditionell geschulten Armeehierarchien vorhandene Abneigung gegenüber Spezialisten wie Einzelkämpfer und Scharfschützen. Der Generalstäbler steht diesen »Primadonnen mit Killertrieb« höchst mißtrauisch gegenüber. Die Anrüchigkeit des Heckenschützen schlägt durch, und die Herren am grünen Tisch, die mit Divisionen jonglieren, im nuklearen Gegenschlag ganze Armeen auszuradieren planen, rümpfen nicht selten die Nase, über jene, die da getarnt im Busch liegen und die

Linke Seite:

Schütze/Beobachter-Team der französischen Armee im Manöver mit dem FR 1.

Unten:
Gerade im alpinen Einsatz kommt dem Scharfschützen eine besondere Aufgabe zu. Die geographischen Verhältnisse ermöglichen Schüsse auf mittlere und weite Entfernungen. In Verbindung mit einem Einzelkämpfer-Konzept, guter Tarnung und guten Waffen sind dem taktischen Einsatz fast keine Grenzen gesetzt.

Drecksarbeit tun. Es haftet dem gezielten Einzelschuß auf ein selektives Ziel eben doch etwas von Mord an.

Dabei haben die Theoretiker des kleinen Krieges, wie z. B. der auch in Baader-Meinhof-Kreisen einst vielgelesene Major von Dach durchaus gezeigt, wie man den Einsatz trainierter Spezialistentrupps, und besonders Scharfschützen, mit großem Erfolg in das Gesamtbild eines modernen Krieges einbinden kann. Scharfschützen können in der Verteidigung und im Angriff mit geringsten Mitteln große Erfolge erzielen. Gerade im Ablauf eines modernen Bewegungskrieges können sie mit Leichtigkeit hinter den Operationsspitzen des Gegners arbeiten, Panzerkommandanten, Batterieführer und anderes Führungspersonal ausschalten, vorgeschobene Radar- und Rechenzentren mit wenigen Schüssen aus weiter Entfernung schädigen, Munitionsdepots und -transporte zum Explodieren bringen und selbst die so gefürchteten Kurz- und Mittelstreckenraketen angreifen, deren Flugkörper und Leitsysteme äußerst empfindlich gegen Beschuß sind; nicht zu sprechen von Hubschraubern und anderen Flugzeugen. Einsatzmäßig koordiniert mit Fernspähern und/oder anderen Kommandotrupps können sie im Rücken des Feindes eine Vielzahl von Möglichkeiten ausnützen, um zu verwirren und zu schädigen.

Wie die Beispiele des Zweiten Weltkrieges gezeigt haben, ist darüber hinaus auch der vermehrte Einsatz von Scharfschützen im Truppenverband vorteilhaft – sowohl im offenen wie bebauten Gelände. Gerade die Warschauer Pakt-Armeen leiden unter ihrer führungstechnischen Abhängigkeit vom Offizierskader, eine Situation, die sich seit dem Zweiten Weltkrieg kaum geändert hat.

Der Überlegenheit des wahrscheinlichen Gegners in einem zukünftigen europäischen Krieg kann nur in der flexiblen Ausnützung aller möglichen Widerstandsmittel begegnet werden. Auch unter der besonderen Berücksichtigung der begrenzten Kriege und der nach 1945 verstärkten Popularität des Guerillakrieges ist die Notwendigkeit des Scharfschützenwesens offensichtlich.

Hier sollte man vergangene Versäumnisse beachten und sich bemühen, alte Fehler nicht wieder in neuer Auflage zu machen.

Bildnachweis

Bei der extrem schwierigen Materiallage zu der im vorliegenden Buch behandelten Thematik ist der Autor den vielen Personen und Institutionen, die mit Rat, Dokumenten und Bildunterlagen halfen, zu besonderem Dank verpflichtet. Einige müssen leider unerwähnt bleiben.
Der Verfasser möchte an dieser Stelle seiner dankbaren Verpflichtung an die Mitarbeiter folgender Organisationen und Dienststellen Ausdruck geben:
Press Office, Israel Defence Forces, Tel Aviv
Redaktion der La Gazette des Armes, Argout Editions, Paris
Geheimes Preußisches Staatsarchiv, Berlin
US National Park Service
US Army Photographic Division, Pentagon, Washington, D. C.
US Marine Corps, History and Museums Division, Washington, D. C.
Heckler & Koch GmbH, Oberndorf/Neckar
Walther Waffenwerke, Ulm
Mauser Waffenwerke, Oberndorf/Neckar
West Point Museum, West Point, N. Y.
Bundesarchiv Koblenz
Eine besondere Hervorhebung verdienen die Herren H.-J. Grap, W. Friedrich, O. Morawietz, F. Rackley und A. Barnea, deren Hilfe sehr zum Gelingen dieses Buches beigetragen hat.